高等学校土木工程系列教材

混凝土结构原理

王铁成　赵海龙　编著

（第七版）

U0218309

天津大学出版社

TIANJIN UNIVERSITY PRESS

内 容 简 介

本教材按照教育部大学本科专业目录规定的土木工程专业培养要求,结合《混凝土结构通用规范》(GB55008—2021)和《混凝土结构设计标准》(GB/T50010—2010)编写,主要讲述混凝土构件的基本原理和计算方法,内容有:绪论、混凝土结构材料的物理力学性能、混凝土结构设计的基本原则、受弯构件正截面承载力和斜截面承载力、受压构件和受拉构件截面承载力、受扭构件截面承载力、钢筋混凝土构件的变形和裂缝验算、混凝土结构构件的延性、预应力混凝土构件等 10 章。

本书可作为高等院校土建类(土木工程专业)本科生的专业基础课教材和参考书,也可供从事混凝土结构设计、混凝土结构施工的技术人员参考。

图书在版编目(CIP)数据

混凝土结构原理/王铁成,赵海龙编著. —天津:天津大学出版社,2011.9(2024.8 重印)
ISBN 978 - 7 - 5618 - 3488 - 6

Ⅰ. 混…　Ⅱ.①王…　②赵…　Ⅲ.①混凝土结构—高等学校—教材　Ⅳ.①TU37

中国版本图书馆 CIP 数据核字(2011)第 189720 号

出版发行	天津大学出版社
地　　址	天津市卫津路 92 号天津大学内(邮编:300072)
电　　话	发行部:022 - 27403647　邮购部:022 - 27402742
网　　址	www.tjupress.com.cn
印　　刷	北京虎彩文化传播有限公司
经　　销	全国各地新华书店
开　　本	185mm×260mm
印　　张	16.375
字　　数	402 千
版　　次	2011 年 9 月第 4 版　2013 年 8 月第 5 版 2017 年 7 月第 6 版　2024 年 8 月第 7 版
印　　次	2024 年 8 月第 9 次
定　　价	43.00 元

第七版前言

本书是根据土木工程学科专业指导委员会制定的教学大纲编写的宽口径的专业基础课教材,以混凝土结构基本原理和基本构件设计为主要内容,是学习混凝土结构设计专业课的基础。

本书共分 10 章,内容包括钢筋混凝土构件和预应力混凝土构件的基本概念、设计计算原则和方法等。编写过程中注意吸收同类教材的长处,同时在内容编排上融入了长期积累的教学实践经验,突出重点,讲清楚物理力学概念、计算原理和计算方法,结合工程实际,反映国内外土木工程发展的先进科学技术。

本书是天津大学出版社出版的《混凝土结构原理》的第七版,结合《混凝土结构通用规范》(GB55008—2021)和《混凝土结构设计标准》(GB/T 50010—2010),对内容作了重新编写。原教材自初版以来经历多次修订,不断完善,教材独具特色,在此第七版付梓之际,也向天津大学富有声望的老一代先生们表示诚挚的敬意和感谢。

本书可作为土木工程专业和其他相关专业的教材,也可供结构设计和施工技术人员了解掌握混凝土结构设计相关的规范标准,进行混凝土结构设计的参考。

限于编者的知识有限,教材中有不妥或疏漏之处,请读者批评指正。

编　者
2024 年 7 月

目　　录

第1章　绪论 ·· 1

1.1　混凝土结构的一般概念 ·· 1

1.2　混凝土结构的发展与应用概况 ·· 3

1.3　本课程的特点和学习方法 ··· 4

第2章　混凝土结构材料的物理力学性能 ··· 6

2.1　混凝土的物理力学性能 ·· 6

2.2　钢筋的物理力学性能 ··· 20

2.3　混凝土与钢筋的黏结 ··· 25

第3章　混凝土结构基本计算原则 ·· 32

3.1　极限状态 ·· 32

3.2　按近似概率的极限状态设计法 ·· 35

3.3　实用设计表达式 ··· 37

第4章　受弯构件正截面受弯承载力 ··· 49

4.1　梁、板的一般构造 ·· 49

4.2　梁的受弯性能 ·· 52

4.3　正截面承载力计算的基本假定和受压区混凝土应力的计算图形 ······· 56

4.4　单筋矩形截面承载力计算 ··· 63

4.5　双筋矩形截面受弯构件正截面受弯承载力计算 ······························· 70

4.6　T形截面受弯承载力计算 ·· 75

第5章　受弯构件斜截面承载力 ··· 84

5.1　概述 ·· 84

5.2　无腹筋梁的受剪性能 ··· 84

5.3　有腹筋梁的受剪性能 ··· 89

5.4　有腹筋连续梁的抗剪性能和斜截面承载力计算 ······························· 94

5.5　斜截面受剪承载力设计 ·· 96

5.6　构造措施 ·· 102

第6章　受压构件承载力 ·· 109

6.1　受压构件的构造要求 ·· 109

6.2　轴心受压构件的正截面受压承载力 ·· 111

6.3　偏心受压构件正截面受力性能 ·· 118

6.4　偏心受压构件的二阶弯矩 ·· 121

6.5　矩形截面偏心受压构件正截面受压承载力 ····································· 124

6.6　不对称配筋矩形截面偏心受压构件正截面受压承载力 ····················· 129

6.7　对称配筋矩形截面偏心受压构件正截面受压承载力 ························· 138

6.8　对称配筋工形截面和T形截面偏心受压构件 ·································· 142

6.9　正截面承载力 N_u–M_u 相关曲线 ·· 146

6.10　双向偏心受压构件的正截面承载力 …………………………………… 149

6.11　偏心受压构件斜截面受剪承载力 ……………………………………… 152

＊6.12　双向受剪承载力计算 ………………………………………………… 153

第7章　受拉构件的承载力 ……………………………………………………… 157

7.1　轴心受拉构件的承载力 ………………………………………………… 157

7.2　偏心受拉构件正截面受拉承载力 ……………………………………… 157

7.3　偏心受拉构件斜截面受剪承载力 ……………………………………… 160

第8章　受扭构件的扭曲截面承载力 …………………………………………… 162

8.1　概述 ……………………………………………………………………… 162

8.2　纯扭构件的承载力 ……………………………………………………… 162

8.3　纯扭构件的扭曲截面承载力 …………………………………………… 164

8.4　弯剪扭构件的扭曲截面承载力计算 …………………………………… 172

8.5　轴向力、弯矩、剪力和扭矩共同作用下矩形截面框架柱受扭承载力 … 176

8.6　协调扭转构件的受扭承载力 …………………………………………… 177

8.7　配筋构造要求 …………………………………………………………… 177

第9章　混凝土构件的变形和裂缝宽度 ………………………………………… 184

9.1　混凝土构件裂缝控制验算 ……………………………………………… 184

9.2　受弯构件的挠度验算 …………………………………………………… 192

9.3　钢筋混凝土构件的延性 ………………………………………………… 198

9.4　混凝土结构耐久性设计 ………………………………………………… 204

第10章　预应力混凝土构件 …………………………………………………… 209

10.1　概述 …………………………………………………………………… 209

10.2　施加预应力的方法 …………………………………………………… 210

10.3　预应力混凝土的材料和锚夹具 ……………………………………… 211

10.4　张拉控制应力和预应力损失 ………………………………………… 213

10.5　先张法构件预应力钢筋的传递长度 ………………………………… 220

10.6　预应力混凝土构件的构造要求 ……………………………………… 221

10.7　预应力混凝土轴心受拉构件的计算 ………………………………… 225

10.8　预应力混凝土受弯构件 ……………………………………………… 237

附录 ……………………………………………………………………………… 247

参考文献 ………………………………………………………………………… 256

第1章 绪 论

1.1 混凝土结构的一般概念

1.1.1 混凝土结构的定义与分类

以混凝土为主要材料的结构称为混凝土结构。混凝土结构主要包括钢筋混凝土结构、预应力混凝土结构和素混凝土结构。配置受力普通钢筋、钢筋网或钢骨架的混凝土结构称为钢筋混凝土结构;配置预应力钢筋再经过张拉或其他方法建立预加应力的混凝土结构称为预应力混凝土结构;无钢筋或不配置受力钢筋的混凝土结构称为素混凝土结构。钢筋混凝土结构是工业和民用建筑、桥梁、隧道、矿井以及水利、海港等工程中广泛使用的结构形式。本课程着重讲述钢筋混凝土结构构件和预应力混凝土结构构件的设计原理。

1.1.2 配筋的作用与要求

钢筋混凝土是由钢筋和混凝土两种不同材料组成的。钢筋混凝土结构是利用混凝土的抗压能力较强而抗拉能力很弱,钢筋的抗拉能力很强的特点,混凝土主要承受压力,钢筋主要承受拉力,二者共同工作,以满足工程结构的使用要求。

图 1-1(a)、(b)分别表示素混凝土简支梁和钢筋混凝土简支梁的受力和破坏形态。图 1-1(a)所示在外加集中力和自身重力作用下,梁截面的上部受压,下部受拉。对素混凝土梁,由于混凝土的抗拉性能很差,在荷载作用下跨中附近截面边缘的混凝土一旦开裂,梁就突然断裂,破坏前变形很小,没有预兆,属于脆性破坏类型。为了改变这种情况,在受拉一侧区域内配置适量的钢筋构成钢筋混凝土梁,见图 1-1(b),钢筋主要承受梁中和轴以下受拉区的拉力,混凝土主要承受中和轴以上受压区的压力。由于钢筋的抗拉能力和混凝土的抗压能力都很大,受拉区的混凝土开裂后梁还能继续承受相当大的荷载,直到受拉钢筋达到屈服强度,随后,荷载再继续增加,受压区混凝土被压碎,梁破坏。在破坏前,梁的变形较大,有明显预兆,属于延性破坏类型。

与素混凝土梁相比,钢筋混凝土梁的承载能力和变形能力会有很大提高,并且钢筋与混凝土两种材料的强度都能得到较充分的利用。

如图 1-1(c)所示,轴心受压的柱子中通常也配置抗压强度较高的钢筋来协助混凝土承受压力,提高柱子的承载能力和变形能力。由于钢筋的抗压强度要比混凝土的抗压强度高,所以可以减小柱子的截面尺寸。另外,配置钢筋后还能改善受压构件破坏时的脆性,并且可以承受偶然因素产生的拉力。

为了使钢筋和混凝土协同工作,需要混凝土硬化后与钢筋之间有良好的粘结力,从而可靠地结合在一起,共同变形、共同受力。由于钢筋和混凝土两种材料的温度线膨胀系数十分接近(钢 $1.2 \times 10^{-5}/℃$,混凝土 $1.0 \times 10^{-5}/℃ \sim 1.5 \times 10^{-5}/℃$),当温度变化时,钢筋与混凝土之间不会产生较大的相对变形而粘结破坏。

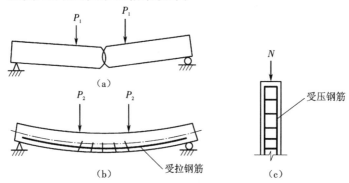

图 1-1　简支梁受力破坏示意图

设计和施工中,为了使钢筋和混凝土可靠地粘结在一起,通常钢筋的端部要留有一定的锚固长度并做成弯钩,以保证构件可靠地锚固在混凝土中,防止钢筋受力后被拔出或产生较大的滑移。为了保证钢筋和混凝土共同发挥作用,配置钢筋的位置和数量应由计算和构造要求确定。钢筋主要配置在构件的受拉区,用以提高承载能力,而在构件受压区配置钢筋可以提高构件的延性。配置钢筋的数量不能过多也不能过少,否则会影响钢筋和混凝土充分发挥作用。

1.1.3　钢筋混凝土结构的优缺点

钢筋混凝土结构的主要优点如下。

取材容易:混凝土所用的原材料(砂、石)一般易于就地取材。另外,还可有效利用矿渣、粉煤灰等工业废渣制成人造骨料(如陶粒),这样可以减轻结构自重,也利于保护环境。

合理用材:钢筋混凝土结构合理发挥了钢筋和混凝土两种材料的性能,与钢结构相比,可以降低造价。

耐久性:密实的混凝土有较高的强度,同时由于钢筋被混凝土包裹,不易锈蚀,维修费用也很少,所以钢筋混凝土结构有较好的耐久性。

耐火性:混凝土包裹在钢筋外面,火灾时钢筋不会很快达到软化温度而导致结构整体破坏。与裸露的木结构、钢结构相比,钢筋混凝土结构的耐火性更好。

可模性:新拌混凝土是可塑的,根据需要可以较容易地浇筑成各种形状和尺寸的钢筋混凝土结构。

整体性:整浇或装配整体式钢筋混凝土结构有很好的整体性,有利于抗震、抵抗振动和爆炸冲击波。

钢筋混凝土结构也存在一些缺点,主要是:钢筋混凝土结构的截面尺寸较相应的钢结构大,所以自重大,对大跨度结构、高层建筑结构以及抗震不利。同时,由于自重大,使材料运输量增大,给施工吊装带来困难。还有,钢筋混凝土结构抗裂性较差,正常使用时往往是带裂缝工作,对一些不允许出现裂缝或者对裂缝宽度有严格限制的结构,要满足这些要求就需要采取其他措施,从而使工程造价增加。此外,钢筋混凝土结构的隔热隔声性能也较差。针对这些缺点,可以采用轻质高强混凝土以及预应力混凝土来减轻自重,改善钢筋混凝土结构的抗裂性能。

1.2　混凝土结构的发展与应用概况

混凝土结构使用至今已有约 160 年的历史。与钢、木和砌体结构相比,由于它在物理力学性能及材料来源等方面有许多优点,所以其发展速度很快,应用也最广泛。在 19 世纪 50 年代混凝土结构发展的初期,由于混凝土和钢筋的强度都比较低,当时钢筋混凝土主要用于各种简单的构件。

自 20 世纪 20 年代以来,混凝土和钢筋的强度有了较大提高,出现了装配式钢筋混凝土结构、预应力混凝土结构和壳体空间结构。构件承载力也开始按破坏阶段计算,在计算理论中开始考虑材料的塑性性能。20 世纪 50 年代以后,高强混凝土和高强钢筋的出现使钢筋混凝土结构有了飞速发展。装配式混凝土、泵送商品混凝土等工业化的生产,使钢筋混凝土结构的应用范围不断扩大。

近 20 年来,随着生产水平的提高、试验的深入、计算理论研究的发展和完善、材料及施工技术的改进、新型结构的开发研究,混凝土结构的应用范围在不断地扩大,已从工业与民用建筑、交通设施、水利水电建筑和基础工程扩大到了近海工程、海底建筑、地下建筑、核电站安全壳等领域,并已开始构思和实验用于月面建筑。随着轻质高强材料的开发,用于大跨度、高层建筑中的混凝土结构越来越多。近年来,随着高强度钢筋、高强度高性能混凝土(强度达到 100 N/mm² 以上)以及高性能外加剂和混合材料的研发,高强高性能混凝土的应用范围不断扩大,钢纤维混凝土和聚合物混凝土的研究和应用有了很大发展。还有,轻质混凝土、加气混凝土、陶粒混凝土以及利用工业废渣的“绿色混凝土”,不但改善了混凝土的性能,而且对节能和环保具有重要的意义。此外,防射线、耐磨、耐腐蚀、防渗透、保温等特殊需要的混凝土以及智能型混凝土及其结构也在研发中。

我国是使用混凝土结构最多的国家,在高层建筑和多层框架中大多采用钢筋混凝土结构。在民用建筑中已较广泛地采用定型化、标准化的装配式钢筋混凝土构件。预应力混凝土多用于高层建筑、桥隧建筑、海洋结构、压力容器、飞机跑道及公路路面等。

混凝土结构在土木工程领域应用广泛,世界上最高的钢筋混凝土建筑是位于阿联酋迪拜高 828 m 的哈利法塔(迪拜塔)。我国超高层建筑中 632 m 高的上海中心大厦,为钢骨钢筋混凝土结构;广州中信(中天)广场钢筋混凝土结构办公楼高 322 m(80 层),是我国的钢筋混凝土高层建筑代表之一。加拿大多伦多的预应力混凝土电视塔高达 549 m,是有代表性的预应力混凝土构筑物。我国高 610 m 的广州新电视塔,主体也属于混凝土结构。世界上混凝土高重力坝代表瑞士狄克桑斯大坝,坝高 285 m,坝长 695 m,采用的也是混凝土结构形式。我国长江三峡枢纽工程是世界上重大的水利工程,混凝土结构坝体高 186 m,大坝混凝土用量达 1 527 万 m³。混凝土结构是各类标志性重大工程建设的主要结构形式。

我国在铁路、公路、城市立交桥、高架桥、地铁隧道以及水利港口等交通工程中用钢筋混凝土建造的水闸、水电站、船坞和码头已是星罗棋布。随着我国经济建设的快速发展,混凝土结构的应用将更加广泛,更加丰富多彩。

近年来,我国在混凝土基本理论与设计方法、结构可靠度与荷载分析、工业化建筑体系、结构抗震与有限元分析方法、现代化测试技术、低碳建筑等方面的研究也取得了很多新的成果,许多方面已达到或接近国际先进水平。混凝土结构的设计和研究向更完善更科学的方向发展。先进的现代测试技术保证了实验研究更系统、更精确。基于可靠度理论的分析方法也在逐步完善,并用于结构整体和使用全过程的分析。与此同时,计算机的普及和多功能化、CAD,PKPM 和 BIM 等软件系统的开发缩短了结构研发和设计的时间与工作量,大大提高了经济效益。

此外,在钢筋混凝土结构设计理论和设计方法方面也取得了很大进展,新颁布的《混凝土结构通用规范》(GB55008—2021)和《混凝土结构设计标准》(GB/T50010—2010)积累了长期丰富的工程实践经验和大量科研成果,把我国混凝土结构设计方法提高到了当前的国际水平,在工程设计中发挥了积极的指导作用。

1.3　本课程的特点和学习方法

混凝土结构课程通常按内容的性质可以分为"混凝土结构原理"和"混凝土结构设计"两部分。前者主要论述混凝土构件的受力性能、设计计算方法和构造等混凝土结构的基本理论,属于专业基础课内容。在建筑结构方面,后者主要论述梁板结构、单层厂房、多层和高层房屋等。本课程有很强的实践性,一方面要经过课堂学习,通过习题、作业来掌握结构设计所必需的理论;另一方面,要通过课程设计和毕业设计等实践性教学环节达到初步具有运用这些理论知识正确进行设计和解决工程中的实际技术问题的能力。

混凝土结构是建筑工程中应用最广泛的一种结构。不论是从事设计、科研或施工,还是从事工程管理都要经常接触和用到它,因此被列为土木工程专业的主要课程之一。

"混凝土结构原理"中涉及的构件在材料的性质上与材料力学既有相似之处,又有不同之处。材料力学主要研究单一、匀质、连续和弹性材料组成的构件,而"混凝土结构原理"中的构件是由钢筋和混凝土组成的复合材料构件。虽然,在材料力学中利用几何、物理和平衡关系建立基本方程的解决问题的思路对于钢筋混凝土也适用,但是由于钢筋和混凝土这两种材料的力学性质差别很大,混凝土又是非匀质、非连续、非弹性的材料,加之影响钢筋混凝土结构构件性能的因素很多,所以,在具体设计计算方法上要考虑钢筋混凝土性能上的特点。混凝土结构的设计理论和计算方法是建立在结构性能试验和工程实践基础上的,有其适用的范围和条件,在一些场合常采用半理论半经验的处理方法,这些方面与材料力学也是有区别的。

材料力学着重于构件的内力和变形分析,解答通常是唯一的。而在混凝土结构原理课程中除了要满足承载能力和变形计算外,还要解决综合性的"设计"问题。它不仅包括决定方案、截面形式、截面尺寸、材料选择和配筋构造等,而且还要考虑安全、适用、经济和施工等方面的合理性、可行性等。因此,同一个结构构件在给定荷载作用下,可以有不同的截面形式、尺寸和配筋,答案也不是唯一的。所以,设计中需要对多种因素的影响进行综合分析和归纳,通过综合分析和比较选择合理的方案。

混凝土结构设计是实践性很强的领域,混凝土结构课程学习中要特别重视加强实践。另外,国家的一系列具有技术法规性质的设计规范和规程是必须遵守的准则。规范和规程反映了相关的科学技术水平、理论计算方法和工程实践经验,学习时要注意熟悉和正确地运用这些设计规范和规程。与本课程有关的主要设计规范和设计规程有:《混凝土结构通用规范》(GB55008—2021)、《混凝土结构设计标准》(GB/T50010—2010)、《建筑结构可靠性设计统一标准》(GB50068—2018)、《建筑结构荷载规范》(GB50009—2012)、《建筑抗震设计规范》(GB/T50011—2010)、《高层建筑混凝土结构技术规程》(JGJ3—2010)等。

思考题

1. 素混凝土梁和钢筋混凝土梁破坏时各有哪些特点？钢筋和混凝土是如何共同工作的？

2. 钢筋混凝土有哪些优点和缺点？

3. 简述钢筋混凝土结构的应用和发展，了解本课程的特点、内容和学习方法。

第2章　混凝土结构材料的物理力学性能

钢筋与混凝土的物理力学性能以及二者的共同工作直接影响混凝土结构和构件的性能,也是混凝土结构计算理论和设计方法的基础。本章讲述钢筋与混凝土的主要物理力学性能以及混凝土与钢筋的粘结。

2.1　混凝土的物理力学性能

2.1.1　混凝土的组成结构

普通混凝土是由水泥、砂、石材料用水拌合硬化后形成的人工石材,是多相复合材料。混凝土组成结构是一个广泛的综合概念,包括从组成混凝土组分的原子、分子结构到混凝土宏观结构在内的不同层次的材料结构。根据研究者提出的混凝土的结构分类,通常分为三种基本类型:微观结构即水泥石结构,亚微观结构即混凝土中的水泥砂浆结构,宏观结构即砂浆和粗骨料两组分体系。

微观结构(水泥石结构)由水泥凝胶、晶体骨架、未水化完的水泥颗粒和凝胶孔组成,其物理力学性能取决于水泥的化学矿物成分、粉磨细度、水灰比和凝结硬化条件等。混凝土的宏观结构和亚微观结构有许多共同点,可以把水泥砂浆看作基相,粗骨料分布在砂浆中,砂浆与粗骨料的界面是结合的薄弱面。骨料的分布以及骨料与基相之间在界面的结合强度也是重要的影响因素。

浇注混凝土时的泌水作用会引起沉缩,硬化过程中由于水泥浆水化造成的化学收缩和干缩受到骨料的限制,会在不同层次的界面引起结合破坏,形成随机分布的界面裂缝。

混凝土是复杂的多相复合材料。混凝土中的砂、石、水泥胶体中的晶体、未水化的水泥颗粒组成了错综复杂的弹性骨架,主要承受外力,并使混凝土具有弹性变形的特点。而水泥胶体中的凝胶、孔隙和界面初始微裂缝等,在外荷载作用下使混凝土产生塑性变形。另一方面,混凝土中的孔隙、界面微裂缝等缺陷又往往是混凝土受力破坏的起源。在荷载作用下,微裂缝的扩展对混凝土的力学性能有着极为重要的影响。由于水泥胶体的硬化过程需要多年才能完成,所以混凝土的强度和变形也随时间逐渐增长和加大。

2.1.2　混凝土的强度

实际工程中的混凝土结构和构件一般处于复合应力状态。但是,单向受力状态下混凝土的强度是复合应力状态下强度的基础。在进行钢筋混凝土结构构件强度分析和建立强度理论公式时,单向受力状态下混凝土的强度指标是一个重要参数。

混凝土的强度与采用的水泥标号和水灰比有很大关系。骨料的性质、混凝土的级配、混凝土的成型方法、硬化时的环境条件及混凝土的龄期等也不同程度影响混凝土的强度。试件的大小和形状、试验方法和加载速率也影响混凝土的强度试验结果。因此,各国对各种单向受力状态下的混凝土强度都规定了统一的标准试验方法。

1. 混凝土的立方体抗压强度和强度等级

由于立方体试件的强度比较稳定,所以我国以立方体强度值作为在给定的统一试验方法下衡量混凝土强度的基本指标。同时,立方抗压强度也是评价混凝土强度等级的标准。我国《混凝土结构设计标准》规定,混凝土立方体抗压强度标准值是指按标准方法制作、养护的边长为 150 mm 的立方体试件,在 28 天或设计规定龄期以标准试验方法测得的具有 95% 保证率的抗压强度,单位为 N/mm^2。

《混凝土结构设计标准》规定混凝土强度等级应按立方体抗压强度标准值确定,混凝土立方体抗压强度标准值用符号 $f_{cu,k}$ 表示。即,用上述标准试验方法测得的抗压强度作为混凝土的强度等级。《混凝土结构设计标准》考虑了高强度混凝土,规定的混凝土强度等级有 C20、C25、C30、C35、C40、C45、C50、C55、C60、C65、C70、C75 和 C80,共 13 个等级。例如,C30 表示立方体抗压强度标准值为 $30N/mm^2$ 的混凝土的强度等级。

试验方法对混凝土的立方抗压强度有较大的影响。试件在试验机上单向受压时,纵向缩短,横向扩张。由于混凝土与压力机垫板弹性模量及横向变形系数不同,压力机垫板的横向变形明显小于混凝土的横向变形,所以垫板通过接触面上的摩擦力约束混凝土试块的横向变形,就像在试件上下端各加了一个套箍,致使混凝土破坏时形成两个对顶的角锥形破坏面,抗压强度比没有约束的情况要高。如果在试件上下表面涂一些润滑剂,这时试件与压力机垫板间的摩擦力大大减小,其横向变形几乎不受到约束,受压时没有"套箍"作用的影响,

试件将沿着平行于力的作用方向产生几条裂缝而破坏,测得的抗压强度则较低。图 2 - 1 是两种混凝土立方体试块的破坏情况,我国规定的标准试验方法是不涂润滑剂的。

不涂润滑剂　　　　　涂润滑剂

加载速度对立方体强度也有影响,加载速度越快,测得的强度越高。通常规定加载速度为:混凝土强度等级低于 C30 时,取每秒钟 0.3 ~ 0.5 N/mm^2;混凝土强度等级高于或等于 C30 时,取每秒钟 0.5 ~ 0.8 N/mm^2。

图 2 - 1　混凝土立方体试块的破坏情况

混凝土的强度还与成型后的龄期有关。如图 2 - 2 所示,混凝土的抗压极限强度随着成型后混凝土的龄期逐渐增长,增长速度开始较快,后来逐渐缓慢,强度增长过程往往要延续几年,在潮湿环境中往往延续更长。

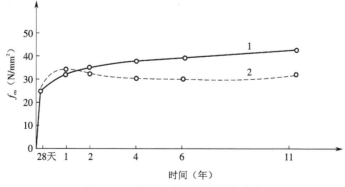

图 2 - 2　混凝土强度随龄期的变化

1—在潮湿环境下;2—在干燥环境下

2. 混凝土的轴心抗压强度

混凝土的抗压强度还与试件的形状有关,试件采用棱柱体比立方体能更好地反映混凝土结构的实际抗压能力,用混凝土棱柱体试件测得的抗压强度也称轴心抗压强度。

我国《普通混凝土力学性能试验方法》规定以 150 mm×150 mm×300 mm 的棱柱体作为混凝土轴心抗压强度试验的标准试件。棱柱体试件与立方体试件的制作条件相同,试验时试件上下表面不涂润滑剂。棱柱体的抗压试验及试件破坏情况如图 2-3 所示。由于棱柱体试件的高度越大,试验机压板与试件之间摩擦力对试件高度中部的横向变形的约束影响越小,所以通过试验量测,棱柱体试件的抗压强度要比立方体的强度小,并且棱柱体试件高宽比越大,强度越小。但是,当高宽比达到一定值后,这种影响就不明显了。在确定棱柱体试件尺寸时,一方面要考虑到试件具有足够的高度以不受试验机压板与试件承压面间摩擦力的影响,在试件的中间区段形成纯压状态,同时也要考虑到避免试件过高,导致在破坏前产生较大的附加偏心而降低抗压极限强度。根据资料,一般认为试件的高宽比为 2~3 时,可以基本消除上述两种因素的影响。

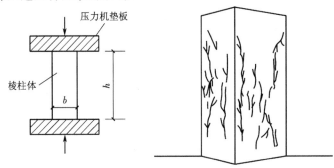

图 2-3　混凝土棱柱体抗压试验和破坏情况

《混凝土结构设计标准》规定以上述棱柱体试件用标准试验方法测得的具有 95% 保证率的抗压强度作为混凝土轴心抗压强度标准值,用符号 f_{ck} 表示。

图 2-4 是我国所做的混凝土棱柱体与立方体抗压强度对比试验的结果。由图可以看到,试验值 f_c^0 和 f_{cu}^0 的统计平均值大致成一条直线,它们的比值从普通强度到高强度大致在 0.70~0.92 的范围变化,且随强度增大比值变大。

考虑到实际结构构件制作、养护和受力情况,实际构件强度与试件强度之间存在的差异,《混凝土结构设计标准》为安全取偏低值,轴心抗压强度标准值与立方体抗压强度标准值的关系按下式确定:

$$f_{ck} = 0.88\alpha_{c1}\alpha_{c2}f_{cu,k} \qquad (2-1)$$

式中:α_{c1}——混凝土棱柱体强度与立方体强度之比,对混凝土强度等级为 C50 及以下的取 $\alpha_{c1} = 0.76$,对 C80 取 $\alpha_{c1} = 0.82$,在此之间,α_{c1} 的值按直线内插法确定;

α_{c2}——高强度混凝土的脆性折减系数,对 C40 取 $\alpha_{c2} = 1.00$,对 C80 取 $\alpha_{c2} = 0.87$,在此之间,α_{c2} 的值按直线内插法确定;

0.88——考虑实际混凝土构件与试件混凝土强度之间的差异而取用的折减系数。

在国外为确定混凝土轴心抗压强度常采用混凝土圆柱体试件。例如美国、日本和欧洲混凝土协会(CEB)系采用直径 6 英寸(152 mm)、高 12 英寸(305 mm)的圆柱体标准试件的抗压强度作为轴心抗压强度的指标,用符号 f_c' 表示。对 C60 以下的混凝土,圆柱体抗压强

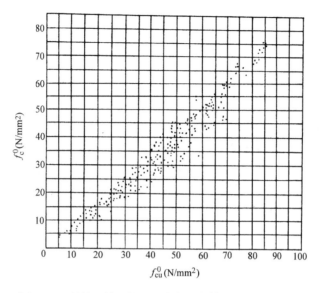

图2-4　混凝土轴心抗压强度与立方体抗压强度的关系

度f_c'和立方体抗压强度标准值$f_{cu,k}$之间的关系可按公式（2-2）计算。当f_{cu}超过60MPa后随着抗压强度提高，f_c'与$f_{cu,k}$的比值（公式中的系数）提高。CEB-FIP 和 MC-90 给出：对C60 的混凝土，比值为 0.833；对 C70 的混凝土，比值为 0.857；对 C80 的混凝土，比值为 0.875。

$$f_c' = 0.79 f_{cu,k} \tag{2-2}$$

3. 混凝土的轴心抗拉强度

抗拉强度是混凝土的基本力学指标之一，也可用抗拉强度间接地衡量混凝土的冲切强度等其他力学性能。混凝土的轴心抗拉强度可以采用直接轴心受拉的试验方法来测定。但是，由于混凝土内部的不均匀性，加之安装试件的偏差等原因，准确测定抗拉强度是很困难的。所以，国内外也常用如图2-5所示的圆柱体或立方体的劈裂试验来间接测试混凝土的轴心抗拉强度。根据弹性理论，劈拉强度$f_{t,s}$可按下式计算：

$$f_{t,s} = \frac{2F}{\pi \, dl} \tag{2-3}$$

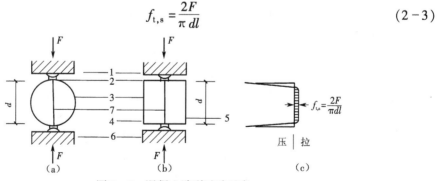

图2-5　混凝土劈裂试验示意

（a）用圆柱体进行劈裂试验；（b）用立方体进行劈裂试验；（c）劈裂面中水平应力分布

1—压力机上压板；2—弧形垫条及垫层各一条；3—试件；

4—浇模顶面；5—浇模底面；6—压力机下压板；7—试件破裂线

式中 F——破坏荷载;

        d——圆柱体直径或立方体边长;

        l——圆柱体长度或立方体边长。

试验表明,劈裂抗拉强度略大于直接受拉强度,并且劈拉试件的大小对试验结果也有一定影响。

由图2-6可以看出,轴心抗拉强度只有立方抗压强度的1/17~1/8,混凝土强度等级越高,这个比值越小。考虑到混凝土构件与混凝土试件的差别、尺寸效应、加载速度等因素的影响,《混凝土结构设计标准》考虑了从普通强度混凝土到高强度混凝土的变化规律,取轴心抗拉强度标准值f_{tk}与立方体抗压强度标准值$f_{cu,k}$的关系为

$$f_{tk} = 0.88 \times 0.395 f_{cu,k}^{0.55} (1 - 1.645\delta)^{0.45} \times \alpha_{c2} \tag{2-4}$$

式中 δ——变异系数;

    0.395 和 0.55——轴心抗拉强度与立方体抗压强度的折减系数。

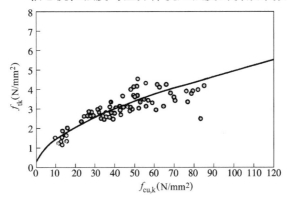

图2-6   混凝土轴心抗拉强度和立方体抗压强度的关系

2.1.3   混凝土的变形

混凝土在一次短期加载、荷载长期作用和多次重复荷载作用下会产生变形,这类变形称为受力变形。另外,混凝土由于硬化过程中的收缩以及温度和湿度变化也会产生变形,这类变形称为体积变形。变形是混凝土的一个重要力学性能。

1. 混凝土单轴(单调)受压应力—应变关系

混凝土受压时的应力—应变关系是混凝土最基本的力学性能之一。一次短期加载是指荷载从零开始单调增加至试件破坏,也称为单调加载。

在普通试验机上获得有下降段的混凝土应力—应变曲线是比较困难的。若采用有伺服装置能控制下降段应变速度的特殊试验机,或者在试件旁附加各种弹性元件协同受压,以吸收试验机内所积蓄的应变能,防止试验机头回弹的冲击引起试件突然破坏,以等应变加载,就可以测量出具有真实下降段的混凝土应力—应变全曲线。混凝土达到极限强度后,在应力下降幅度相同的情况下,变形能力大的混凝土延性好。

我国采用棱柱体试件测定一次短期加载下混凝土受压应力—应变全曲线。图2-7为实测的典型混凝土棱柱体受压应力—应变全曲线。可以看到,这条曲线包括上升段和下降段两个部分。上升段(OC)又可分为三段,从加载至应力约为$(0.3 \sim 0.4)f_c$的A点为第一

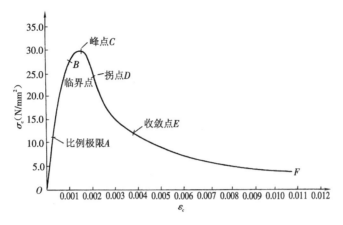

图 2-7　混凝土棱柱体受压应力—应变曲线

阶段,由于这时应力较小,混凝土的变形主要是骨料和水泥结晶体受力产生的弹性变形,而对水泥胶体的黏性流动以及初始微裂缝变化的影响一般很小,所以应力—应变关系接近直线,称 A 点为比例极限点。超过 A 点,进入裂缝稳定扩展的第二阶段,至临界点 B,临界点的应力可以作为长期抗压强度的依据。此后,试件中所积蓄的弹性应变能保持大于裂缝发展所需要的能量,从而形成裂缝快速发展的不稳定状态直至峰点 C,这一阶段为第三阶段,这时的峰值应力通常作为混凝土棱柱体的抗压强度 f_c,相应的应变称为峰值应变 ε_0,其值在 0.001 5 ~ 0.002 5 之间波动,通常取为 0.002。

下降段 CE 是混凝土到达峰值应力后裂缝继续扩展、传播,从而引起应力—应变关系变化的反映。在峰值应力以后,裂缝迅速发展,内部结构的整体受到愈来愈严重的破坏,赖以传递荷载的传力路线不断减少,试件的平均应力强度下降,所以应力—应变曲线向下弯曲,直到凹向发生改变,曲线出现“拐点”(D 点)。超过“拐点”,曲线逐渐凸向应变轴,这时,结构受力性质开始发生本质的变化,骨料间的咬合力及摩擦力与残余承压面共同承受荷载。随着变形的增加,应力—应变曲线逐渐向凸向水平轴方向发展,此段曲线中曲率最大的一点 E 称为“收敛点”。从收敛点 E 开始以后的曲线称为收敛段,这时贯通的主裂缝已很宽,结构内聚力几乎耗尽,对无侧向约束的混凝土,收敛段 EF 已失去结构意义。

混凝土应力—应变曲线的形状和特征是混凝土内部结构发生变化的力学标志。不同强度混凝土的应力—应变曲线有着相似的形状,但也有实质性的区别。图 2-8 的试验曲线表明,随着混凝土强度的提高,尽管上升段和峰值应变的变化不很显著,但是下降段的形状有较大的差异,混凝土强度越高,下降段的坡度越陡,即应力下降相同幅度时变形越小延性越差。另外,混凝土受压应力—应变曲线的形状与加载速度也有着密切的关系。

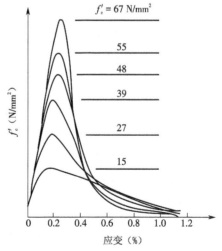

图 2-8　不同强度的混凝土的应力—应变曲线比较

2. 混凝土单轴受压应力—应变曲线的数学模型

根据试验实测结果分析,我国《混凝土结构设计标准》提出在进行混凝土结构全过程受力分析时,可参照《混凝土结构设计标准》附录 C 的混凝土单轴应力—应变表达式。

需要注意的是:混凝土不是弹性材料,所以不能用已知的混凝土应变乘以规范中所给的弹性模量值去求混凝土的应力。

美国 E. Hognestad 建议的模型如图 2 - 9 所示。该模型的上升段为抛物线,下降段为斜直线。

上升段($\varepsilon \leqslant \varepsilon_0$):

$$\sigma = f_c \left[2 \frac{\varepsilon}{\varepsilon_0} - \left(\frac{\varepsilon}{\varepsilon_0} \right)^2 \right] \tag{2-5}$$

下降段($\varepsilon_0 < \varepsilon \leqslant \varepsilon_u$):

$$\sigma = f_c \left[1 - 0.15 \frac{\varepsilon - \varepsilon_0}{\varepsilon_u - \varepsilon_0} \right] \tag{2-6}$$

式中　f_c——峰值应力(棱柱体极限抗压强度);

　　　ε_0——相应于峰值应力时的应变,取 $\varepsilon_0 = 0.002$;

　　　ε_u——极限压应变,取 $\varepsilon_u = 0.0038$。

德国 Rüsch 建议的模型如图 2 - 10 所示。该模型形式较简单,上升段也采用抛物线,下降段则采用水平直线。

当 $\varepsilon \leqslant \varepsilon_0$ 时,

$$\sigma = f_c \left[2 \frac{\varepsilon}{\varepsilon_0} - \left(\frac{\varepsilon}{\varepsilon_0} \right)^2 \right] \tag{2-7}$$

当 $\varepsilon_0 < \varepsilon \leqslant \varepsilon_u$ 时,

$$\sigma = f_c \tag{2-8}$$

式中,$\varepsilon_0 = 0.002$;

　　　$\varepsilon_u = 0.0035$。

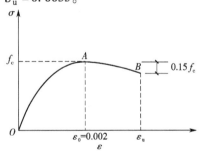
　　　　　　　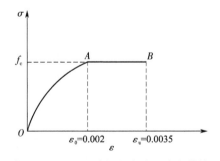

图 2 - 9　Hognestad 建议的应力—应变曲线　　　图 2 - 10　Rüsch 建议的应力—应变曲线

3. 混凝土轴向受拉应力—应变关系

由于测试混凝土受拉时的应力—应变关系曲线比较困难,所以试验资料较少。图2 - 11是采用电液伺服试验机,控制应变速度,测出的混凝土轴心受拉应力—应变曲线。曲线形状与受压时相似,具有上升段和下降段。试验测试表明,在试件加载的初期,变形与应力呈线性增长,至峰值应力的40% ~50%达到比例极限,加载至峰值应力的76% ~83%时,曲线出现拐点(即裂缝不稳定扩展的起点),到达峰值应力时对应的应变只有 75×10^{-6} ~ 115×10^{-6}。曲线下降段的坡度随混凝土强度的提高而更陡峭。在进行混凝土结构受拉全过程

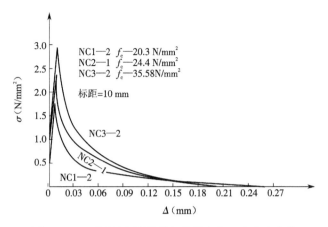

图 2-11　不同强度的混凝土拉伸应力—应变全曲线

受力分析时,可采用《混凝土结构设计标准》附录 C 的混凝土单轴受拉应力—应变表达式。受拉弹性模量与受压弹性模量值基本相同。

4. 混凝土的变形模量

与弹性材料不同,混凝土受压应力—应变关系是一条曲线,不同的应力阶段联系应力与应变关系的材料模量是一个变数,通常称为变形模量。

混凝土的变形模量有如下三种表示方法。

(1)混凝土的弹性模量(原点切线模量)。如图 2-12 所示,混凝土棱柱体受压时,在应力—应变曲线的原点(图中的 O 点)作一切线,其斜率为混凝土的原点模量,称为弹性模量,以 E_c 表示,其值

$$E_c = \tan \alpha_0 \qquad (2-9)$$

式中　α_0——混凝土应力—应变曲线在原点处的切线与横坐标的夹角。

目前,各国对弹性模量的试验方法尚无统一的标准。由于要在混凝土一次加载应力—应变曲线上作原点的切线,找出角 α_0 是不容易做准确的,所以通用的做法是:对标准尺寸为 150mm×150mm×300mm 的棱柱体试件,先加载至 $\sigma = 0.5 f_c$,然后卸载至零,再重复加载卸载 5~10 次。由于混凝土不是弹性材料,每次卸载至应力为零时,存在残余变形,随着加载次数增加,应力—应变曲线渐趋稳定并基本上趋于直线。该直线的斜率即定为混凝土的弹性模量。

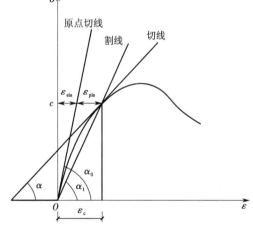

图 2-12　混凝土变形模量的表示方法

当混凝土进入塑性阶段后,初始的弹性模量已不能反映这时的应力应变性质,因此,有时用变形模量或切线模量来表示这时的应力—应变关系。

(2)混凝土的割线模量。连接图 2-12 中 O 点至曲线任一点应力为 σ_c 处割线的斜率称为任意点割线模量或称变形模量。其表达式为

$$E_c' = \tan \alpha_1 \qquad (2-10)$$

这时，由于总变形 ε_0 中包含弹性变形 $\varepsilon_{\mathrm{ela}}$ 和塑性变形 $\varepsilon_{\mathrm{pla}}$ 两部分，由此所确定的模量也可称为弹塑性模量或割线模量。混凝土的变形模量是个变值，它随着应力大小而不同。

(3)混凝土的切线模量。在混凝土应力—应变曲线上某一应力 σ_c 处作一切线，其应力增量与应变增量之比值称为相应于应力 σ_c 时混凝土的切线模量，其值

$$E_c'' = \tan \alpha \qquad (2-11)$$

可以看出,混凝土的切线模量是一个变值,它随着混凝土的应力增大而减小。

需要注意的是:混凝土不是弹性材料,所以不能用已知的混凝土应变乘以规范中所给的弹性模量值去求混凝土的应力。只有当混凝土应力很低时,其弹性模量与变形模量值才近似相等。混凝土的弹性模量可按下式计算(单位为 $\mathrm{N/mm}^2$):

$$E_c = \frac{10^5}{2.2 + \dfrac{34.7}{f_{\mathrm{cu}}}} \qquad (2-12)$$

2.1.4　复合应力状态下混凝土的受力性能

1. 双向应力状态

实际混凝土结构构件大多是处于复合应力状态,例如框架梁、柱既受到柱轴向力作用,又受到弯矩和剪力的作用,而梁柱连接的节点区混凝土受力状态一般更为复杂。同时,研究复合应力状态下混凝土的强度,对于认识混凝土的强度理论也有重要的意义。

在两个平面作用着法向应力 σ_1 和 σ_2,第三个平面上应力为零时称为双向应力状态。双向应力状态下混凝土的破坏包络图如图 2-13 所示。一旦超出包络线就意味着材料发生了破坏。图中第一象限为双向受拉区,σ_1、σ_2 相互影响不大,不同应力比值 σ_1/σ_2 下的双向受拉强度均接近于单向受拉强度。第三象限为双向受压区,大体上一向的强度随另一向压力的增加而增加,混凝土双向受压强度比单向受压强度最多可提高 27%。第二、四象限为拉-压应力状态,此时混凝土的强度均低于单向拉伸或压缩时的强度。

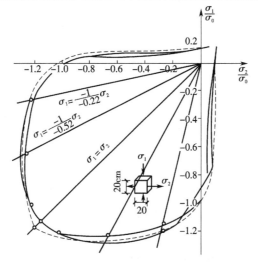

图 2-13　双向应力状态下混凝土破坏包络图

取一个单元体,法向应力 σ 与剪应力 τ 组合的强度曲线如图 2-14 所示。抗剪强度随压应力的增大而增大,当压应力约超过 $0.6f_c'$ 时,抗剪强度随压应力的增大而减小。也就是说由于存在剪应力,此时混凝土的抗压强度要低于单向抗压强度。这个结果说明:梁受弯矩和剪力共同作用以及柱在受到轴向压力的同时也受到水平地震作用产生的剪力作用时,结构中有剪应力,会影响梁与柱中受压区混凝土的强度。另外,还可以看出,抗剪强度随着拉应力的增大而减小,也就是说剪应力的存在也会使抗拉强度降低。

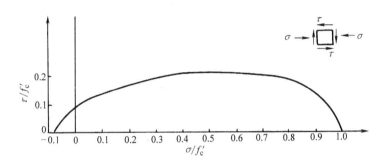

图 2-14　法向应力和剪应力组合的破坏曲线

2. 三向应力状态

如前所述,混凝土试件横向受到约束时,可以提高其抗压强度,也可以提高其延性。三向受压下混凝土圆柱体的轴向应力—应变曲线可以由圆柱体的周围液体压力加以约束,在加压过程中,保持液压为常值,逐渐增加轴向压力直至破坏,并量测轴向应变得到。从图 2-15 中可以看出,随着侧向压力的增加,试件的强度和延性都有显著提高。

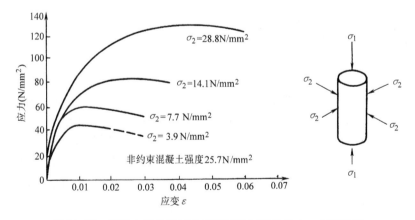

图 2-15　混凝土圆柱体三向受压试验时轴向应力—应变曲线

混凝土在三向受压的情况下,由于受到侧向压力的约束作用,最大主压应力轴的极限强度 $f_{cc}'(\sigma_1)$ 有较大程度的增长,其变化规律随两侧向压应力(σ_2,σ_3)的比值和大小而不同。常规的三轴受压是在圆柱体周围加液压,在两侧向等压($\sigma_2 = \sigma_3 = f_L > 0$)的情况下进行的。试验表明,当侧向液压值不很大时,最大主压应力轴的极限强度 f_{cc}' 随侧向应力的增大而提高,由试验得到的经验公式为

$$f'_{cc} = f'_c + (4.5 \sim 7.0)f_L \qquad (2-13)$$

式中　f'_{cc}——有侧向压力约束试件的轴心抗压强度;

　　　f'_c——无侧向压力约束试件的轴心抗压强度;

　　　f_L——侧向约束压应力。

公式中,f_L 前的数字为侧向应力系数,平均值为5.6,当侧向压应力较低时取的系数值较高。

工程上可以通过设置螺旋筋或密排箍筋来约束混凝土,提高混凝土强度,增加混凝土的变形能力,改善钢筋混凝土结构的抗震性能。在混凝土轴向压力很小时,螺旋筋或箍筋几乎不受力,此时混凝土基本上不受约束,当混凝土应力达到临界应力时,混凝土内部裂缝引起体积膨胀挤压螺旋筋或箍筋;反过来,螺旋筋或箍筋约束了混凝土,形成与液压约束相似的条件,从而混凝土的应力—应变性能得到改善(见图2-16)。

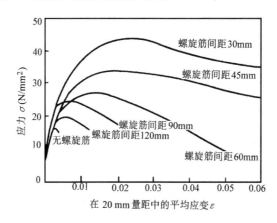

图2-16　用螺旋筋约束的混凝土圆柱体的应力—应变曲线

2.1.5　混凝土的徐变和收缩

1. 混凝土的徐变

结构或材料承受的荷载或应力不变,而应变或变形随时间增长的现象称为混凝土的徐变。徐变反映了荷载长期作用下混凝土的变形性能,因此混凝土的徐变特性主要与时间参数有关。混凝土的典型徐变曲线如图2-17所示。可以看出,当对棱柱体试件加载,应力达到 $0.5f_c$ 时,其加载瞬间产生的应变为瞬时应变 ε_{ela}。若保持荷载不变,随着加载作用时间的增加,应变也将继续增长,这就是混凝土的徐变 ε_{cr}。一般,徐变开始增长较快,以后逐渐减慢,经过较长时间后就逐渐趋于稳定。徐变应变值约为瞬时应变值的 $l \sim 4$ 倍。如图所示,2年后卸载,试件瞬时恢复的一部分应变称为瞬时恢复应变 ε'_{ela},其值比加载时的瞬时变形略小。当长期荷载完全卸除后,量测会发现混凝土并不处于静止状态,经过一个徐变的恢复过程(约为20天),卸载后的徐变恢复变形称为弹性后效 ε''_{ela},其绝对值仅为徐变变形的1/12左右。试件中绝大部分不可恢复的应变,称为残余应变 ε'_{cr}。

试验表明,混凝土的徐变与混凝土的应力大小有着密切的关系,应力越大徐变也越大。图2-18所示,当混凝土应力较小时(例如小于 $0.5f_c$),徐变与应力成正比,曲线接近等间

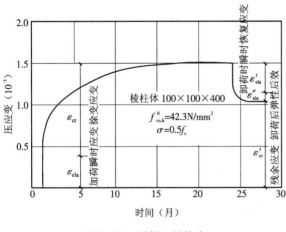

图 2-17　混凝土的徐变

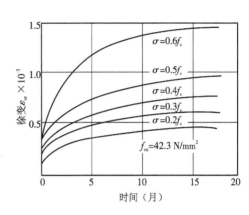

图 2-18　压应力与徐变的关系

距分布,这种情况称为线性徐变。在线性徐变的情况下,加载初期徐变增长较快,6 个月时,一般已完成徐变的大部分,后期徐变增长逐渐减小,1 年以后趋于稳定,一般认为 3 年左右徐变基本终止。

当混凝土应力较大时(例如大于 $0.5f_c$),徐变应变与应力不成正比,徐变比应力增长要快,称为非线性徐变。在非线性徐变范围内,加载应力过高时,徐变应变急剧增加不再收敛,呈现非稳定徐变的现象,如图 2-19 所示,由于在高应力的作用下可能会造成混凝土的破坏,所以,一般取混凝土应力约等于$(0.75 \sim 0.8)f_c$ 作为混凝土的长期极限强度。混凝土构件在使用期间,应当避免经常处于不变的高应力状态。

还有,加载时混凝土的龄期越早,徐变越大;水泥用量越多,徐变越大;水灰比越大,徐变也越大。如图 2-20 所示,骨料弹性性质也明显地影响徐变值,一般,骨料越坚硬,弹性模量越高,对水泥混凝土徐变的约束作用越大,混凝土的徐变越小。此外,混凝土的制作方法、养护时的温度和湿度对徐变也有重要影响。养护时温度越高、湿度越大,水泥水化作用越充分,徐变越小。而受到荷载作用后所处的环境温度越高、湿度越低,则徐变越大。构件的形状、尺寸也会影响徐变值,大尺寸试件内部失水受到限制,徐变减小。钢筋的存在等对徐变也有影响。徐变对混凝土结构和构件的工作性能有很大的影响。由于混凝土的徐变,会使构件的变形增加,在钢筋混凝土截面中引起应力重分布,在预应力混凝土结构中会造成预应力损失。

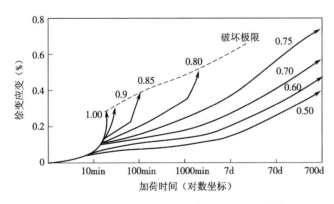

图 2-19　不同应力/强度比值的徐变时间曲线

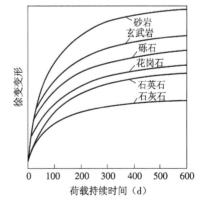

图 2-20　骨料对徐变的影响

影响混凝土徐变的因素很多,通常认为混凝土产生徐变的原因主要可归结为三个方面:内在因素、环境影响、应力因素。在应力不大的情况下,混凝土结硬化后,骨料之间的水泥浆,一部分变为完全弹性结晶体,另一部分是充填在晶体间的凝胶体,具有黏性流动的性质。当施加荷载时,在加载的瞬间结晶体与凝胶体共同承受外荷载。其后,随着时间的推移,凝胶体由于黏性流动而逐渐卸载,此时晶体承受了更多的外力并产生弹性变形。在这个过程中,从水泥凝胶体向水泥结晶体应力重新分布,从而使混凝土徐变变形增加。在应力较大的情况下,混凝土内部微裂缝在荷载长期作用下不断发展和增加,也将导致混凝土的变形的增加。

混凝土的徐变对钢筋混凝土结构有重要的影响。钢筋混凝土轴心受压构件在外加荷载维持不变的条件下,随着荷载作用时间的增加,混凝土的徐变导致其压应力逐渐减小,钢筋的压力逐渐增大,一开始变化较快,经过一定时间后趋于稳定。如果突然卸载,构件回弹,由于混凝土徐变变形的大部分是不可恢复的,故当荷载为零时,会使构件中钢筋受压而混凝土受拉;若构件的配筋率过大,还可能将混凝土拉裂,若构件中纵筋和混凝土之间有很强粘结应力时,则能同时产生纵向裂缝,这种裂缝更为危险。

2. 混凝土的疲劳变形

混凝土的疲劳是在荷载重复作用下产生的。混凝土在荷载重复作用下引起的破坏称为疲劳破坏。疲劳现象大量存在于工程结构中,钢筋混凝土吊车梁受到重复荷载的作用,钢筋混凝土道桥受到车辆振动的影响以及港口海岸的混凝土结构受到波浪冲击而损伤等都属于疲劳破坏现象。疲劳破坏的特征是裂缝小而变形大,在重复荷载作用下,混凝土的强度和变形有着很大的变化。

图2-21是混凝土棱柱体在多次重复荷载作用下的应力—应变曲线。从图中可以看出,对混凝土棱柱体试件,一次加载应力 σ_1 小于混凝土疲劳强度 f_c^f 时,其加载卸载应力—应变曲线 OAB 形成了一个环状。而在多次加载、卸载作用下,应力—应变环会越来越闭合,经过多次重复,这个曲线就闭合成一条直线。如果再选择一个较高的加载应力 σ_2,但 σ_2 仍小于混凝土疲劳强度 f_c^f 时,其加卸载的规律同前,多次重复后形成闭合直线。如果选择一个高于混凝土疲劳强度 f_c^f 的加载应力 σ_3,开始,混凝土应力—应变曲线凸向应力轴,在重复荷载过程中逐渐变成直线,再经过多次重复加卸载后,其应力—应变曲线由凸向应力轴而逐渐凸向应变轴,以致加卸载不能形成封闭环,这标志着混凝土内部微裂缝的发展加剧趋近破

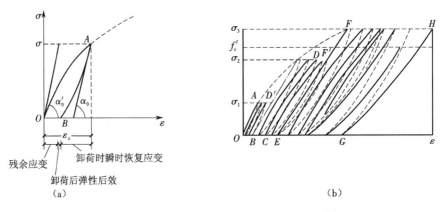

图2-21 混凝土在重复荷载作用下的应力—应变曲线

坏。随着重复荷载次数的增加,应力—应变曲线倾角不断减小,至荷载重复到某一定次数时,混凝土试件会因严重开裂或变形过大而导致破坏。

混凝土的疲劳强度用疲劳试验测定。疲劳试验采用 100 mm × 100 mm × 300 mm 或 150 mm × 150 mm × 450 mm 的棱柱体,把能使棱柱体试件承受 200 万次或其以上循环荷载而发生破坏的压应力值称为混凝土的疲劳抗压强度。

施加荷载时的应力大小是影响应力—应变曲线不同的发展和变化的关键因素,即混凝土的疲劳强度与重复作用时应力变化的幅度有关。疲劳强度随着疲劳应力比值的不同而变化,在相同的重复次数下,疲劳强度随着疲劳应力比值的增大而增大。疲劳应力比值 ρ^f 按下式计算:

$$\rho^f = \frac{\sigma^f_{c,\min}}{\sigma^f_{c,\max}} \qquad (2-14)$$

式中　$\sigma^f_{c,\min},\sigma^f_{c,\max}$——截面同一纤维上的混凝土最小应力及最大应力。

3. 混凝土的收缩与膨胀

混凝土在空气中凝结硬化时,体积收缩,而在水中凝结硬化时体积膨胀。通常,收缩值比膨胀值大很多。混凝土收缩值的试验结果相当分散。图 2 - 22 是铁道部科学研究院所做的混凝土自由收缩的试验结果。可以看到,混凝土的收缩值随着时间而增长,蒸汽养护混凝土的收缩值要小于常温养护下的收缩值。这是因为混凝土在蒸汽养护过程中,高温高湿的条件加速了水泥的水化和凝结硬化,一部分游离水由于水泥水化作用被快速吸收,使脱离试件表面蒸发的游离水减小,因此其收缩应变相应减小。

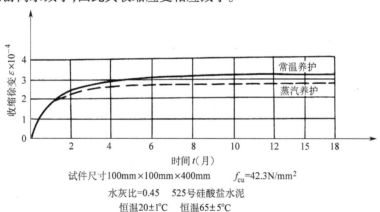

试件尺寸100mm×100mm×400mm　　　f_{cu}=42.3N/mm²

水灰比=0.45　　525号硅酸盐水泥

恒温20±1℃　　恒温65±5℃

图 2 - 22　混凝土的收缩

养护不好以及混凝土构件的四周受约束从而阻止混凝土收缩时,会使混凝土构件表面或水泥地面上出现收缩裂缝。影响混凝土收缩的因素如下。

①水泥的品种:水泥标号越高制成的混凝土收缩越大。

②水泥的用量:水泥越多,收缩越大;水灰比越大,收缩也越大。

③骨料的性质:骨料的弹性模量大,收缩小。

④养护条件:在结硬过程中周围温、湿度越大,收缩越小。

⑤混凝土制作方法:混凝土越密实,收缩越小。

⑥使用环境:使用环境的温度、湿度大时,收缩小。

⑦构件的体积与表面积比值:其比值大时,收缩小。

2.2　钢筋的物理力学性能

2.2.1　钢筋的品种和级别

钢筋混凝土结构中使用的钢材按化学成分,可分为碳素钢及普通低合金钢两大类。碳素钢除含有铁元素外还含有少量的碳、硅、锰、硫、磷等元素。根据含碳量的多少,碳素钢又可以分为低碳钢(含碳量 < 0.25%)、中碳钢(含碳量 0.25% ~ 0.6%)和高碳钢(含碳量 0.6% ~ 1.4%),含碳量越高强度越高,但是塑性和可焊性会降低。普通低合金钢除碳素钢中已有的成分外,再加入少量的硅、锰、钛、钒、铬等合金元素,加入这些元素后可以有效地提高钢材的强度和改善钢材的其他性能。

《混凝土结构设计标准》规定,用于钢筋混凝土结构的国产普通钢筋采用热轧钢筋,用于预应力混凝土结构的国产预应力钢筋采用消除应力钢丝、中强度预应力钢丝、预应力螺纹钢筋、钢绞线。常用的钢筋形式如图 2 - 23 所示。

热轧钢筋是低碳钢、普通低合金钢在高温状态下轧制而成。热轧钢筋为软钢,其应力—应变曲线有明显的屈服点和流幅,断裂时有"颈缩"现象,最大力下总伸长率(钢筋拉断前达到极限强度时的均匀应变)比较大。热轧钢筋根据其力学指标的高低,有 HPB300、HRB400、HRBF400、RRB400、HRB500、HRBF500 等牌号。

光面钢丝是将钢筋拉拔后校直,经中温回火消除应力,稳定化处理后的钢丝。光面钢丝按直径可分为 $\phi5$、$\phi7$ 和 $\phi9$ 三个级别。

钢绞线是由多根高强钢丝捻制在一起经过低温回火处理清除内应力后而制成的,分为 2 股、3 股和 7 股三种。

另外,用冷拉或冷拔的冷加工方法可以提高钢筋的屈服强度、节约钢材,但冷加工后钢筋的塑性(伸长率)会降低,用于预应力构件时,容易造成脆断。《混凝土结构设计标准》未列入冷加工钢筋,如果使用应按相关专门规定和参照相应的行业标准。

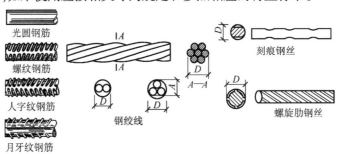

图 2 - 23　钢筋的形式

2.2.2　钢筋的强度与变形

钢筋的强度和变形性能可以用拉伸试验得到的应力—应变曲线来说明。钢筋的应力—应变曲线,有的有明显的流幅,例如热轧低碳钢和普通热轧低合金钢所制成的钢筋;有的则没有明显的流幅,例如高碳钢制成的钢筋。

图 2-24(a)是有明显流幅钢筋的应力—应变曲线。从图中可以看到,应力值在 A 点以前,应力与应变成比例变化,与 A 点对应的应力称为比例极限。过 A 点后,应变较应力增长快,到达点 B' 后钢筋开始塑流,B' 点称为屈服上限,它与加载速度、断面形式、试件表面结构等因素有关,通常 B' 点是不稳定的。待 B' 点降至屈服下限 C 点,这时应力基本不增加而应变急剧增长,曲线接近水平线。曲线延伸至 C 点,B 点到 C 点的水平距离的大小称为流幅或屈服台阶。有明显流幅的热轧钢筋屈服强度是按屈服下限 B 点确定的。过 C 点以后,应力又继续上升,说明钢筋的抗拉能力又有所提高。随着曲线上升到最高点 D,相应的应力称为钢筋的极限强度,CD 段称为钢筋的强化阶段。试验表明,过了 D 点,试件薄弱处的截面将会突然显著缩小,发生局部颈缩,变形迅速增加,应力随之下降,达到 E 点时试件被拉断。

当构件中钢筋的应力到达屈服点后,会产生很大的塑性变形,使钢筋混凝土构件出现很大的变形和过宽的裂缝,以致不能使用,所以对有明显流幅的钢筋,在计算承载力时以屈服点作为钢筋强度限值;对没有明显流幅或屈服点的预应力钢丝、钢绞线和热处理钢筋,通常用残余应变为 0.2% 时的应力作为它的条件屈服强度。为了与钢筋国家标准相一致,《混凝土标准》中也规定在构件承载力设计时,取极限抗拉强度 σ_b 的 85% 作为条件屈服强度,如图 2-24(b)所示。

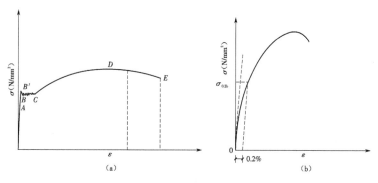

图 2-24　钢筋的应力—应变曲线
(a)有明显流幅的钢筋;(b)无明显流幅的钢筋

另外,钢筋除了要有足够的强度外,还应具有一定的塑性变形能力。通常用最大力总延伸率和冷弯性能两个指标衡量钢筋的塑性。

如图 2-25 所示,钢筋拉伸试件拉断后测量区 YV 的伸长值($L-L_0$)与标距 L_0 的比值,

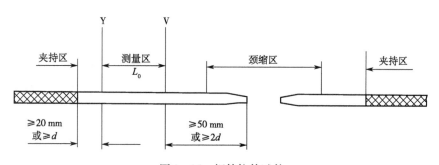

图 2-25　钢筋拉伸试件

以及钢筋的极限抗拉强度 σ_u 与弹性模量 E_s 比值,两个比值之和定义为最大力总延伸率(见公式 2-15)。最大力总延伸率越大,钢筋的塑性变形能力越好,国家标准规定了各种钢筋所必须达到的最大力总延伸率下限值 δ_{gt} 见表 2-1。

$$\delta_{gt} = \left(\frac{L - L_0}{L_0} + \frac{\sigma_u}{E_s} \right) \times 100\% \qquad (2-15)$$

表 2-1　最大力总延伸率下限值

牌号或种类	普通钢筋				预应力筋	
	HPB 300	HRB 400 HRBF 400 HRB 500 HRBF 500	HRB 400E HRB 500E	RRB 400	中强度预应力钢丝	消除应力钢丝、钢绞线、预应力螺纹钢筋
δ_{gt}	10.0%	7.5%	9.0%	5.0%	4.0%	4.5%

冷弯是常温下将直径为 d 的钢筋绕直径为 D 的弯芯弯曲,钢筋弯曲达到规定角度后无裂纹断裂及起层现象则表示冷弯性能合格。弯芯的直径 D 越小,弯转角越大,说明钢筋的塑性变形能力越好。冷弯相应的弯芯直径及弯转角要求等参数可参照相应的国家标准。

2.2.3　钢筋应力—应变曲线的数学模型

反映钢筋受力变形性能的是其应力—应变关系。为了便于分析,将钢筋的应力—应变关系理想化,常用的钢筋应力—应变曲线模型有以下几种。

1. 描述完全弹塑性的双直线模型

双直线模型适用于流幅较长的低强度钢材。模型将钢筋的应力—应变曲线简化为图 2-26(a)所示的两直线段,不计屈服强度的上限和由于应变硬化而增加的应力。图中 OB 段为完全弹性阶段,B 点为屈服下限,相应的应力及应变为 f_y 和 ε_y,OB 段的斜率即为弹性模量 E_s。BC 为完全塑性阶段,C 点为应力强化的起点,对应的应变为 $\varepsilon_{s,h}$,过 C 点后即认为钢筋变形过大不能正常使用。双直线模型的数学表达式如下:

当 $\varepsilon_s \leqslant \varepsilon_y$ 时

$$\sigma_s = E_s \varepsilon_s \quad \left(注: E_s = \frac{f_y}{\varepsilon_y} \right) \qquad (2-16)$$

当 $\varepsilon_y \leqslant \varepsilon_s \leqslant \varepsilon_{s,h}$

$$\sigma_s = f_y \qquad (2-17)$$

2. 描述完全弹塑性加硬化的三折线模型

三折线模型适用于流幅较短的软钢,可以描述屈服后立即发生应变硬化(应力强化)的钢材,正确地估计高出屈服应变后的应力。如图 2-26(b)所示,图中 OB 及 BC 直线段分别为完全弹性和塑性阶段。C 点为硬化的起点,CD 为硬化阶段。到达 D 点时即认为钢筋破坏,受拉应力达到极限值 $f_{s,u}$,相应的应变为 $\varepsilon_{s,u}$。三折线模型的数学表达形式如下:

当 $\varepsilon_s \leqslant \varepsilon_y$,$\varepsilon_y \leqslant \varepsilon_s \leqslant \varepsilon_{s,h}$ 时,表达式同式(2-16)和式(2-17);

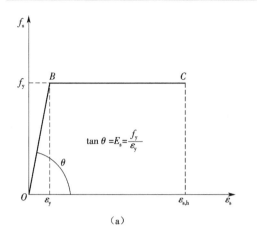

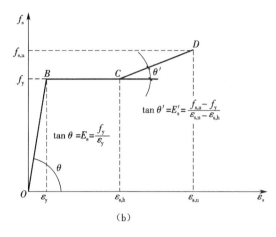

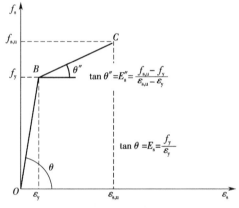

图 2-26　钢筋应力—应变曲线的数学模型

(a)双直线;(b)三折线;(c)双斜线

当 $\varepsilon_{s,h} \leqslant \varepsilon_s \leqslant \varepsilon_{s,u}$ 时

$$\sigma_s = f_y + (\varepsilon_s - \varepsilon_{s,h}) \tan \theta' \tag{2-18}$$

可取 $\tan \theta' = E'_s = 0.01 E_s$ $\tag{2-19}$

3. 描述弹塑性的双斜线模型

双斜线模型可以描述没有明显流幅的高强钢筋或钢丝的应力—应变曲线。如图 2-26
(c)所示, B 点为条件屈服点, C 点的应力达到极限 $f_{s,u}$ 值,相应的应变为 $\varepsilon_{s,u}$。双斜线模型
数学表达式如下:

当 $\varepsilon_s \leqslant \varepsilon_y$ 时

$$\sigma_s = E_s \varepsilon_s \quad (注:E_s = \frac{f_y}{\varepsilon_y}) \tag{2-20}$$

$\varepsilon_y \leqslant \varepsilon_s \leqslant \varepsilon_{s,u}$

$$\sigma_s = f_y + (\varepsilon_s - \varepsilon_y) \tan \theta'' \tag{2-21}$$

式中

$$\tan \theta'' = E''_s = \frac{f_{s,u} - f_y}{\varepsilon_{s,u} - \varepsilon_y} \tag{2-22}$$

2.2.4　钢筋的疲劳

钢筋的疲劳是指钢筋在承受重复、周期性的动荷载作用下,经过一定次数后,突然脆性断裂的现象。吊车梁、桥面板、轨枕等承受重复荷载的钢筋混凝土构件在正常使用期间会由于疲劳发生破坏。

钢筋疲劳断裂的原因,一般认为是由于钢筋内部和外部的缺陷,在这些薄弱处容易引起应力集中。应力过高,钢材晶粒滑移,产生疲劳裂纹,应力重复作用次数增加,裂纹扩展,从而造成断裂。

钢筋的疲劳试验有两种方法:一种是直接进行单根原状钢筋轴拉试验,另一种是将钢筋埋入混凝土中使其重复受拉或受弯的试验。由于影响钢筋疲劳强度的因素很多,钢筋疲劳强度试验结果是很分散的。我国采用直接做单根钢筋轴拉试验的方法,钢筋的疲劳强度与一次循环应力中的最大和最小应力值(应力幅度)有关,《混凝土结构设计标准》规定了不同等级钢筋的疲劳应力幅限值,要求满足的循环次数为 200 万次,并规定截面同一纤维上钢筋最小应力与最大应力比值(即疲劳应力比值)$\rho^f = \sigma^f_{min} / \sigma^f_{max}$,当 $\rho^f \geqslant 0.9$ 时可不进行疲劳强度验算。

影响钢筋疲劳强度的因素还有:最小应力值的大小、钢筋外表面几何尺寸和形状、钢筋的直径、钢筋的强度、钢筋的加工和使用环境以及加载的频率等。

由于承受重复荷载的作用,钢筋的疲劳强度低于其在静荷载作用下的极限强度。埋置在混凝土中的钢筋的疲劳断裂通常发生在纯弯段内裂缝截面附近。

2.2.5　混凝土结构对钢筋性能的要求

1. 钢筋的强度

所谓钢筋强度是指钢筋的屈服强度及极限强度。钢筋的屈服强度是设计计算时的主要依据(对无明显流幅的钢筋,取其条件屈服点)。采用高强度钢筋可以节约钢材,取得较好的经济效果。改变钢材的化学成分,生产新的钢种可以提高钢筋的强度。

2. 钢筋的塑性

要求钢材有一定的塑性是为了使钢筋在断裂前有足够的变形,在钢筋混凝土结构中,能给出构件将要破坏的预告信号;同时要保证钢筋冷弯的要求,通过试验检验钢材承受弯曲变形的能力以间接反映钢筋的塑性性能。钢筋的最大力总延伸率和冷弯性能是施工单位验收钢筋是否合格的主要指标。

3. 钢筋的可焊性

可焊性是评定钢筋焊接后的接头性能的指标。可焊性好,即要求在一定的工艺条件下钢筋焊接后不产生裂纹及过大的变形。

4. 钢筋的耐火性

热轧钢筋的耐火性能最好,冷轧钢筋其次,预应力钢筋最差。结构设计时应注意混凝土保护层厚度满足对构件耐火极限的要求。

5. 钢筋与混凝土的粘结力

为了保证钢筋与混凝土共同工作,要求钢筋与混凝土之间必须有足够的粘结力。钢筋表面的形状是影响粘结力的重要因素。

2.3　混凝土与钢筋的粘结

2.3.1　粘结的意义

钢筋和混凝土这两种材料能够结合在一起共同工作,除了二者具有相近的线膨胀系数外,更主要的原因是混凝土硬化后,钢筋与混凝土之间产生了良好的粘结力。为了保证钢筋不从混凝土中被拔出或压出,与混凝土更好地共同工作,还要求钢筋有良好的锚固。粘结和锚固是钢筋和混凝土形成整体、共同工作的基础。

钢筋混凝土受力后会沿钢筋和混凝土接触面产生剪应力,通常把这种剪应力称为粘结应力。若构件中的钢筋和混凝土之间既不粘结,钢筋端部也不加锚具,在荷载作用下,钢筋与混凝土就不能共同受力。

钢筋端部加弯钩和机械锚固等可以提高锚固能力。光面钢筋末端均需设置弯钩。

粘结作用可以用图 2-27 所示的钢筋与其周围混凝土之间产生的粘结应力说明。钢筋和混凝土界面上的粘结应力与相同荷载作用下钢筋应变的分布有关。根据作用性质的不同,钢筋与混凝土之间的粘结应力分为裂缝间的局部粘结应力和锚固粘结应力。裂缝间的局部粘结应力是在相邻两个开裂截面之间产生的,钢筋应力的变化受到粘结应力的影响,粘结应力使相邻两个裂缝之间混凝土参与受拉。局部粘结应力的丧失会导致构件刚度降低和裂缝的开展。钢筋深进支座或在连续梁中承担负弯矩的上部钢筋在跨中截断时,需要延伸一段长度,即锚固长度。要使钢筋承受所需的拉力,就要求受拉钢筋有足够的锚固长度以积累足够的粘结力,否则,将发生锚固破坏。

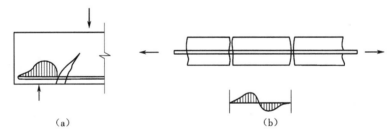

（a）　　　　　　　　　　　　　（b）

图 2-27　钢筋和混凝土之间的粘结应力示意图

（a）锚固粘结应力；（b）裂缝间的局部粘结应力

2.3.2　粘结力的组成

光圆钢筋与变形钢筋具有不同的粘结机理。

光圆钢筋与混凝土的粘结作用主要由三部分组成。

（1）钢筋与混凝土接触面上的化学吸附作用力（胶结力）。这种吸附作用力来自浇注时水泥浆体对钢筋表面氧化层的渗透以及水化过程中水泥晶体的生长和硬化。这种吸附作用力一般很小,仅在受力阶段的局部无滑移区域起作用。当接触面发生相对滑移时,该力即消失。

（2）混凝土收缩握裹钢筋而产生摩阻力。摩阻力是由于混凝土凝固时收缩,对钢筋产生垂直于摩擦面的压应力。这种压应力越大、接触面的粗糙程度越大,摩阻力就越大。

（3）钢筋表面凹凸不平与混凝土之间产生的机械咬合作用力（咬合力）。对于光面钢筋这种咬合力来自表面的粗糙不平。

　　变形钢筋与混凝土之间有机械咬合作用,改变了钢筋与混凝土间相互作用的方式,显著提高了粘结强度。对于变形钢筋,咬合力是由于变形钢筋肋间嵌入混凝土而产生的。虽然也存在胶合力和摩擦力,但变形钢筋的粘结主要来自钢筋表面凸出的肋与混凝土的机械咬合作用。变形钢筋的横肋对混凝土的挤压如同一个楔,会产生很大的机械咬合力(图2-28),从而提高了变形钢筋的粘结能力。

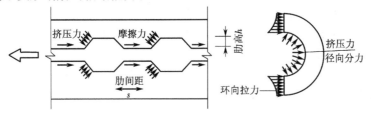

图 2-28　变形钢筋和混凝土的机械咬合作用

　　光面钢筋和变形钢筋的粘结机理的主要差别是,光面钢筋粘结力主要来自胶结力和摩阻力,而变形钢筋的粘结力主要来自机械咬合作用。二者的差别,可以用钉入木料中的普通钉和螺丝钉的差别来理解。

2.3.3　粘结应力和滑移

　　钢筋与混凝土的粘结性能主要是由两者之间的粘结应力τ与对应的相对滑移s的τ—s曲线来反映的。

　　钢筋的粘结强度通常采用如图2-29(a)所示的直接拔出试验来测定;为了反映弯矩的作用,也用梁式试件进行弯曲拔出试验,见图2-29(b)。

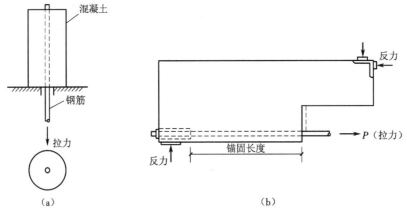

图 2-29　测定粘结强度的两种拔出试验

(a)直接拔出试验;(b)弯曲拔出试验

　　在直接拔出试验中,钢筋和混凝土之间的平均粘结应力τ可表示为

$$\tau = \frac{N}{\pi dl} \tag{2-23}$$

式中　　N——钢筋的拉力;

　　　　d——钢筋的直径;

　　　　l——粘结长度。

由拔出试验,粘结应力 τ 和相对滑移 s 的关系如图 2－30 所示。随着混凝土强度的提高,粘结锚固性能有较大的改善,粘结刚度增加,相对滑移减小。图 2－30(a)为光面钢筋拔出试验加载端典型的粘结应力—滑移关系曲线。可见,光面钢筋的粘结强度较低,达到峰值粘结应力 τ_u 后,接触面上混凝土的细颗粒已磨平,摩阻力减小,滑移急剧增大, $\tau—s$ 曲线出现下降段。破坏时,钢筋被徐徐拔出,滑移值可达数毫米。光面钢筋表面的锈蚀情况对粘结性能有很大影响。

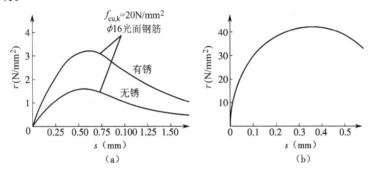

图 2－30　$\tau—s$ 曲线

(a)光面钢筋的 $\tau—s$ 曲线;(b)变形钢筋的 $\tau—s$ 曲线

图 2－30(b)为带肋钢筋拔出试验加载端的典型粘结应力—滑移关系曲线。

①加载初期,滑移主要是由肋对混凝土的斜向挤压力使肋根部混凝土产生局部挤压变形而引起的,刚度较大,滑移很小, $\tau—s$ 曲线接近直线。

②斜向挤压力增大,混凝土产生内部裂缝,刚度降低,滑移增大, $\tau—s$ 关系曲线的斜率变小。

③当斜向挤压力随拔出力的增大而再增大时,混凝土被压碎,在肋处形成新的滑动面,产生较大的滑移。

④当裂缝发展到试件表面,形成劈裂裂缝,并沿试件长度扩展时,很快就达到峰值粘结应力 τ_u ,滑移也达到最大值,为 0.35 ～ 0.45 mm。

2.3.4　影响粘结强度的因素

影响钢筋与混凝土粘结强度的因素很多,主要影响因素有混凝土强度、保护层厚度及钢筋净间距、横向配筋及侧向压应力以及浇筑混凝土时钢筋的位置等。

(1)光圆钢筋及变形钢筋的粘结强度都随混凝土强度等级的提高而提高,但不与立方体强度 f_{cu} 成正比。试验表明,当其他条件基本相同时,粘结强度 τ_u 与混凝土的抗拉强度 f_t 大致成正比关系。我国进行的大量试验表明,劈裂粘结应力 τ_{cr} 以及给定滑移量 s_1 时的粘结应力 τ 均与混凝土抗拉强度基本成正比关系。

(2)与光圆钢筋相比,变形钢筋具有较高的粘结强度。但是,使用变形钢筋,在粘结破坏时容易使周围混凝土产生劈裂裂缝,裂缝对结构的耐久性是非常不利的。钢筋外围的混凝土保护层太薄,可能使外围混凝土因产生径向劈裂而使粘结强度降低。增大保护层厚度,保持一定的钢筋间距,可以提高外围混凝土的抗劈裂能力,有利于粘结强度的充分发挥。国内外的直接拔出试验或半梁式拔出试验的结果表明,在一定相对埋置长度 l/d 的情况下,相对粘结强度 τ_u/f_t 与相对保护层厚度 c/d 的平方根成正比。

（3）混凝土构件截面上有多根钢筋并列在一排时,钢筋间的净距对粘结强度有重要影响,钢筋净间距过小,外围混凝土将发生水平劈裂,形成贯穿整个梁宽的劈裂裂缝,造成整个混凝土保护层剥落,粘结强度显著降低。一排钢筋的根数越多,净间距越小,粘结强度降低得就越多。

（4）横向钢筋(如梁中的箍筋)可以限制混凝土内部裂缝的发展,提高粘结强度。横向钢筋还可以限制到达构件表面的裂缝宽度,从而提高粘结强度。因此,在使用较大直径钢筋的锚固区和搭接长度范围内以及当一排的并列钢筋根数较多时,应设置一定数量的附加箍筋,以防止混凝土保护层的劈裂崩落。同时,配置箍筋对保护后期粘结强度、改善锚筋延性也有明显作用。

（5）在直接支承的支座处,如梁的简支端,钢筋的锚固区受到来自支座的横向压应力,横向压应力约束了混凝土的横向变形,使钢筋与混凝土间抵抗滑动的摩阻力增大,因而可以提高粘结强度。

（6）粘结强度与浇筑混凝土时钢筋所处位置有关。浇筑混凝土时,深度过大（超过300 mm）,钢筋底面的混凝土会出现沉淀收缩和离析泌水,气泡逸出,使其与水平放置的钢筋之间产生强度较低的疏松空隙层,从而会削弱钢筋与混凝土的粘结作用。

另外,钢筋表面形状对粘结强度也有影响,变形钢筋的粘结强度大于光面钢筋。

2.3.5　钢筋的锚固与搭接

1. 保证粘结的构造措施

由于粘结破坏机理复杂,影响粘结力的因素众多,工程结构中的粘结受力的多样性,目前尚无比较完整的粘结力计算理论。《混凝土结构设计标准》采用不进行粘结计算,而用构造措施来保证混凝土与钢筋粘结的方法。

保证粘结的构造措施有如下几个方面:

①对不同等级的混凝土和钢筋,要保证钢筋最小搭接长度和锚固长度;

②为了保证混凝土与钢筋之间有足够的粘结,必须满足钢筋最小间距和混凝土保护层最小厚度的要求;

③在钢筋的搭接接头范围内应加密箍筋;

④为了保证足够的粘结力,在钢筋端部应设置弯钩。

此外,在浇注大深度混凝土时,为防止在钢筋底面出现沉淀收缩和泌水,形成疏松空隙层,削弱粘结作用,对高度较大的混凝土构件应分层浇筑或二次浇捣。

钢筋表面粗糙程度影响摩擦阻力,从而影响粘结强度。轻度锈蚀的钢筋,其粘结强度比新轧制的无锈钢筋要高,比除锈处理的钢筋更高。所以,一般除重锈钢筋外,可不必除锈。

2. 基本锚固长度

钢筋受拉会在周围混凝土中产生向外的膨胀力,这个膨胀力导致拉力传送到构件表面。为了保证钢筋与混凝土之间可靠粘结,钢筋必须有一定的锚固长度。钢筋的基本锚固长度取决于钢筋强度及混凝土抗拉强度,并与钢筋的外形有关。为了充分利用钢筋的抗拉强度,《混凝土结构设计标准》规定混凝土结构中的纵向受拉钢筋的基本锚固长度按下式计算:

$$l_{ab} = \alpha \frac{f_y}{f_t} d \tag{2-24}$$

式中　l_{ab}——受拉钢筋的基本锚固长度;

α——锚固钢筋外形系数,按《混凝土结构设计标准》规定取值(见表 2-2);

d——锚固钢筋的直径,或锚固并筋(钢筋束)的等效直径。

表 2-2　锚固钢筋的外形系数

钢筋类型	光面钢筋	带肋钢筋	螺旋肋钢筋	三股钢绞线	七股钢绞线
外形系数 α	0.16	0.14	0.13	0.16	0.17

注:光面钢筋末端应作 180° 弯钩,弯后平直段长度不应小于 3d,但用作受压钢筋时可不做弯钩。

由计算所得的基本锚固长度 l_{ab} 应乘以因锚固条件(埋置方式、构造措施)不同而引起的锚固长度修正系数 ζ_a。受拉钢筋的锚固长度应根据锚固条件按下式计算,且不应小于 200 mm:

$$l_a = \zeta_a l_{ab} \tag{2-25}$$

式中　l_a——纵向受拉钢筋的锚固长度;

　　　ζ_a——锚固长度修正系数,对普通钢筋按《混凝土结构设计标准》的规定取用,当多于一项时,可连乘计算,但不应小于 0.6。

钢筋的锚固常采用机械锚固的形式。钢筋的弯钩和机械锚固的形式见图 2-31 所示。

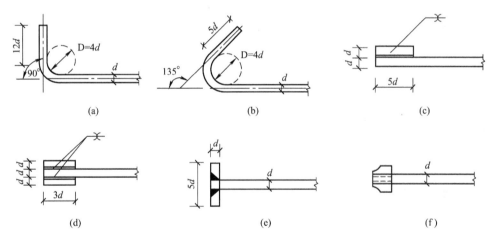

图 2-31　钢筋的弯钩和机械锚固的形式
(a)弯折;(b)弯钩;(c)一侧贴焊锚筋;(d)两侧贴焊锚筋;(e)穿孔塞焊端锚板;(f)螺栓锚头

采用机械锚固可以提高钢筋的锚固力,因此可以减少锚固长度,同时要有相应的配箍直径、间距及数量等构造措施。机械锚固端在受到压力时易发生偏心和钢筋压屈,故对受压钢筋的锚固长度不作折减。

3. 钢筋的搭接

在设计混凝土构件中的钢筋长度不够时,或需要采用施工缝或后浇带等构造措施时,钢筋就需要搭接。搭接是指将两根钢筋的端头在一定长度内并放,并采用适当的连接将一根钢筋的力传给另一根钢筋。力的传递可以通过各种连接接头实现。由于钢筋通过连接接头传力总不如整体钢筋,所以钢筋搭接的原则是:接头应设置在受力较小处,同一根钢筋上应尽量少设接头,机械连接接头能产生较牢固的连接力,所以应优先采用机械连接。受拉钢筋绑扎搭接接头的搭接长度应根据位于同一连接区段内的钢筋搭接接头面积百分率按下式计算,且不应小于 300 mm:

$$l_l = \zeta_l l_a \tag{2-26}$$

式中　l_l——纵向受拉钢筋的搭接长度；

　　　　ζ_l——受拉钢筋搭接长度修正系数，它与同一连接区段内纵向搭接钢筋接头面积百分率有关，《混凝土结构设计标准》规定了其取值。

对于受压钢筋，当采用搭接接头时，其受压搭接长度不应小于纵向受拉钢筋搭接长度的70%，且不应小于200 mm。

思考题

1. 软钢和硬钢的应力—应变曲线有何不同？二者的强度取值有何不同？我国《混凝土结构设计标准》中将建筑结构用钢按强度分为哪些类型？钢筋应力—应变曲线有何特征？了解钢筋应力—应变的数学模型。

2. 混凝土结构对钢筋的性能有哪些要求？

3. 混凝土的立方体抗压强度、轴心抗压强度和抗拉强度是如何确定的？为什么混凝土的轴心抗压强度低于混凝土的立方体抗压强度？混凝土的抗拉强度与立方体抗压强度有何关系？轴心抗压强度与立方体抗压强度有何关系？

4.《混凝土结构设计标准》规定的混凝土强度等级是根据什么确定的？混凝土的强度等级有哪些？

5. 单向受力状态下，混凝土的强度和哪些因素有关？一次短期加载时混凝土的受压应力—应变曲线有何特征？常用的表示混凝土应力—应变关系的数学模型有哪几种？

6. 混凝土的变形模量和弹性模量是怎样确定的？

7. 什么是混凝土的徐变？徐变对混凝土构件有何影响？影响徐变的主要因素有哪些？如何减少徐变？

8. 混凝土收缩对钢筋混凝土构件有何影响？收缩与哪些因素有关？如何减少收缩？

9. 什么是钢筋与混凝土之间的粘结力？钢筋与混凝土粘结力由哪几部分组成？哪一种作用为主要作用？

10. 影响钢筋混凝土粘结力的主要因素有哪些？为保证钢筋和混凝土之间有足够的粘结力要采用哪些措施？

第3章　混凝土结构基本计算原则

3.1　极限状态

3.1.1　结构上的作用和结构承载能力

1. 结构上的作用

能使结构产生内力或变形的原因称为"作用",分直接作用和间接作用两种。建筑结构在使用期间,受到自身的或外部的、直接的或间接的各种荷载作用,荷载作用使结构产生内力或者变形,并可能导致结构发生破坏。荷载是直接作用。另外,混凝土的收缩、温度的变化、基础的不均匀沉降、地震等引起结构附加变形或约束的原因称为间接作用。间接作用不仅与外界因素有关,还与结构本身的特性有关。例如,地震对结构物的作用,不仅与地震加速度有关,还与结构自身的动力特性有关,所以不能把地震作用称为"地震荷载"。

结构上的作用使结构产生的弯矩、剪力、轴向力和变形等统称为作用效应或荷载效应。荷载与荷载效应之间通常按某种关系相联系。

1) 荷载作用的类型

作用在结构上的荷载,按作用时间的长短和性质,可分为三类。

(1) 永久荷载。即在结构使用期间,其值不随时间而变化,或虽有变化,但变化不大,其变化值与平均值相比可以忽略不计的荷载。例如,结构的自身重力、土压力等荷载。

(2) 可变荷载。即在结构使用期间,其值随时间而变化,其变化值与平均值相比不可忽略。例如,楼面活荷载、吊车荷载、风荷载、雪荷载等。

(3) 偶然荷载。偶然荷载在结构设计使用年限内不一定出现,一旦出现,作用时间较短,量值对结构危害很大,不可忽略。例如,爆炸力、龙卷风等。

2) 荷载的标准值

建筑结构设计时,应采用标准值作为荷载的基本代表值。实际作用在结构上的荷载的大小具有不定性。由概率统计知识,对于这些具有不定性的因素,应当作为随机变量,采用数理统计的方法加以处理。比如,可变荷载的大小,通常与时间有关,是时间的函数。从概率的意义上严格讲,它是一随机过程,应当按随机过程分析并确定荷载的大小。荷载标准值也应当根据大量统计资料,运用数理统计的方法确定。这样确定的具有一定概率的可能出现的最大荷载值称为荷载标准值。但是,结构分析时,如果缺乏大量的统计资料,可暂时按随机变量进行计算,或由经验确定。《建筑结构荷载规范》规定,对于结构自身重力可以根据结构的设计尺寸和材料单位体积的自重确定;由于施工时的尺寸偏差、材料容重的变化等使某些材料和构件自身重力变异性较大,对这一类材料和构件自身重力的标准值应根据对结构承载力是有利或不利,分别乘以该种材料重度的下限值或上限值确定。可变荷载的标准值按照"ISO"国际标准的建议,应由设计基准期内最大荷载概率分布,用其平均值加

1.645 倍标准差确定。考虑到我国的具体情况和规范的衔接,《建筑结构荷载规范》基本采用的是经验值。

2. 结构的承载能力

结构的承载能力包括结构抵抗荷载、变形、裂缝开展等的能力,是一个广义的概念。材料强度、结构构件的尺寸是影响承载能力大小的主要因素。结构的尺寸偏差和计算模式的不确定性对承载力亦有影响。就材料的强度而言,钢筋混凝土结构所采用的建筑材料主要是钢筋和混凝土。钢筋和混凝土强度的大小,也具有不定性(变异性)。即使是同一种钢材或同一配合比的混凝土,当取不同试样进行试验时,所得试验结果也不会完全相同,也就是说,试验值有一定的离散性。因此,钢筋和混凝土的强度也应看作是随机变量,应该用数理统计的方法来确定具有一定保证率的材料强度值。

3. 结构的功能要求

1)结构的安全等级

建筑物的重要程度是根据其用途决定的。例如,设计一个大型体育馆和设计一个普通仓库,因为大型体育馆一旦发生破坏引起的生命财产损失要比普通仓库大得多,所以对它们设计安全度的要求应该不同,进行建筑结构设计时应按不同的安全等级进行设计。我国根据建筑结构破坏时可能产生的后果,即危及人的生命、造成经济损失、对社会或环境产生影响等的严重性分为三个安全等级,见表 3-1。对人员比较集中,使用频繁的影剧院、体育馆以及高层建筑等,安全等级宜按一级设计。对特殊的建筑物,其设计安全等级可视具体情况确定。还有,建筑物中梁、柱等各类构件的安全等级一般应与整个建筑物的安全等级相同,对部分特殊的构件可根据其重要程度作适当调整。

表 3-1　建筑结构的安全等级

安全等级	破坏后果	建筑物的类型
一级	很严重	重要的建筑物
二级	严重	一般的建筑物
三级	不严重	次要建筑物

2)建筑结构的功能

设计的结构应该在规定的时间内,在正常条件下满足所要求的功能。根据我国《建筑结构可靠性设计统一标准》,建筑结构应该满足的功能要求可概括为以下几点。

(1)安全性。建筑结构应能承受正常施工和正常使用时可能出现的各种荷载和变形。

(2)适用性。结构在正常使用过程中应具有良好的工作性。例如,不产生影响使用的过大变形或振幅,不发生足以让使用者不安的过宽的裂缝等。

(3)耐久性。结构在正常维护条件下应有足够的耐久性,完好使用到设计规定的年限(即设计使用年限,例如一般建筑结构可以规定为 50 年)。例如,混凝土不发生严重风化、腐蚀、脱落,钢筋不发生锈蚀等。

此外,在特定类型的偶然作用(如地震、爆炸等)发生时或发生后,结构体系可能局部垮塌,结构具有依靠剩余结构继续承载而避免发生与作用不相匹配的大范围破坏或连续倒塌。目前,在我国,结构的抗倒塌性设计还处于研究阶段。

良好的结构设计应能满足上述功能要求,这样设计的结构是安全可靠的。需要注意,结构的设计使用年限与建筑结构的使用寿命有一定的联系,但不等同于建筑结构的使用寿命。超过设计使用年限的结构并不一定就损坏而不能使用,只是其完成预定功能的能力越来越差。

4. 结构功能的极限状态

整个结构或结构的一部分超过某一特定状态就不能满足设计指定的某一功能要求,这个特定状态称为该功能的极限状态,例如,构件即将开裂、倾覆、滑移、压屈、失稳等。从安全可靠的角度,结构能有效地、安全可靠地工作,完成预定的各项功能则结构处于有效状态。反之,结构不能有效工作,失去完成预定功能的能力则结构处于失效状态。有效状态和失效状态的分界,称为极限状态。极限状态是一种界限,是结构在工作阶段从有效状态转变为失效状态的分界,是结构开始失效的标志。极限状态可分为两类。

(1)承载能力极限状态。结构或构件达到最大承载能力或者达到不适于继续承载的变形状态,称为承载能力极限状态。当结构或构件由于材料强度不够而破坏,或因疲劳而破坏,或产生过大的塑性变形而不能继续承载,结构或构件丧失稳定;结构转变为机动体系时,结构或构件就超过承载能力极限状态。超过承载能力极限状态后,结构或构件就不能满足安全性的要求。

(2)正常使用极限状态。结构或构件达到正常使用或耐久性能中某项规定限度的状态称为正常使用极限状态。例如,当结构或构件出现影响正常使用的过大变形、裂缝过宽、局部损坏和振动时可认为结构或构件超过了正常使用极限状态。超过了正常使用极限状态,结构或构件就不能满足适用性和耐久性的功能要求。

结构或构件按承载能力极限状态进行设计后,还应该按正常使用极限状态进行验算。

5. 极限状态方程

设 S 表示荷载效应,它代表由各种荷载分别产生的荷载效应的总和,可以用一个随机变量来描述;设 R 表示结构构件承载力,也当作一个随机变量。例如,构件每一个截面满足 $S \leqslant R$ 时,才认为构件是可靠的,否则认为是失效的。一般认为结构或构件的一部分达到极限状态时就是结构失效的标准。

结构的极限状态可以用极限状态函数来表达。承载能力极限状态函数可表示为

$$Z = R - S \qquad\qquad (3-1)$$

根据概率统计理论,设 S,R 都是随机变量,则 $Z = R - S$ 也是随机变量。根据 S,R 的取值不同,Z 值可能出现三种情况,见图 3-1,并且容易知道:当 $Z = R - S > 0$ 时,结构处于可靠状态;当 $Z = R - S = 0$ 时,结构达到极限状态;当 $Z = R - S < 0$ 时,结构处于失效(破坏)状态。$Z = R - S = 0$ 成立时,结构处于极限状态的分界限,超过这一界限,结构就不能满足设计规定的某一功能要求。

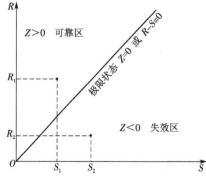

图 3-1　极限状态方程取值示意

结构设计中经常考虑的不仅是结构的承载能力,多数场合还需要考虑结构对变形或开裂等的抵抗能力,也就是说要考虑结构的适用性和耐久性的要求。上述的极限状态方程用函数表达为

$$Z = g(x_1, x_2, \cdots, x_n) \tag{3-2}$$

式中,$g(\cdots)$ 是函数记号,称为功能函数。$g(\cdots)$ 由所研究的结构功能而确定,可以是承载能力,也可以是变形或裂缝宽度等。$x_1, x_2, \cdots, x_n$ 为影响该结构功能的各种"作用"的效应(如荷载效应)以及材料强度、构件的几何尺寸等。结构功能则为上述各变量的函数。

3.2　按近似概率的极限状态设计法

3.2.1　结构的可靠度

首先,用荷载和结构构件的承载能力或抗力来说明结构可靠度的概念。

在混凝土结构的早期阶段,人们往往认为只要把结构构件的承载能力或抗力降低某一倍数值,即除以一个大于 1 的安全系数,使结构具有一定的安全储备,有足够的能力承受荷载,结构便安全了。例如,用抗力与荷载效应的平均值表达的单一安全系数 K,定义为

$$K = \frac{\mu_R}{\mu_S} \tag{3-3}$$

其相应的设计表达式为

$$\mu_R \geqslant K\mu_S \tag{3-4}$$

实际上这种概念并不正确,因为这种安全系数没有定量地考虑抗力和荷载效应的随机性,而是要靠经验或工程判断的方法确定,带有主观成分。安全系数定得过低,难免不安全,定得过高,又偏于保守,会造成浪费。所以,这种安全系数不能反映结构的实际失效情况。

所谓安全可靠,其概念应该属于概率的范畴。建筑结构的安全可靠与否,应当用结构完成其预定功能的可能性(概率)的大小来衡量,而不是用一个定值来衡量。当结构完成其预定功能的概率达到一定程度,或不能完成其预定功能的概率(失效概率)小到某一公认的、大家可以接受的程度,就认为该结构是安全可靠的,其可靠性满足要求。这比笼统地用安全系数来衡量结构安全与否更为科学和合理。由于在各种随机因素的影响下,结构完成预定功能的能力不能事先确定,所以结构的可靠度只能用概率来量度。

可靠度是描述可靠性的概率量度。《建筑结构可靠性设计统一标准》给出的结构可靠度的定义为:结构在规定的时间内,在规定的条件下,完成预定功能的概率。所谓的规定时间,通常采用结构的设计使用年限,所有的统计分析均以该时间区间为准。所谓的规定条件,是指正常设计、正常施工、正常使用和维护的条件,不包括非正常的,例如人为的错误等。

结构设计的目的是用最经济的方法设计出足够安全可靠的结构。在确定荷载的大小和构件的承载能力之后,需要解决的是如何使所设计的结构和结构构件满足预定的功能要求。研究结构可靠度就是研究功能函数 Z 取值不小于零的概率。要使结构可靠,就要满足在"$Z \geqslant 0$"的范围有相当大的概率,即保证结构有相当大的可靠概率和相当小的失效概率。

3.2.2　可靠指标与失效概率

　　结构的可靠性是用结构完成预定功能的概率的大小来定量描述的。结构设计时,需要解决的是计算结构的失效概率。可靠度用可靠概率描述,可靠概率 = $1 - P_f$,P_f为失效概率。基于概率的极限状态设计方法是应用概率计算结构达到不同极限状态时的失效概率。设构件的荷载效应为S,抗力为R,S和R是服从正态分布的随机变量,且二者为线性关系。S、R的平均值分别用μ_S、μ_R表示,标准差分别用σ_S、σ_R表示,S和R的概率密度曲线如图3-2所示。按照结构设计的要求,显然μ_R应该大于μ_S。由图可以看到,在多数情况下抗力R大于荷载效应S。但是,由于离散性,在S,R的概率密度曲线的重叠区(阴影部分),仍有可能出现抗力R小于荷载效应S的情况。重叠区的大小与μ_S、μ_R以及σ_S、σ_R有关。μ_R比μ_S大得越多(μ_R远离μ_S),或者σ_R和σ_S越小(曲线高而窄),都会使重叠的范围减少。所以,重叠区的大小反映了抗力R和荷载效应S之间的概率关系,即结构的失效概率。重叠的范围越小,结构的失效概率越低。加大平均值之差$\mu_R - \mu_S$,减小标准差σ_R和σ_S可以使失效概率降低。

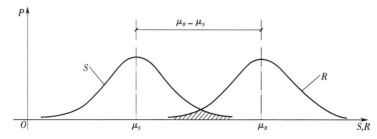

图3-2　R、S的概率密度分布曲线

　　若令$Z = R - S$,Z也是服从正态分布的随机变量。图3-3表示Z的概率密度分布曲线。图中的阴影部分表示$Z \leqslant 0$事件的概率,也就是构件失效的概率。用公式可表示为

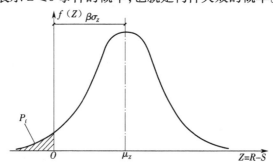

图3-3　可靠指标与失效概率关系示意

$$P_f = P(Z < 0) = \int_{-\infty}^{0} f(Z)\,\mathrm{d}z \qquad (3-5)$$

　　按上式计算失效概率P_f要用到积分,比较麻烦。为此,引入可靠指标的概念。从图3-3可以看到,阴影部分的面积与μ_Z和σ_Z的大小有关:增大μ_Z,曲线右移,阴影面积将减少;减小σ_Z,曲线变得高而窄,阴影面积也将减少。如果将曲线对称轴至纵轴的距离表示成σ_Z的倍数,取

$$\mu_Z = \beta\sigma_Z \qquad (3-6)$$

则

$$\beta = \frac{\mu_Z}{\sigma_Z} = \frac{\mu_R - \mu_S}{\sqrt{\sigma_R^2 + \sigma_S^2}} \qquad (3-7)$$

可以看出 β 大,则失效概率小。所以,β 和失效概率一样可作为衡量结构可靠度的指标,将 β 称为可靠指标,且 β 与失效概率 P_f 之间有一一对应关系。现将部分特殊值的关系列于表 3-2。由公式(3-7)可知,在随机变量 R、S 服从正态分布,且功能函数 Z 为 S 和 R 的线性组合时,只要知道 μ_R、μ_S、σ_R、σ_S 就可以求出可靠指标 β。

表 3-2   可靠指标 $[\beta]$ 与失效概率 P_f 的对应关系

$[\beta]$	P_f	$[\beta]$	P_f	$[\beta]$	P_f
1.0	1.59×10^{-1}	2.7	3.47×10^{-3}	3.7	1.08×10^{-4}
1.5	6.68×10^{-2}	3.0	1.35×10^{-3}	4.0	3.17×10^{-5}
2.0	2.28×10^{-2}	3.2	6.87×10^{-4}	4.2	1.33×10^{-5}
2.5	6.21×10^{-3}	3.5	2.33×10^{-4}	4.5	3.40×10^{-6}

需要注意的是:β 是在随机变量均服从正态分布,且极限状态方程为线性时得出的,所以应用公式(3-7)计算可靠指标 β 的前提是随机变量(例如,结构抗力和荷载效应等)应服从正态分布,并要求极限状态方程是线性的。当变量不服从正态分布且极限状态方程为非线性时,可按国际安全度联合委员会(JCSS)推荐的 JC 法或者映射变换法、实用分析法等将非正态分布当量正态化,并将非线性极限状态方程线性化后,再计算 β。

另一方面,结构按承载能力极限状态设计时,要保证其完成预定功能的概率不低于某一允许的水平,应对不同情况下的目标可靠指标 β 值作出规定。结构和结构构件的破坏类型分为延性破坏和脆性破坏。延性破坏有明显的预兆,可及时采取补救措施,所以目标可靠指标可定得稍低些。而脆性破坏常常是突发性破坏,破坏前没有明显的预兆,所以目标可靠指标就应该定得高一些。《建筑结构可靠性设计统一标准》根据结构的安全等级和破坏类型,在对代表性的构件进行可靠度分析的基础上,规定了按承载能力极限状态设计时的目标可靠指标 β 值,见表 3-3。用可靠指标 β 进行结构设计和可靠度校核,可以较全面地考虑可靠度影响因素的客观变异性,使结构满足预期的可靠度要求。

表 3-3   结构构件承载能力极限状态的目标可靠指标 $[\beta]$

破坏类型	安 全 等 级		
	一 级	二 级	三 级
延性破坏	3.7	3.2	2.7
脆性破坏	4.2	3.7	3.2

3.3   实用设计表达式

3.3.1   分项系数

采用概率极限状态方法用可靠指标 β 进行设计,需要大量的统计数据,且多个随机变量往往不是服从正态分布,极限状态方程是非线性时,计算可靠指标 β 比较复杂。对于一般常见的工程结构,直接采用可靠指标进行设计工作量大,有时会遇到统计资料不足而无法进行的困难。考虑多年来的设计习惯和实用上的简便,《建筑结构可靠性设计统一标准》提出便于实际使用的设计表达式,称为实用设计表达式。它是将影响结构安全的因素(如荷载、材料、截面尺寸、计算方法等)视为随机变量,应用数理统计的概率方法分析,采用以荷载和材料强度的标准值以及相应的"分项系数"来表示的方式。这样,既考虑了结构设计的传统方式,又避免设计时直接进行概率计算。分项系数按照目标可靠指标 β 值(或确定的结构失效概率 P_f 值),并考虑工程经验优选确定后,将其隐含在设计表达式中。所以,分项系数已起着考虑可靠指标的等价作用。例如,永久荷载和可变荷载组合下的设计表达式为

$$\frac{\mu_R}{\gamma_R} \geqslant \gamma_G \mu_G + \gamma_Q \mu_Q \qquad (3-8)$$

式中　γ_R——抗力分项系数;

　　　γ_G——永久荷载分项系数(符号 G 表示永久荷载);

　　　γ_Q——可变荷载分项系数(符号 Q 表示可变荷载);

　　　μ_G, μ_Q——永久荷载和可变荷载的平均值。

　　分项系数可以利用分离函数得到。分离函数的作用是将可靠指标 β 通过变换,与多系数极限状态表达式中的分项系数(荷载系数、材料强度系数等)联系起来,即把安全系数加以分离,表示为分项系数的形式。加拿大学者 N. C. Lind 提出的分离方法(林德法)如下。

　　可靠指标 β 的表达式可以改写为

$$\mu_R - \mu_S = \beta \sqrt{\sigma_R^2 + \sigma_S^2} \qquad (3-9)$$

为了便于分析,将式中等号右边根号项分为二项,即

$$\sqrt{A^2 + B^2} \approx \alpha A + \alpha B \qquad (3-10)$$

或

$$\sqrt{1 + \left(\frac{B}{A}\right)^2} \approx \alpha\left(1 + \frac{B}{A}\right) \qquad (3-11)$$

α 与 $\frac{B}{A}$ 的关系如图 3-4 所示。从图中可以看出,$\frac{1}{3} < \frac{B}{A} < 3$ 时,α 的变化范围不大。如果取 $\alpha = 0.75 \pm 0.06$,其误差能满足工程结构要求。

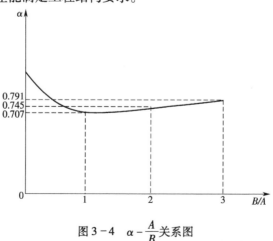

图 3-4　$\alpha - \dfrac{A}{B}$ 关系图

设荷载效应 S 和抗力 R 均为正态分布，且满足 $\dfrac{1}{3} < \dfrac{\sigma_R}{\sigma_S} < 3$ 的条件，采用 α 系数将式 (3−9) 的右边项分离，即

$$\mu_R - \mu_S = \beta \sqrt{\sigma_R^2 + \sigma_S^2} \approx \beta \alpha (\sigma_R + \sigma_S) = \beta \alpha \sigma_R + \beta \alpha \sigma_S \tag{3−12}$$

将式中的标准差用变异系数表示，移项整理后考虑结构设计安全把等号换成大于等于号，即得设计表达式

$$\mu_R (1 - \beta \alpha V_R) \geqslant \mu_S (1 + \beta \alpha V_S) \tag{3−13}$$

如果荷载项和承载力项都采用标准值，标准值由随机变量的概率分布的某一分位数确定，则标准值和平均值可写成如下关系：

$$R_k = \mu_R (1 - \delta_R V_R) \tag{3−14}$$

$$S_k = \mu_S (1 + \delta_S V_S) \tag{3−15}$$

式中：R_k、S_k——承载力标准值和荷载标准值；

　　　δ_R、δ_S——与承载力和荷载有关的系数；

　　　V_R、V_S——承载力和荷载的变异系数。

将式 (3−14) 和式 (3−15) 整理后代入式 (3−13)，得

$$(1 - \alpha \beta V_R) \frac{R_k}{(1 - \delta_R V_R)} \geqslant (1 + \alpha \beta V_S) \frac{S_k}{(1 + \delta_S V_S)} \tag{3−16}$$

令

$$\gamma_R = \frac{(1 - \delta_R V_R)}{(1 - \alpha \beta V_R)} \tag{3−17}$$

$$\gamma_S = \frac{(1 + \alpha \beta V_S)}{(1 + \delta_S V_S)} \tag{3−18}$$

并定义 γ_R、γ_S 分别为承载力分项系数和荷载分项系数，从而得一般表达式

$$\frac{R_k}{\gamma_R} \geqslant \gamma_S S_k \tag{3−19}$$

可以看到，承载力分项系数 γ_R 和荷载分项系数 γ_S 的来源与可靠指标 β 有关，所以分项系数可以按照目标可靠指标 β，经过可靠度分析反算确定。在设计表达式中隐含了结构的失效概率，设计出来的构件已经具有某一可靠概率的保证。实用设计表达式是多系数的极限状态表达式，分项系数又都是由可靠指标 β 值度量的，这样就可以保证一种结构的各个构件之间的可靠度水平或各种结构之间的可靠度水平基本上比较一致。

《混凝土结构设计标准》中提出了两种实际使用的设计表达式，即承载能力极限状态设计表达式和正常使用极限状态设计表达式。两种设计表达式中的分项系数的值就是按上述原理确定的。

需要注意，设计中荷载包括永久荷载、可变荷载等，应该是随机变量的函数，因此必须求得各个荷载统计资料的平均值与标准差，然后利用概率的方法才能得到荷载效应 S 的平均值与标准差。承载力 R 包括钢筋与混凝土两种材料的强度，还有几何尺寸、计算模式的不定性等，这些随机变量不只是相加的关系，还有相乘的关系，也必须采用概率的方法才能得到承载力 R 的平均值与标准差，然后按近似概率的有关计算方法求得可靠指标 β，最终求得失效概率 P_f（可靠度）。

需要指出的是:表达式中虽然采用统计与概率的方法,但是在概率极限状态分析中只用到统计平均值和均方差,并非实际的概率分布,并且在分离导出分项系数时还作了一些假定,运算中采用了一些近似的处理方法,因而计算结果是近似的,所以只能称为近似概率设计方法。完全掌握复合随机变量的实际分布,得出真正的失效概率,目前还处于研究阶段。

3.3.2 承载能力极限状态设计表达式

令 S_k 为荷载效应的标准值(下标 k 意指标准值),$\gamma_S (\geqslant 1)$ 为荷载分项系数,二者乘积为荷载效应组合设计值:

$$S = \gamma_S S_k \tag{3-20}$$

对于承载能力极限状态,应按荷载效应的基本组合或偶然组合进行荷载组合。对于基本组合,荷载效应组合设计值 S 应从下列可变荷载效应控制的组合值和永久荷载效应控制的组合值中取最不利值确定。

由可变荷载效应控制的组合承载能力极限状态设计表达式为

$$\gamma_0 S = \gamma_0 \left(\gamma_G S_{Gk} + \gamma_{Q1} \gamma_{L1} S_{Q1k} + \sum_{i=2}^{n} \gamma_{Qi} \gamma_{Li} \psi_{Ci} S_{Qik} \right) \leqslant R(\gamma_R, f_k, a_k \cdots) \tag{3-21}$$

由永久荷载效应控制的组合的承载能力极限状态设计表达式为

$$\gamma_0 S = \gamma_0 \left(\gamma_G S_{Gk} + \sum_{i=1}^{n} \gamma_{Qi} \gamma_{Li} \psi_{Ci} S_{Qik} \right) \leqslant R(\gamma_R, f_k, a_k \cdots) \tag{3-22}$$

式中 γ_0——结构构件的重要性系数,与安全等级对应,对安全等级为一级或设计使用年限为 100 年及以上的结构构件不应小于 1.1;对安全等级为二级或设计使用年限为 50 年的结构构件不应小于 1.0;对安全等级为三级或设计使用年限为 5 年及以下的结构构件不应小于 0.9;在抗震设计中,不考虑结构构件的重要性系数。

S_{Gk}——按永久荷载标准值 G_k 计算的荷载效应值,$S_{Gk} = C_G G_k$。

S_{Qik}——按可变荷载标准值 Q_{ik} 计算的荷载效应值,$S_{Qik} = C_{Qi} Q_{ik}$。

C_G、C_{Qi}——永久荷载,第 i 个可变荷载的荷载效应系数,即由荷载求出荷载效应(如荷载引起的弯矩、剪力、轴力和变形等)需乘的系数,例如,承受均布荷载,跨度为 l 的简支梁跨中弯矩的荷载效应系数为 $\frac{1}{8} l^2$。

G_k——永久荷载标准值。

Q_{ik}——第 i 个可变荷载的标准值。

ψ_{Ci}——第 i 个可变荷载 Q_i 的组合值系数,其值不应大于 1。

n——参与组合的可变荷载数。

γ_G、γ_{Qi}——各种荷载的分项系数,当作用效应对结构不利时,γ_G 一般取 1.3,γ_{Qi} 一般取 1.5;当作用效应对结构有利时,γ_G 不应大于 1.0,γ_{Qi} 一般取 0。

γ_{Li}——第 i 个可变荷载考虑设计使用年限的调整系数,其中 γ_{L1} 为主导可变荷载 Q_1 考虑设计使用年限的调整系数。结构设计使用年限为 5 年、50 年和 100 年时,对应 γ_{Li} 取值分别为 0.9、1.0 和 1.1;结构设计使用年限不为上述数值时,调整系数按线性内插确定。

ψ_{Ci}——荷载组合值系数。

$R(\cdots)$——结构构件的抗力函数,表明其为混凝土和钢筋强度标准值、分项系数、几何尺寸标准值以及其他参数的函数。

f_k——材料性能的标准值。

γ_R——结构构件抗力分项系数。

a_k——几何参数的标准值。

承载能力极限状态设计表达式中荷载效应的基本组合仅适用于荷载效应与荷载为线性关系的情况。

3.3.3　偶然组合的极限状态设计表达式

对于偶然组合,极限状态设计表达式宜按下列原则确定:偶然作用的代表值不乘以分项系数,与偶然作用同时出现的可变荷载,应根据观测资料和工程经验采用适当的代表值。具体的设计表达式及各种系数应符合专门规范的规定。

3.3.4　正常使用极限状态设计表达式

按正常使用极限状态设计,主要是验算构件的变形和抗裂度或裂缝宽度。按正常使用极限状态设计时,变形过大或裂缝过宽虽影响正常使用,但危害程度不及承载力引起的结构破坏造成的损失那么大,所以可适当降低对可靠度的要求。《建筑结构可靠性设计统一标准》规定计算时取荷载标准值,不需乘分项系数,也不考虑结构重要性系数 γ_0。在正常使用状态下,可变荷载作用时间的长短对于变形和裂缝的大小显然是有影响的。可变荷载的最大值并非长期作用于结构之上,所以应按其在设计基准期内作用时间的长短和可变荷载超越总时间或超越次数,对其标准值进行折减。《建筑结构可靠性设计统一标准》采用一个小于 1 的准永久值系数和频遇值系数来考虑这种折减。荷载的准永久值系数是根据在设计基准期内荷载达到和超过该值的总持续时间与设计基准期内总持续时间的比值而确定。荷载的准永久值系数乘以可变荷载标准值所得乘积称为荷载的准永久值。可变荷载的频遇值系数,是根据在设计基准期间可变荷载超越的总时间或超越的次数来确定的。荷载的频遇值系数乘可变荷载标准值所得乘积称为荷载的频遇值。

这样,可变荷载就有四种代表值,即标准值、组合值、准永久值和频遇值。其中标准值称为基本代表值,其他代表值可由基本代表值乘以相应的系数得到。各类可变荷载和相应的组合值系数、准永久值系数、频遇值系数可在荷载规范中查到。

实际设计时,常需要区分荷载的短期作用(标准组合、频遇组合)和荷载的长期作用(准永久组合)下构件的变形大小和裂缝宽度计算。所以,《建筑结构可靠性设计统一标准》规定按不同的设计目的,分别选用荷载的标准组合、频遇组合和荷载的准永久组合。标准组合主要用于当一个极限状态被超越时将产生严重的永久性损害的情况,频遇组合主要用于当一个极限状态被超越时将产生局部损害、较大变形或短暂振动的情况,准永久组合主要用在当长期效应是决定性因素的情况。

按荷载的标准组合时,荷载效应组合的设计值 S_d 应按下式计算:

$$S_d = S_{Gk} + S_{Q1k} + \sum_{i=2}^{n} \psi_{Ci} S_{Qik} \qquad (3-23)$$

式中　ψ_{Ci}——可变荷载组合值系数。

按荷载的频遇组合时,荷载效应组合的设计值 S_d 应按下式计算:

$$S_d = S_{Gk} + \psi_{f1} S_{Q1k} + \sum_{i=2}^{n} \psi_{qi} S_{Qik} \qquad (3-24)$$

按荷载的准永久组合时,荷载效应组合的设计值 S_d 应按下式计算:

$$S_d = S_{Gk} + \sum_{i=1}^{n} \psi_{qi} S_{Qik} \qquad (3-25)$$

式中　　ψ_{f1}、S_{Q1k}——在频遇组合中起控制作用的一个可变荷载频遇值效应;

　　　　$\psi_{qi} S_{Qik}$——第 i 个可变荷载准永久值效应。

S_d 的计算公式仅适用于荷载效应与荷载为线性关系的情况。

荷载效应的计算由下例说明。

【例3-1】　某办公楼楼面采用预应力混凝土七孔板,安全等级定为二级。板长 3.3 m,计算跨度 3.18 m,板宽 0.9 m,板自重 2.04 kN/m²,后浇混凝土层厚 40 mm,板底抹灰层厚 20 mm,可变荷载取 1.5 kN/m²,准永久值系数为 0.4。试计算按承载能力极限状态和正常使用极限状态设计时的截面弯矩设计值。

[解]　永久荷载标准值计算如下:

自重	2.04 kN/m²
40 mm 后浇层	$25 \times 0.04 = 1$ kN/m²
20 mm 板底抹灰层	$20 \times 0.02 = 0.4$ kN/m²
	3.44 kN/m²

沿板长每延米均布荷载标准值为

　　$0.9 \times 3.44 = 3.1$ kN/m

可变荷载每延米标准值为

　　$0.9 \times 1.5 = 1.35$ kN/m

简支板在均布荷载作用下的弯矩为

　　$M = (1/8) q l^2$

荷载效应系数为

　　　　$(1/8) l^2 = (1/8) \times 3.18^2 = 1.26$

因只有一种可变荷载,公式(3-21)的左侧为

　　　　$M = \gamma_0 (\gamma_G S_{Gk} + \gamma_{Q1} S_{Q1k}) = \gamma_0 (\gamma_G C_G G_k + \gamma_{Q1} C_{Q1} Q_{1k})$

取 $\gamma_0 = 1.0$,$\gamma_G = 1.3$,$\gamma_{Q1} = 1.5$,$C_G = C_{Q1} = 1.26$,$G_k = 3.1$,$Q_{1k} = 1.35$,得

按承载能力极限状态设计时,弯矩设计值

　　　　$M = 1.0(1.3 \times 1.26 \times 3.1 + 1.5 \times 1.26 \times 1.35) = 7.63$ kN·m

按正常使用极限状态设计,荷载标准组合时弯矩设计值

　　　　$M = 1.26 \times 3.1 + 1.26 \times 1.35 = 5.61$ kN·m

荷载准永久组合时

　　　　$M = 1.26 \times 3.1 + 0.4 \times 1.26 \times 1.35 = 4.59$ kN·m

上例中仅有一个可变荷载,计算较为简单。若有两个或两个以上可变荷载,则需确定其中哪一个可变荷载的影响最大,并取之为 Q_{1k},即第一个可变荷载,其余可变荷载均作为 Q_{ik}。

3.3.5　按极限状态设计时材料强度和荷载的取值

1. 钢筋的强度标准值

由于材料性能存在离散性,即使是同一批生产的钢筋,每根钢筋的强度也不会完全相同。为保证设计时材料强度取值的可靠性,一般对同一等级的材料,取具有一定保证率的强度值作为该等级强度的标准值。《混凝土结构设计标准》规定材料强度的标准值应具有不小于 95% 的保证率,这相当于:

$$f_k = f_m - 1.645\sigma = f_m(1 - 1.645\delta) \tag{3-26}$$

式中　f_k——材料强度标准值;

　　　f_m——材料强度的平均值;

　　　σ——材料强度的均方差(标准差);

　　　δ——材料强度的变异系数。

对于钢材,国家标准中规定了每一种钢材的废品限值。抽样检查中如发现某炉钢材的屈服强度达不到废品限值,即作为废品处理,降格使用。按我国冶金钢材生产质量的控制标准,钢材产品出厂时的废品限值约相当于 $(f_{y,m} - 2\sigma)$ ($f_{y,m}$ 为钢筋屈服强度平均值),具有 97.73% 保证率,这个保证率是满足《混凝土结构设计标准》规定的不小于 95% 保证率的要求的。由此,《混凝土结构设计标准》中钢筋的强度标准值按钢材质量控制标准的废品限值来确定。

热轧钢筋的强度标准值根据屈服强度的废品限值确定,用符号 f_{yk} 表示,而预应力钢绞线、钢丝和热处理钢筋的强度标准值根据极限抗拉强度确定,用符号 f_{ptk} 表示。

需要注意的是,材料强度标准值是保证材料强度品质的代表值,不是材料的实际强度。在实验研究和计算混凝土结构或构件实际承载力时,应采用实测强度的平均值。

2. 混凝土立方体抗压强度标准值

混凝土立方体抗压强度标准值用 $f_{cu,k}$ 表示,其确定方法由如下例子说明。某混凝土制品厂生产的一批混凝土试块,试块总数为 839 块,试块尺寸为 150 mm × 150 mm × 150 mm。混凝土试块的立方体抗压强度的直方图见图 3-5。由图可见,在强度平均值附近的试块占大多数,少数试块的强度达 40 N/mm^2 以上,另有少数试块强度在 20 N/mm^2 以下。根据 839 块试块的统计资料,抗压强度平均值为 27.9 N/mm^2,标准差为 5.76 N/mm^2。根据《建筑结构可靠性设计统一标准》规定的混凝强度标准值取平均值减 1.645 倍的标准差,可得该厂生产的混凝土的立方体抗压强度标准值

$$f_{cu,k} = \mu_{f_{cu}} - 1.645\sigma_{f_{cu}} = 27.9 - 1.645 \times 5.76 = 18.42 \text{ N/mm}^2$$

3. 分项系数和设计值

1) 材料强度的分项系数

《混凝土结构设计标准》规定的钢筋强度的分项系数 γ_s 根据钢筋种类不同,取值范围在 1.1 ~ 1.5,按表 3-4 采用。混凝土强度的分项系数 γ_c 规定为 1.4。上述钢筋和混凝土强度的分项系数是根据轴心受拉构件和轴心受压构件按照目标可靠指标经过可靠度分析而确定的。当缺乏统计资料时,也可按工程经验确定。从《混凝土结构设计标准》的材料强度标准值与强度设计值的换算中,可以看出不同级别的材料其材料分项系数并非定值,而是在

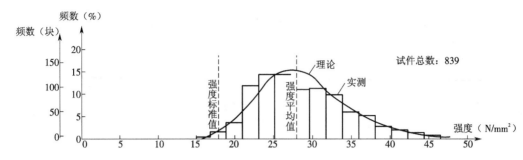

图3-5　混凝土立方体抗压强度的统计资料

某个范围中,这是考虑到过去的工程经验和国家的技术经济政策确定的。

表3-4　各类钢筋的材料分项系数 γ_S 值

项　次	种　　类	γ_S
1	HRB500	1.15
2	其他热轧钢筋	1.10
3	预应力筋	1.20

分项系数确定之后,即可确定强度设计值。材料强度标准值除以材料的分项系数,即可得到材料的强度设计值。《混凝土结构设计标准》中同时给出了钢筋和混凝土强度的设计值。例如,混凝土轴心抗压强度的设计值 f_c 按下式确定:

$$f_c = f_{ck}/\gamma_c = f_{ck}/1.4 \qquad (3-27)$$

对预应力钢丝、消除应力钢丝、钢绞线和预应力螺纹钢筋的设计值系根据其条件屈服点(在构件承载力设计时,取极限抗拉强度 σ_b 的85%作为条件屈服点)确定。例如, $f_{ptk} = 1\ 770\ \text{N/mm}^2$ 的钢绞线,其强度设计值 $f_{py} = \dfrac{1770 \times 0.85}{1.2} = 1\ 253\ \text{N/mm}^2$,取整为1 250 N/mm²。

2)荷载的分项系数

永久荷载,如构件自身重力的标准值 G_k ,由于其变异性不大,一般可按构件的设计尺寸乘以材料的平均容重得到。当永久荷载的变异性较大时,其标准值可按对结构承载力有利或不利,取所得结果的下限值或上限值。

对于可变荷载,虽然《建筑结构可靠性设计统一标准》中规定其标准值 Q_k 应根据荷载在设计基准期内可能出现的最大荷载概率分布并满足一定的保证率来确定,然而由于目前对于在设计基准期内最大荷载的概率分布能作出估计的荷载尚不多,所以荷载规范中规定的荷载标准值主要还是根据历史经验确定的。

荷载的分项系数是根据规定的目标可靠指标和不同的可变荷载与永久荷载比值,对不同类型的构件进行反算后,得出相应的分项系数,从中经过优选,得出最合适的数值而确定的。例如,永久荷载的分项系数 γ_G ,根据荷载效应对结构构件的承载力不利时取1.3,当荷载效应对结构构件的承载力有利时不应大于1.0。可变荷载的分项系数 γ_Q ,当荷载效应对结构构件的承载力不利时一般取1.5,有利时取为0。

3.3.6　随机变量的统计特征

在结构可靠度计算以及确定荷载和材料强度时都需要随机变量数理统计方面的知识。根据概率统计理论,具有多种可能结果的事件称为随机事件。表示随机事件各种可能结果的变量称为随机变量。随机变量的平均值 μ 可由下式计算:

$$\mu = \frac{\sum_{i=1}^{n} x_i}{n} \qquad (3-28)$$

标准差(均方差) σ 由下式计算:

$$\sigma = \sqrt{\frac{\sum (\mu - x_i)^2}{n}} \qquad (3-29)$$

或

$$\sigma = \sqrt{\frac{\sum (\mu - x_i)^2}{n-1}} \qquad (当统计数据少于30个时) \qquad (3-30)$$

变异系数 δ 由下式计算:

$$\delta = \frac{\sigma}{\mu} \qquad (3-31)$$

式中　x_i——随机变量所取的值;

　　　n——随机变量的取值次数(统计数据)。

在结构可靠度分析时,要研究和用到随机变量的概率分布。当随机变量的分布规律是正态分布时,其概率密度函数

$$f(x) = \frac{1}{\sqrt{2\pi}\sigma} \exp \frac{-(x-\mu)^2}{2\sigma^2} \qquad (3-32)$$

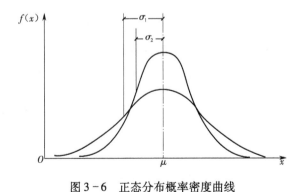

图 3-6　正态分布概率密度曲线　　　　　图 3-7　标准正态分布概率密度曲线

正态分布的概率密度曲线如图 3-6 所示。曲线有如下特点:

①曲线以平均值 μ 的纵轴为对称轴,在距峰点 $\mu \pm \sigma$ 处各有一个反弯点,以 x 轴为渐近线;

②平均值 μ 越大,曲线离纵轴越远;

③标准差 σ 越大,数据越分散,曲线越扁平;

④标准差 σ 越小,数据越集中,曲线越高窄。

另外,利用坐标变换可以把正态分布概率密度函数变换成 $\mu=0$, $\sigma=1$ 的标准正态分布概率密度函数,如图3-7所示。标准正态分布概率密度函数是进行可靠度计算时的基本分布函数。标准正态分布概率密度函数值可以通过查表直接得到。

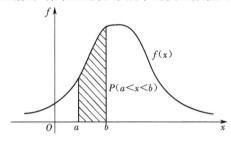

图3-8 正态分布时[a,b]区间事件发生的概率

正态分布的概率密度曲线与横轴之间包围的面积为 1。如图 3-8,如果要求在区间 $[a,b]$ 内事件发生的概率,即由 $x_1=a$ 和 $x_2=b$ 两条直线以及概率密度曲线和横轴所包围的面积确定:

$$P(a \le x \le b) = \int_a^b f(x)\,dx \quad (3-33)$$

按标准差 σ 的倍数分段,并表示出各分段范围所包围的面积,如图 3-9 所示。由此可知,事件发生在($-\infty$,μ]范围内的概率为

$$\int_{-\infty}^{\mu} f(x)\,dx = 0.13\% + 2.15\% + 13.59\%$$
$$+ 34.13\% = 50\% \quad (3-34)$$

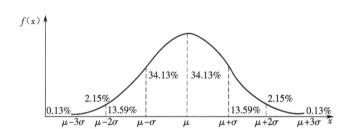

图3-9 按标准差 σ 的倍数表示的正态分布曲线各段的概率分布

这一结果也说明,正态分布曲线对称于 $x=\mu$。同理,事件发生在($-\infty$,$\mu-2\sigma$]区间的概率为

$$P(-\infty < x \le \mu-2\sigma) = \int_{-\infty}^{\mu-2\sigma} f(x)\,dx = 0.13\% + 2.15\% = 2.28\% \quad (3-35)$$

根据互补原理,事件发生在[$\mu-2\sigma$, $+\infty$)区间的概率应该是:100% -2.28% =97.72%。

根据上述原理,结构设计中要求材料强度的保证率不小于95%,可以推算出事件发生在区间[$\mu-1.645\sigma$, $+\infty$)的概率为95%。事件发生在($-\infty$,$\mu-1.645\sigma$]的概率为5%。因此,在确定某种材料强度的标准值时,如果 μ 为这种材料强度的统计平均值,σ 为其标准差,取材料强度的标准值为

$$材料强度的标准值 = \mu - 1.645\sigma \quad (3-36)$$

说明材料强度超过该值的概率为95%,而低于该值的概率仅为5%,见图3-10(a)。同理,这种方法也可以用于确定荷载的标准值。容易理解,为了安全,荷载标准值要定得足够大,使所遇到的荷载低于所定的荷载标准值的概率大于某一个百分值。以 μ 为某种荷载的统计平均值,σ 为其标准差,若取该荷载的标准值为

$$荷载标准值 = \mu + 1.645\sigma \quad (3-37)$$

则表明,可能发生荷载低于所定的荷载标准值的概率为95%,高于该值的概率仅为5%,见

图 3 - 10(b)。

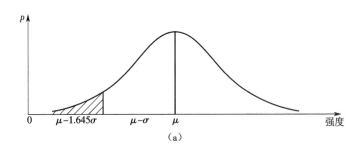

（a）

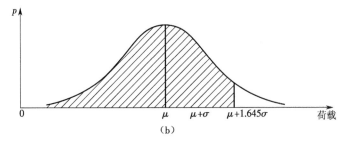

（b）

图 3 - 10　强度标准值和荷载标准值的确定方法

另外,根据随机变量的运算法则,设 x_1,x_2 均为正态分布随机变量且相互独立,其平均值分别为 μ_1,μ_2,标准差为 σ_1,σ_2,则 $z = x_1 - x_2$ 也为正态分布的随机变量,且 z 的平均值为

$$\mu_z = \mu_1 - \mu_2 \tag{3-38}$$

标准差为

$$\sigma_z = \sqrt{\sigma_1^2 + \sigma_2^2} \tag{3-39}$$

思考题

1. 结构可靠性的含义是什么? 结构的功能要求有哪些? 结构超过极限状态会产生什么后果? 建筑结构安全等级是按什么原则划分的? 安全等级如何体现在极限状态设计表达式中?

2. "作用"和"荷载"有什么区别? 影响结构可靠性的因素有哪些? 结构构件的抗力与哪些因素有关?

3. 什么是结构的极限状态? 结构的极限状态分为哪两类,其含义各是什么?

4. 建筑结构应该满足哪些功能要求? 结构的设计使用年限如何确定? 结构超过其设计使用年限是否意味着不能再使用? 为什么?

5. 什么是结构的功能函数? 什么是结构的极限状态? 功能函数 $Z>0$, $Z<0$ 和 $Z=0$ 时各表示结构处于什么样的状态?

6. 什么是结构可靠概率 P_s 和失效概率 P_f? 什么是目标可靠指标? 可靠指标与结构失效概率有何定性关系? 怎样确定可靠指标? 为什么说我国《混凝土结构设计标准》采用的极限状态设计法是近似概率设计方法? 其主要特点是什么?

7. 《混凝土结构设计标准》规定的截面承载力极限状态设计表达式采用何种形式? 说明式中各符号的物理意义及荷载效应基本组合的取值原则,式中可靠指标体现在何处?

8. 混凝土强度标准值是按什么原则确定的? 混凝土材料分项系数和强度设计值是如何确定的?

9. 钢筋的强度设计值和标准值是如何确定的? 分别说明钢筋和混凝土的强度标准值、平均值及设计值之间的关系。

第4章 受弯构件正截面受弯承载力

受弯构件主要是指土木工程结构中常用的各种类型的梁与板,正截面是指与构件的计算轴线相垂直的截面。本章讲述跨高比不小于5的受弯构件的正截面受弯承载力的计算及相关的构造等问题。

4.1 梁、板的一般构造

4.1.1 截面形式与尺寸

1. 截面形式

梁、板是结构中常见的受弯构件。梁的常用截面形式有矩形、T形、工形、箱形、Γ形、槽形等。梁、板的截面形式多为对称截面,有时也用不对称截面。梁、板分现浇和预制两种。现浇板多为矩形截面,常见的预制板有空心板、槽型板等。考虑到施工和结构整体性要求,工程中也有采用预制和现浇结合的施工方法,形成叠合梁或叠合板,如图4-1所示。

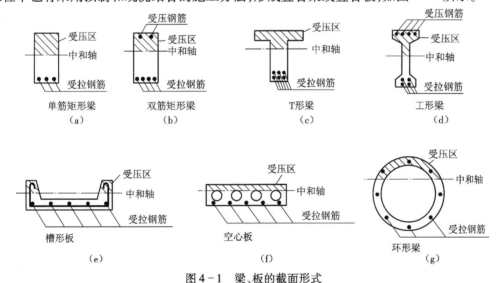

图4-1 梁、板的截面形式

2. 截面尺寸

梁、板的截面尺寸既要考虑模板尺寸(通常木模以20 mm,钢模以50 mm为模数),也要注意构件的截面尺寸统一,以方便施工。现浇梁、板的截面尺寸可按下述采用。

(1)矩形截面梁的高宽比h/b一般取2.0~3.5,T形截面梁的h/b一般为2.5~3.0,工形截面梁的h/b一般取2.5~4.0。

(2)为便于统一模板尺寸,矩形截面的宽度或T形截面的肋宽b一般取为100、120、150、200、220、250和300 mm,300 mm以上级差为50 mm,矩形截面框架梁的截面宽度不应小于200 mm。矩形和T形截面梁的高度h一般取为250、300……800 mm,其间级差为

50 mm,800 mm 以上级差为 100 mm。对于预制梁,上述级差可酌情调整。

（3）板的厚度与跨度、荷载有关,板厚以 10 mm 为模数,板的厚度不应过小,现浇钢筋混凝土实心楼板的厚度不应小于 80 mm,现浇钢筋混凝土空心楼板的顶板、底板厚度均不应小于 50 mm。

4.1.2　材料与一般构造

1. 混凝土强度等级

现浇梁、板常用的混凝土强度等级是 C25 和 C30,一般不超过 C50,板的厚度宜符合《混凝土结构设计标准》的规定。提高受弯构件混凝土强度等级对增大其正截面受弯承载力并不显著。

2. 钢筋强度等级、直径和布置

梁的纵向受力钢筋常用的是 HRB400 级钢筋和 HRB500 级钢筋,常用直径是 12、14、16、18、20、22 和 25 mm。梁的箍筋常用 HPB300 级和 HRB400 级钢筋。箍筋的常用直径是 6、8、10 mm。梁底部纵向受力钢筋常用直径为 10~32 mm,一般不少于 2 根,钢筋数量较多时可布置多层。在梁的配筋密集区域宜采用并筋的配筋形式。

梁上部无纵向受压钢筋时,应至少配置 2 根架立钢筋,以便与箍筋和梁底部纵筋形成骨架,架立钢筋属于构造钢筋。梁的跨度 $l < 4$ m 时,架立钢筋直径 d 不应小于 8 mm;跨度 l 为 4~6 m 时,d 不应小于 10 mm;跨度 $l > 6$ m 时,d 不应小于 12 mm。

当梁截面的腹板高度 h_w 不小于 450 mm 时,应在梁两侧沿高度每隔 200 mm 各设置一根直径不小于 10 mm 纵向构造钢筋（腰筋）,以减小梁腹部的裂缝宽度。

为保证钢筋与混凝土的粘结和混凝土浇筑的密实性,梁内纵向钢筋在水平方向和竖向的净距应满足如图 4-2 所示的要求。

当下部钢筋多于两层时,两层以上钢筋水平方向的中距应比下面两层的中距增大一倍。

在梁的配筋密集区域可采用并筋（钢筋束）的配筋形式,如图 4-3 所示。采用并筋时,其直径用等效直径 d_e 表示。等效直径 d_e 按面积等效原则确定,双并筋时 $d_e = \sqrt{2}d$,三并筋时 $d_e = \sqrt{3}d$,d 为单根钢筋的直径。

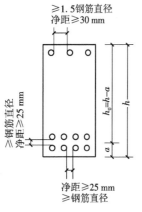

图 4-2　纵向钢筋在梁正截面内的布置要求

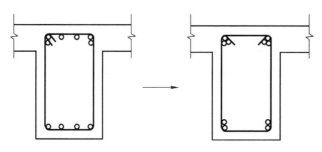

图 4-3　并筋

正截面上所有纵向受拉钢筋的合力点至截面受拉边缘的竖向距离记为 a,如图 4-2 所示,h 为截面高度,b 为截面宽度。则 $h_0 = h-a$,h_0 称为截面有效高度,bh_0 称为截面有效面积。设计计算时,一类环境下,钢筋单层布置时截面有效高度可近似取 $h_0 = h-45$ mm,钢筋两层配置时可近似取 $h_0 = h-70$ mm。二类、三类环境下,可根据最外层钢筋的混凝土保护层最小厚度的要求适当增大。

板内钢筋一般有纵向受拉钢筋(受力钢筋)和分布钢筋(构造钢筋)两种,如图 4-4 所示。纵向受拉钢筋常用 HRB400 级钢筋,其直径通常为 6~12 mm,板厚度较大时,钢筋直径可用 14~18 mm。板中受力钢筋的间距,当板厚不大于 150 mm 时不宜大于 200 mm,板厚大于 150 mm 时不

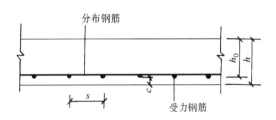

图 4-4 板的配筋

宜大于板厚的 1.5 倍,且不宜大于 250 mm。为防止施工时钢筋被踩下,现浇板的板面钢筋直径不宜小于 8 mm,间距不宜大于 200 mm。垂直于受力钢筋的方向应布置分布钢筋,分布钢筋属于构造钢筋。分布钢筋常用 HPB300 级钢筋,分布钢筋常用直径是 6 mm 和 8 mm。单位宽度内的配筋面积不宜小于跨中相应方向板底钢筋截面面积的三分之一。与混凝土梁、混凝土墙整体浇筑的单向板的非受力方向,钢筋截面面积不宜小于受力方向跨中板底钢筋截面面积的三分之一。

分布钢筋的作用是将荷载均匀地传递给受力钢筋,并便于在施工中固定受力钢筋的位置,同时也可抵抗温度和收缩等产生的应力。

3. 纵向受拉钢筋的配筋率

纵向受拉钢筋的总截面面积用 A_s 表示,单位为 mm^2。纵向受拉钢筋总截面面积 A_s 与正截面的有效面积 bh_0 的比值,称为纵向受拉钢筋的配筋率,用 ρ 表示。

$$\rho = \frac{A_s}{bh_0} \qquad (4-1)$$

适筋受弯构件受拉区混凝土因开裂不再承受拉力,拉力全部由受拉钢筋承担,所以近似地考虑计算纵向受拉钢筋的配筋率时取截面抗弯的有效高度为 h_0。

4. 混凝土保护层厚度

混凝土保护层厚度是指最外层钢筋的外表面到截面边缘的垂直距离,用 c 表示。当箍筋是最外层钢筋时,保护层厚度应从箍筋的外表面算起,如图 4-5 所示。当梁、柱、墙中纵向受力钢筋的保护层厚度大于 50 mm 时,宜对保护层采取有效的构造措施。构件中受力钢筋的保护层厚度不应小于钢筋的公称直径。当保护层内配置防裂、防剥落的钢筋网片时,钢筋网片的保护层厚度不应小于 25 mm。

混凝土保护层的作用是:保护混凝土中钢筋不被锈蚀,在火灾等情况下使钢筋的温度上升减缓并且保证钢筋与混凝土有较好的粘结。

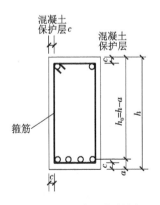

图 4-5 混凝土保护层

混凝土保护层的最小厚度与环境类别有关。《混凝土结构设计标准》规定,受力钢筋的混凝土保护层的最小厚度不应小于钢筋的直径。混凝土保护层的最小厚度的规定见附表20。

4.2 梁的受弯性能

4.2.1 适筋梁的试验

1. 适筋梁正截面受弯承载力试验

纵向受拉钢筋配筋率适当的正截面称为适筋截面,具有适筋截面的梁称为适筋梁。钢筋混凝土矩形截面适筋梁的试验如图4-6所示。梁截面宽度为b,高度为h,截面的受拉区配置了面积为A_s的受拉钢筋,钢筋截面形心至梁顶面受压边缘的距离为h_0,梁的跨度为l_0。试验采用两点对称加载,在跨度的三分点处施加两个相等的集中荷载F。如忽略自重的影响,在两集中荷载之间区段,梁截面仅承受弯矩,该区段形成纯弯段。为了分析梁截面的受弯性能,在梁的纯弯段沿截面高度布置了一组应变计,用于量测混凝土的纵向应变沿截面高度的分布。同时,在受拉钢筋上也布置应变计,量测钢筋的受拉应变,梁的跨中及支座处布置位移计,用以量测梁的挠度变形。试验表明,施加荷载后,在纯弯段的两个相邻的正截面间产生相对转动,沿梁截面高度各量测点的变形值除以量测长度得到该处单位长度上的平均应变值。试验表明,平均应变值的连线基本上是直线,且截面转动了一个角度,单位长度上截面的转角值称为截面曲率φ^0,这里符号加上角码"0"(如M^0、φ^0等)表示试验值。逐级施加荷载F,直至梁弯曲破坏。

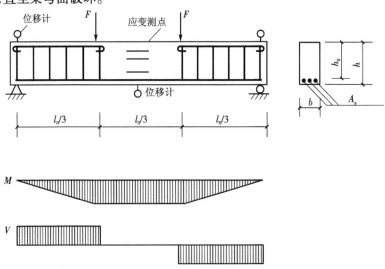

图4-6 钢筋混凝土梁受弯试验

2. 适筋梁正截面受弯的三个受力阶段

图4-7(a)(b)是适筋梁正截面受弯试验梁的挠度f^0和截面曲率φ^0随截面弯矩M^0增加而变化的试验曲线示意图。由图可见,适筋梁从开始施加荷载到破坏的受力全过程明显地分为三个受力阶段。这三个受力阶段可以由两个转折点来划分,$M^0-\varphi^0$曲线上,一个是

受拉区混凝土开裂的 c 点,另一个是对应于纵向受拉钢筋开始屈服的 y 点。各阶段的受力性能和特征如下。

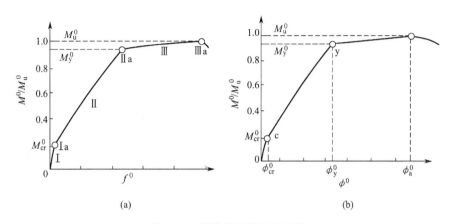

图 4-7 适筋梁受弯试验曲线
(a)弯矩—挠度关系;(b)弯矩—曲率关系

(1)第Ⅰ阶段。从开始加载到受拉混凝土即将开裂,称为第Ⅰ阶段。在第Ⅰ阶段时,从开始施加荷载到受拉区混凝土开裂前,整个截面均受力。在第Ⅰ区段,由于施加的荷载较小,混凝土处于弹性受力阶段,截面的应变分布符合平截面假定,见图 4-8(a)。由于整个截面受力,截面抗弯刚度较大。梁的挠度和截面曲率很小,受拉钢筋应力也很小,M—f 曲线或 M—ϕ 曲线呈直线变化(见图 4-7)。中和轴在截面物理形心位置(比截面几何形心位置略偏下),整个截面的受力接近线弹性。

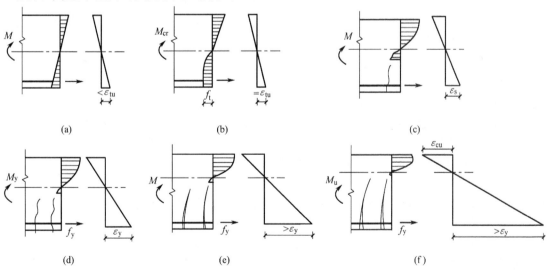

图 4-8 受弯适筋梁截面的应力应变分布
(a)第Ⅰ阶段截面应力和应变分布;(b)Ⅰa 状态截面应力和应变分布
(c)第Ⅱ阶段截面应力和应变分布;(d)Ⅱa 状态截面应力和应变分布
(e)第Ⅲ阶段截面应力和应变分布;(f)Ⅲa 状态截面应力和应变分布

当截面受拉边缘的拉应变达到混凝土极限拉应变($\varepsilon_t = \varepsilon_{tu}$)时(见图 4-8(b)),截面达到即将开裂的临界状态(Ⅰa 状态),相应弯矩值称为开裂弯矩 M_{cr}。此时,受压区混凝土基本上处于弹性工作阶段,受压区应力图形接近三角形,而受拉区应力图则呈曲线分布。在Ⅰa阶段时,由于粘结力的存在,受拉钢筋的应变与周围同一水平处混凝土拉应变相等,故这时钢筋应变接近 ε_{cu}^{0} 值,相应的应力较低,约$(20 \sim 30)$ N/mm²。

第Ⅰ阶段的主要特点是:受拉区混凝土尚未开裂,受压区混凝土的压应力图形呈一直线,受拉区混凝土的拉应力图形在前期是直线,后期是曲线,弯矩与截面曲率、弯矩与挠度的关系基本呈线性关系。所以,把第Ⅰ阶段近似地称为弹性受力阶段。因为混凝土没有开裂,整个截面都受力,有时也称为整截面工作阶段。第Ⅰ阶段的Ⅰa通常作为受弯构件正截面抗裂验算的依据。

(2)第Ⅱ阶段。在弯矩 M_{cr} 处有一明显的转折。梁的受拉区开始出现许多裂缝,当应变的量测标距较大,跨越几条裂缝时,平均应变沿截面高度的分布仍近似为直线,即仍符合平均应变的平截面假定。

随着荷载的继续增加,钢筋的拉应力、挠度变形不断增大,裂缝宽度不断开展,中和轴的位置在这个阶段没有显著变化(见图4-8(c))。在受压区混凝土的压应力随荷载的增加而增大,其弹塑性特征表现得越来越显著,混凝土压应力图形逐渐呈曲线分布(见图4-8(d))。

随着施加荷载的增大,当受拉钢筋应力刚达到屈服强度 f_y($\varepsilon_s = \varepsilon_y$)时,梁的受力性能将发生大的变化。此时的受力状态记为Ⅱa状态,到达Ⅱa状态时的弯矩记为 M_y(称为屈服弯矩)。随着荷载的增大,此后梁的受力进入第Ⅲ阶段。

第Ⅱ阶段是裂缝发生、开展的阶段,其主要特点是:梁是带裂缝工作的,在裂缝截面处,受拉区大部分混凝土退出工作,拉力由纵向受拉钢筋承担,但是受拉钢筋尚未达到屈服,受压区混凝土已发生不充分的塑性变形,混凝土的压应力图形为只有上升段的曲线,最大压应力在受压区边缘,弯矩与截面曲率呈曲线关系,截面曲率与挠度的增长加快。第Ⅱ阶段通常作为裂缝宽度与变形验算的依据。

(3)第Ⅲ阶段。对适筋梁,当受拉钢筋应力屈服时,受压区混凝土一般尚未被压坏。进入第Ⅲ阶段,受拉钢筋应力保持屈服强度 f_y 不变,但受拉钢筋的拉应变和受压区混凝土的压应变都发展很快,截面曲率和梁的挠度变形急剧增大,表现出很好的变形能力,这种现象称为截面屈服。裂缝开展显著,中和轴迅速上移,受压区高度减小,使钢筋拉力与混凝土压力之间的力臂有所增大,截面弯矩比屈服弯矩略有增加。同时,受压区混凝土的压应力和压应变迅速增大,混凝土显示出明显的受压塑性特征(见图4-8(e))。

由于受压混凝土的应力应变曲线具有下降段,梁的变形可以有较长的持续,超过最大弯矩 M_u 后,梁的承载力开始下降,至最后受压区的混凝土被压碎。M_u 称为极限弯矩,此时受压边缘混凝土的压应变称为极限压应变 ε_{cu},对应的截面受力状态为Ⅲa状态(见图4-8(f))。试验表明,与极限弯矩 M_u 对应的混凝土极限压应变 ε_{cu} 在0.003 ～ 0.005范围。对适筋梁,在第Ⅲ阶段具有很大的变形能力,表明构件在完全破坏以前有明显的预兆,这种破坏称为延性破坏。

第Ⅲ阶段也是截面的破坏阶段,其主要特点是:破坏开始于纵向受拉钢筋屈服,终结于受压区混凝土压碎。纵向受拉钢筋屈服后拉力保持为常值,受拉区绝大部分混凝土退出工作,受压区混凝土压应力曲线图形比较丰满,弯矩略有增加,受压区边缘混凝土的压应变达到 ε_{cu}^{0} 时,混凝土被压碎,截面破坏,$M^0 — \varphi^0$ 的关系近似水平曲线。另外,第Ⅲ阶段是以纵向受拉钢筋屈服为特征的,所以有时也称其为屈服阶段。第Ⅲ阶段的Ⅲa通常作为正截面受弯承载力计算的依据。

需要注意的是,适筋梁极限压应变 ε_{cu} 是以梁的最大受弯承载力为标志确定的,只适用于计算梁的受弯承载力。

4.2.2 配筋率与破坏特征

1. 纵向受拉钢筋配筋率

配筋适当的梁称为适筋梁,如前所述,其破坏特征是纵向受拉钢筋首先达到屈服,然后受压区混凝土外边缘达到极限压应变而被压坏,表现出从屈服弯矩 M_y 到极限弯矩 M_u 有一个较长的变形过程,且破坏前有明显预兆,具有延性破坏的特征。试验表明,截面尺寸和材料相同时,适筋截面的受力性能主要取决于纵向受拉钢筋配筋率 ρ。在适筋截面的范围内,如果配筋率大,正截面受弯承载力大,截面弯曲刚度也大,但在破坏阶段的变形能力较差。

2. 正截面受弯的破坏形态

试验表明,由于纵向受拉钢筋配筋率 ρ 的不同,受弯构件正截面受弯破坏形态有适筋破坏、超筋破坏和少筋破坏三种。这三种破坏形态的弯矩—截面曲率试验曲线,如图 4-9 所示。

(1)适筋截面破坏。适筋截面破坏的特点是钢筋先屈服,混凝土后压碎。对有明显屈服点的纵向受拉钢筋,当钢筋屈服以后,应力不增加而拉应变继续增长,致使在纵向钢筋屈服的截面处形成一条迅速向上发展且宽度明显增大的临界垂直裂缝,正截面的受压区高度将迅速减小,受压区边缘纤维的压应变值达到混凝土弯曲受压的极限压应变 ε_{cu}^0 时,混凝土剥落,最后被压碎,如图 4-10(a)所示。由此可见,适筋截面的破坏不是突然发生的,而是有一个发展过程,弯矩增加不大,但是变形与裂缝宽度却增加较大,破坏有明显预兆,属于延性破坏。

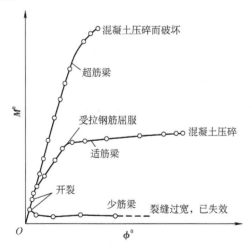

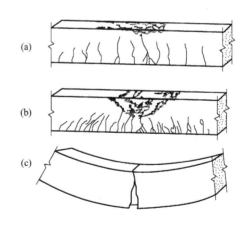

图 4-9 适筋破坏、超筋破坏、少筋破坏的 弯矩—截面曲率试验曲线

图 4-10 三种配筋梁
(a)适筋梁;(b)超筋梁;(c)少筋梁

(2)超筋截面破坏。超筋截面破坏的特点是混凝土先压碎,而钢筋不屈服。如果纵向受拉钢筋配置过多,在受压区边缘的混凝土达到弯曲受压的极限压应变 ε_{cu}^0 时,受拉钢筋尚未屈服,而受压区混凝土先被压碎。破坏时,梁的变形很小,裂缝宽度不大,破坏突然,没有

明显预兆,属于脆性破坏,如图 4 - 10(b)所示。

(3)少筋截面破坏。少筋截面破坏的特点是受拉区混凝土一开裂,受拉钢筋迅速达到屈服。如果纵向受拉钢筋配置得过少,受拉区混凝土一开裂,把原来所承担的一部分拉力传递给纵向受拉钢筋,使纵向受拉钢筋的应力和应变突然增大,纵向受拉钢筋屈服,钢筋经历整个流幅而进入强化,这时裂缝往往只有一条,不仅宽度很大,而且延伸很高,梁的挠度也很大,即使受压区混凝土还没有压碎,也认为梁已破坏。这种破坏是很突然的,也属于脆性破坏,如图 4 - 10(c)所示。

从上述三种破坏形态可归纳为延性破坏和脆性破坏两种类型。

超筋截面和少筋截面的破坏是突然发生的,没有明显的预兆,属于脆性破坏,所以超筋截面和少筋截面在工业与民用建筑中是不允许采用的,受弯构件的正截面必须设计成适筋截面。

当适筋截面中使用没有明显屈服点的钢筋时,例如预应力混凝土中采用的高强度低碳钢丝、钢绞线等,由于钢筋达到条件屈服点以后,还具有一定的塑性变形,工程中是允许的。

比较适筋梁和超筋梁的破坏,可以发现,两者的差异在于:前者破坏始自受拉钢筋,后者始自受压区混凝土。显然,二者之间有一个界限配筋率 ρ_b,这时钢筋应力到达屈服强度的同时,受压区边缘纤维应变也刚好到达混凝土受弯极限压应变值。这种破坏形态叫"界限破坏",即适筋梁与超筋梁的界限。

鉴于安全和经济的原因,实际工程中是不允许采用超筋梁的。界限配筋率 ρ_b 实质也是适筋梁的最大配筋率 ρ_{max}。故当截面的实际配筋率 $\rho < \rho_b$ 时,破坏始自钢筋的屈服;$\rho > \rho_b$ 时,破坏始自受压区混凝土的压碎;$\rho = \rho_b$ 时,受拉钢筋应力到达屈服强度的同时受压区混凝土压碎使截面破坏。界限破坏也属于延性破坏类型,所以界限配筋的梁也划归适筋梁的范围。由此,适筋梁的配筋应满足 $\rho_{min}\dfrac{h}{h_0} \leq \rho \leq \rho_b$ 的要求。注意,这里用 $\rho_{min}\dfrac{h}{h_0}$ 而不用 ρ_{min},是因为 ρ_{min} 是按 $\dfrac{A_s}{bh}$ 来定义的,理由见下述确定 ρ_{min} 的理论原则。

"界限破坏"的梁,在实际试验中是很难做到的。因为尽管严格地控制施工的质量和所用的材料,但实际情况往往与设计的预期有差别。

4.3 正截面承载力计算的基本假定和受压区混凝土应力的计算图形

4.3.1 正截面承载力计算的基本假定

在计算正截面受弯承载力的设计值 M_u 时,钢筋和混凝土的材料强度应取强度设计值。

《混凝土结构设计标准》中正截面承载力的计算模型和设计计算公式是建立在基本假定基础上的,适用于跨高比不小于 5 的受弯构件,也适用于受拉、受压等其他受力构件正截面承载力的计算。基本假定如下:

①截面应变保持平面(平均应变的平截面假定);

②不考虑混凝土的抗拉强度;

③混凝土受压的应力与应变关系曲线,如图 4 - 11 所示;

④纵向钢筋的应力取钢筋应变与其弹性模量的乘积,但其绝对值不应大于其强度设计值。纵向受拉钢筋极限拉应变取为0.01。

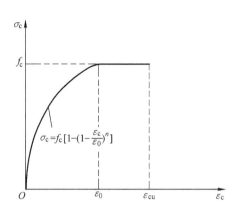

平均应变的平截面假定是为了使计算简化而作的近似假定。国内外大量试验表明,对于钢筋混凝土构件,在一定标距范围(跨过几条裂缝)量测的钢筋和混凝土的平均应变,沿截面高度的分布基本上符合平截面假定(图4－12(b)),即有

$$\phi = \frac{\varepsilon}{y} = \frac{\varepsilon_c}{x_n} = \frac{\varepsilon_s}{h_0 - x_n} \qquad (4-2)$$

图4-11 《混凝土结构设计标准》采用的混凝土受压应力—应变关系曲线

需要注意,基于平截面假定,在钢筋混凝土

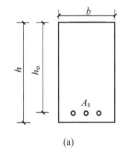 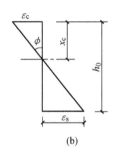 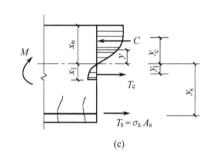

(a) (b) (c)

图4-12　钢筋混凝土截面受弯应力分析
(a)截面;(b)截面应变分布;(c)截面应力分布

梁截面的应力分析中,混凝土和钢筋材料的应力—应变关系是非线性的,要根据各阶段的钢筋和混凝土所处的受力状态,采用相应的材料应力—应变关系来分析。

不考虑混凝土的抗拉强度是因为在Ⅲa状态,裂缝截面中和轴附近受拉区混凝土虽然仍能承担很小的拉力,但其数值以及内力臂值与纵向受拉钢筋承担的拉应力相比要小得多,所以忽略。

受压区混凝土应力—应变关系的数学模型如下:

当$\varepsilon_c \leqslant \varepsilon_0$,即上升段时,应力—应变关系为$n$次抛物线;当$\varepsilon_0 < \varepsilon_c \leqslant \varepsilon_{cu}$,即水平段时,应力—应变关系为直线,即

$$\sigma_c = \begin{cases} f_c \left[1 - \left(1 - \dfrac{\varepsilon_c}{\varepsilon_0} \right)^n \right] & \varepsilon_c \leqslant \varepsilon_0 \\ f_c & \varepsilon_0 < \varepsilon_c \leqslant \varepsilon_{cu} \end{cases} \qquad (4-3)$$

式中　σ_c——混凝土压应变为ε_c时的混凝土压应力。

f_c——混凝土轴心抗压强度设计值。

ε_0——混凝土压应力刚达到f_c时的混凝土压应变,按式(4-5)计算,当计算的ε_0值小于0.002时,取为0.002。

ε_{cu}——混凝土极限压应变,按式(4-6)计算,如计算的ε_{cu}值大于0.0033,取为

0.0033;当处于轴心受压时,取为 ε_0。

n——系数,按式(4-4)计算,当计算的 n 值大于 2.0 时,取为 2.0。

$$n = 2 - \frac{1}{60}(f_{cu,k} - 50) \tag{4-4}$$

$$\varepsilon_0 = 0.002 + 0.5(f_{cu,k} - 50) \times 10^{-5} \tag{4-5}$$

$$\varepsilon_{cu} = 0.0033 - (f_{cu,k} - 50) \times 10^{-5} \tag{4-6}$$

可知,当混凝土强度等级≤C50 时,$n=2$,$\varepsilon_0 = 0.002$,$\varepsilon_{cu} = 0.0033$。

对于不同混凝土强度等级,各参数按式(4-4)~式(4-6)的计算结果如表 4-1 所示。

需要注意的是,这里给出的混凝土应力—应变关系的公式是理想化的偏于设计安全的曲线,仅适用于混凝土构件正截面承载力的计算,不适用于结构分析。

表 4-1 混凝土应力—应变曲线参数

$f_{cu,k}$	≤C50	C60	C70	C80
n	2	1.83	1.67	1.50
ε_0	0.002	0.00205	0.0021	0.00215
ε_{cu}	0.0033	0.0032	0.0031	0.0030

把纵向受拉钢筋的极限拉应变规定为 0.01 是为了避免过大的塑性变形。同时,也要求纵向受拉钢筋的均匀伸长率不得小于 0.01,这是为了保证结构构件和正截面具有必要的延性。

4.3.2 混凝土的压应力的合力及其作用点

1. 压应力的合力及其作用点

图 4-13 为一单筋矩形截面适筋梁的应力图形。根据基本假定,混凝土强度等级在 C50 及以下时,截面受压区边缘达到了混凝土的极限压应变值 $\varepsilon_{cu} = 0.0033$。

受压区混凝土压应力的合力

$$C = \int_0^{x_c} \sigma_c(\varepsilon_c) \cdot b \cdot dy \tag{4-7}$$

合力 C 到中和轴的距离

$$y_c = \frac{\int_0^{x_c} \sigma_c(\varepsilon_c) \cdot b \cdot y \cdot dy}{C} = \frac{\int_0^{x_c} \sigma_c(\varepsilon_c) y \, dy}{\int_0^{x_c} \sigma_c(\varepsilon_c) \, dy} \tag{4-8}$$

式中 x_c——中和轴高度,即受压区的理论高度。

分析 C 与 C_{cu}/ε_{cu},y_c 与 y_{cu}/ε_{cu} 的关系,受压区高度为 x_c,则由平截面假定可得截面曲率 $\phi_u = \varepsilon_{cu}/x_c$,距中和轴为 y 处的压应变

$$\varepsilon_c = \phi_u \cdot y = \frac{\varepsilon_{cu}}{x_c} \cdot y \tag{4-9}$$

上式,取 $y = \dfrac{x_c}{\varepsilon_{cu}}\varepsilon_c$,$dy = \dfrac{x_c}{\varepsilon_{cu}}d\varepsilon_c$,代入式(4-7)和式(4-8),得到受压区压应力的合力 C 和合

力 C 到中和轴的距离分别为

$$C = \int_0^{\varepsilon_{cu}} \sigma_c(\varepsilon_c) \cdot b \cdot \frac{x_c}{\varepsilon_{cu}} d\varepsilon_c = x_c \cdot b \cdot \frac{C_{cu}}{\varepsilon_{cu}} = k_1 f_c b x_c \tag{4-10}$$

$$y_c = \frac{\int_0^{\varepsilon_{cu}} \sigma_c(\varepsilon_c) \cdot b \cdot \left(\frac{x_c}{\varepsilon_{cu}}\right)^2 \cdot \varepsilon_c \cdot d\varepsilon_c}{x_c \cdot b \cdot \frac{c_{cu}}{\varepsilon_{cu}}} = x_c \cdot \frac{y_{cu}}{\varepsilon_{cu}} = k_2 x_c \tag{4-11}$$

式中,k_1、k_2 称为混凝土应力—应变曲线系数。由式(4-10)、(4-11)知,合力 C 的大小和作用位置 y_c 仅与混凝土应力—应变曲线系数 k_1、k_2 及受压区高度 x_c 有关,在计算 M_u 时只需知道 C 的大小和作用位置 y_c 即可。不同混凝土强度等级对应的 k_1、k_2 如表 4-2 所示。

表 4-2 混凝土受压应力—应变曲线系数 k_1 和 k_2

强度等级	≤C50	C60	C70	C80
k_1	0.797	0.774	0.746	0.713
k_2	0.588	0.598	0.608	0.619

2. 等效矩形应力图

进行前面的积分计算是烦琐复杂的。为了简化计算,可用等效矩形应力图形(图 4-13)来代替受压区混凝土的理论应力图形。用等效矩形应力图形代替后应满足的条件是:混凝土压应力的合力 C 的大小相等且受压区合力 C 的作用点不变。

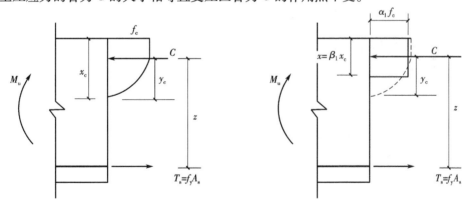

图 4-13 等效矩形应力图

设等效矩形应力图的应力值为 $\alpha_1 f_c$,高度为 x,则由式(4-10)、(4-11)可得

$$C = \alpha_1 f_c b x = k_1 f_c b x_c \tag{4-12}$$

$$x = 2(x_c - y_c) = 2(1 - k_2)x_c \tag{4-13}$$

令 $\beta_1 = x/x_c = 2(1-k_2)$,则 $\alpha_1 = \dfrac{k_1}{\beta_1} = \dfrac{k_1}{2(1-k_2)}$。可见系数 α_1 和 β_1 仅与混凝土应力—应变曲线有关,称为等效矩形应力图系数。系数 α_1 是受压区混凝土矩形应力图的应力值与混凝土轴心抗压强度设计值的比值;系数 β_1 是矩形应力图受压区高度 x 与中和轴高度 x_c 的比

值。当 $f_{cu,k} \leqslant 50$ N/mm^2 时,β_1 取为 0.8;当 $f_{cu,k} = 80$ N/mm^2 时,β_1 取为 0.74,其间按直线内插法取用。经计算后 α_1、β_1 的值如表 4-3 所示。

表 4-3　混凝土受压区等效矩形应力图系数

应力系数	≤C50	C55	C60	C65	C70	C75	C80
α_1	1.0	0.99	0.98	0.97	0.96	0.95	0.94
β_1	0.8	0.79	0.78	0.77	0.76	0.75	0.74

对适筋梁,达到极限弯矩时钢筋已屈服,按等效矩形应力图,受弯承载力的计算公式可以写成

$$\alpha_1 f_c bx = f_y A_s \tag{4-14}$$

$$M_u = \alpha_1 f_c bx \left(h_0 - \frac{x}{2} \right) \tag{4-15}$$

将等效矩形应力图受压区高度 x 与截面有效高度 h_0 的比值记为 $\xi = x/h_0$,称为相对受压区高度,则上两式可以改写成

$$\alpha_1 f_c b\xi h_0 = f_y A_s \tag{4-16}$$

$$M_u = \alpha_1 f_c bh_0^2 \xi (1 - 0.5\xi) \tag{4-17}$$

由上式,相对受压区高度

$$\xi = \frac{f_y}{\alpha_1 f_c} \cdot \frac{A_s}{bh_0} = \rho \frac{f_y}{\alpha_1 f_c} \tag{4-18}$$

可见,相对受压区高度 ξ 不仅反映了钢筋与混凝土的面积比(配筋率 ρ),同时也反映了钢筋与混凝土的材料强度比。

4.3.3　界限相对受压区高度

根据界限破坏时截面的应变分布(图 4-14),设混凝土受压边缘的极限压应变为 ε_{cu},钢筋开始屈服时的拉应变为 ε_y,可得界限状态时中和轴高度

$$x_{cb} = \frac{\varepsilon_{cu}}{\varepsilon_{cu} + \varepsilon_y} h_0 \tag{4-19}$$

将 $x_b = \beta_1 x_{cb}$ 代入上式,则界限破坏时等效矩形应力图的相对受压区高度(界限相对受压区高度)ξ_b 由下式表示:

$$\xi_b = \frac{x_b}{h_0} = \frac{\beta_1 x_{cb}}{h_0} = \frac{\beta_1 \varepsilon_{cu}}{\varepsilon_{cu} + \varepsilon_y} \tag{4-20}$$

设 $\varepsilon_y = f_y / E_s$,可得

$$\xi_b = \frac{\beta_1 \varepsilon_{cu}}{\varepsilon_{cu} + \varepsilon_y} = \frac{\beta_1}{1 + \dfrac{f_y}{\varepsilon_{cu} E_s}} \tag{4-21}$$

由上式可以看出,界限相对受压区高度 ξ_b 与材料性能有关,而与截面尺寸无关。

由图 4-15 可知,当相对受压区高度 $\xi \leqslant \xi_b$ 时,为受拉钢筋首先达到屈服,然后混凝土受压破坏的适筋梁;当 $\xi > \xi_b$ 时,为受拉钢筋未达到屈服,受压区混凝土先发生破坏的超筋梁。当 $\xi = \xi_b$ 时,为界限破坏,此时的受弯承载力为适筋梁的上限,记为 $M_{u,max}$,由式(4-17),令 $\xi = \xi_b$,则

$$M_{u,max} = \alpha_1 f_c b h_0^2 \xi_b (1 - 0.5\xi_b) = \alpha_{s,max} \cdot \alpha_1 f_c b h_0^2 \qquad (4-22)$$

式中 $\alpha_{s,max} = \xi_b(1 - 0.5\xi_b)$，$\alpha_{s,max}$ 也与截面尺寸无关。表 4-4 列出了界限相对受压区高度 ξ_b 和 $\alpha_{s,max}$ 的数值。

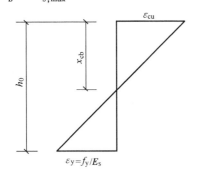

图 4-14 界限破坏时截面应变分布

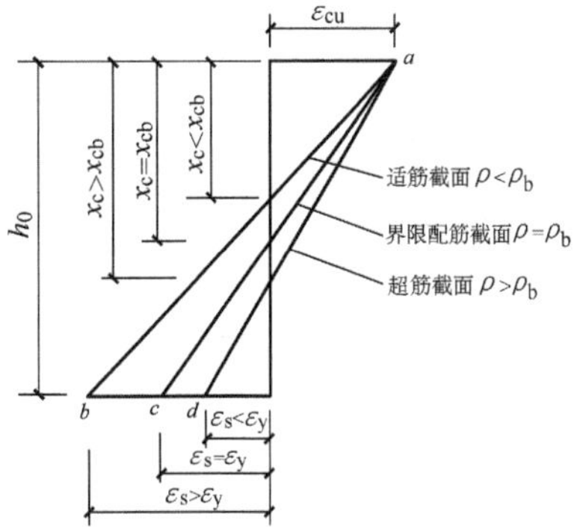

图 4-15 界限相对受压区高度 ξ_b

表 4-4 相对界限受压区高度 ξ_b 及截面的最大抵抗矩系数 $\alpha_{s,max}$

混凝土强度等级	≤ C50			C60		
钢筋级别	HPB 300	HRB 400	HRB 500	HPB 300	HRB 400	HRB 500
ξ_b	0.576	0.518	0.482	0.556	0.499	0.464
$\alpha_{s,max}$	0.410	0.384	0.366	0.401	0.375	0.356
混凝土强度等级	C70			C80		
钢筋级别	HPB 300	HRB 400	HRB 500	HPB 300	HRB 400	HRB 500
ξ_b	0.537	0.481	0.447	0.518	0.463	0.429
$\alpha_{s,max}$	0.393	0.365	0.347	0.384	0.356	0.337

4.3.4 适筋梁与超筋梁的界限及界限配筋率

当配筋率增加到某一界限值时，如图 4-16 所示，会发生在受拉钢筋达到屈服的同时，受压区边缘混凝土恰好达到极限压应变而破坏，为界限破坏。此时的配筋率称为界限配筋率 ρ_b。

考虑图 4-12(c) 所示的截面上力的平衡条件

$$C = f_y A_s \qquad (4-23)$$

则有

$$\alpha_1 f_c b x = f_y A_s \qquad (4-24)$$

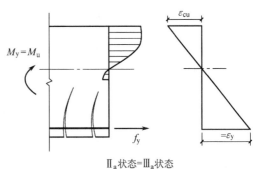

Ⅱₐ状态=Ⅲₐ状态

图 4-16 临界状态

$$\frac{x}{h_0} = \frac{A_s}{b h_0} \cdot \frac{f_y}{\alpha_1 f_c} \qquad (4-25)$$

即

$$\xi = \rho \frac{f_y}{\alpha_1 f_c} \qquad (4-26)$$

$$\rho = \xi \frac{\alpha_1 f_c}{f_y} \tag{4-27}$$

由此,界限配筋时取 $\xi = \xi_b$,可得界限配筋率

$$\rho_b = \alpha_1 \xi_b \frac{f_c}{f_y} \tag{4-28}$$

可见钢筋和混凝土的强度等级确定之后,界限配筋率 ρ_b 就是一个大致确定的值。容易理解,界限配筋率 ρ_b 是适筋梁配筋率的上限,即适筋梁的最大配筋率 ρ_{max}。如果配筋率超过界限配筋率 ρ_b,则在钢筋应力没有达到屈服强度前,受压区边缘混凝土应变已经达到极限压应变而混凝土被压破坏,这种情况就是超筋梁。超筋梁在工程中应避免采用。

由配筋率的定义,适筋梁纵向受拉钢筋的最大截面面积

$$A_{s,max} = \rho_b b h_0 \tag{4-29}$$

由上述可知,当满足以下任一条件时为适筋梁:

$$\xi \leqslant \xi_b \tag{4-30a}$$

$$\rho \leqslant \rho_b \tag{4-30b}$$

$$M \leqslant M_{u,max} = \alpha_{s,max} \alpha_1 f_c b h_0^2 \tag{4-30c}$$

不同配筋率下梁的弯矩 – 曲率关系如图 4 – 17 所示。由于界限破坏时,混凝土压坏与受拉钢筋同时屈服,延性较差,为使破坏具有一定的延性,实际设计时也可取 $\xi = 0.8\xi_b$ 作为适筋梁的上限。

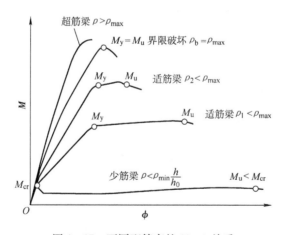

图 4 – 17　不同配筋率的 M—ϕ 关系

4.3.5　适筋梁与少筋梁的界限及最小配筋率

适筋梁中,随着配筋率 ρ 的减小,当小到一定值时,由于梁开裂时受拉区混凝土的拉力释放,使受拉钢筋在混凝土开裂瞬间达到屈服,此时的配筋率称为最小配筋率 ρ_{min}。

配筋率小于最小配筋率时,则梁一旦出现裂缝,钢筋即屈服,并很快进入强化段,甚至拉断,梁的变形和裂缝宽度急剧增大,其破坏性性质与素混凝土梁类似,破坏具有受拉脆性破坏的特征,这种配筋的梁称为少筋梁。

少筋梁的破坏取决于混凝土的抗拉强度,而混凝土的抗压强度未得到充分发挥。少筋

梁的受拉脆性破坏比超筋梁受压脆性破坏更为突然,在建筑结构中是不容许采用的。

《混凝土结构设计标准》规定梁类受弯构件最小配筋率不应小于 $\rho_{\min} = 0.45 f_t / f_y$ 和 0.2% 中的较大值。

为防止少筋破坏,对矩形截面,截面配筋面积 A_s 应满足下式要求:

$$\rho \geqslant \rho_{\min} \frac{h}{h_0} \tag{4-31}$$

由于最小配筋率 $\rho_{\min}$ 是取截面高度 h 来定义的,而配筋率 ρ 是取截面有效高度 h_0 来定义的,所以 $\rho < \rho_{\min} \dfrac{h}{h_0}$ 时,属于"一裂就坏"的少筋截面。

考虑到混凝土抗拉强度的离散性以及收缩等因素的影响,《混凝土结构设计标准》中规定的纵向受力钢筋的最小配筋率 $\rho_{\min}$ 是根据传统经验得出的。

需要注意的是,最小配筋率是按全部截面面积 bh,而不是有效截面面积 bh_0 确定的。因为从理论上,最小配筋率是根据钢筋混凝土截面的受弯承载力不低于相同截面尺寸的素混凝土截面的受弯承载力这一条件来确定的。对素混凝土截面,其承载力取决于其抗裂性能,即受拉区混凝土的抗拉能力。对钢筋混凝土截面,考虑了受拉钢筋以下部分的混凝土退出受拉工作而转移给受拉钢筋所产生的应力重分布。所以计算截面面积为 bh 全截面。

4.4　单筋矩形截面承载力计算

4.4.1　基本公式

对于仅配受拉钢筋的矩形截面适筋受弯构件,正截面受弯承载力(见图 4-18)的基本计算公式为

$$\alpha_1 f_c bx = f_y A_s \tag{4-32}$$

$$M = \alpha_1 f_c bx \left(h_0 - \frac{x}{2} \right)$$

或

$$M = f_y A_s \left(h_0 - \frac{x}{2} \right) \tag{4-33}$$

式中　M——正截面的弯矩设计值;

　　　α_1——混凝土受压区等效矩形应力图系数;

　　　f_c——混凝土轴心抗压强度设计值,N/mm^2;

　　　f_y——钢筋的抗拉强度设计值,N/mm^2;

　　　A_s——纵向受拉钢筋截面面积;

　　　b——截面宽度;

　　　x——受压区高度(或受压区计算高度);

　　　h——截面高度;

　　　h_0——截面有效高度,$h = h - a$。

采用相对受压区高度 ξ,式(4-32)、式(4-33)可写成

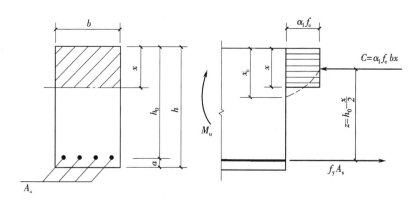

图 4-18　单筋矩形截面受弯承载力计算简图

$$\alpha_1 f_c b \xi h_0 = f_y A_s \tag{4-34}$$

$$M = \alpha_1 f_c b h_0^2 \xi (1 - 0.5\xi) \tag{4-35}$$

令 $\alpha_s = \xi(1 - 0.5\xi)$，$\gamma_s = (1 - 0.5\xi)$，对于适筋梁,式(4-35)可改写成

$$M = \alpha_s \cdot \alpha_1 f_c b h_0^2 \tag{4-36}$$

或

$$M = f_y A_s \cdot \gamma_s h_0 \tag{4-37}$$

α_s 反映了受压区混凝土的弹塑性性质,称为钢筋混凝土截面的弹塑性抵抗矩系数。$\gamma_s h_0$ 为钢筋拉力合力到受压区混凝土压力合力的力臂,称 γ_s 为内力臂系数。系数 α_s 和 γ_s 只与相对受压区高度 ξ 有关。当已知 α_s 时,ξ 和 γ_s 可按下式确定:

$$\xi = 1 - \sqrt{1 - 2\alpha_s} \tag{4-38}$$

$$\gamma_s = 0.5(1 + \sqrt{1 - 2\alpha_s}) \tag{4-39}$$

a 为纵向受拉钢筋合力点到截面受拉区边缘的距离。在截面设计中钢筋直径和数量等还未确定的情况下,a 值往往需要预先估计,当环境类别为一类时,一般至少取:

梁内布置一排钢筋时:$a = 45$ mm,故 $h_0 = (h - 45)$ mm;

梁内布置两排钢筋时:$a = 70$ mm,故 $h_0 = (h - 70)$ mm。

对于板:$a = 25$ mm,$h_0 = (h - 25)$ mm。

当环境类别为二类、三类时,考虑混凝土保护层最小厚度的变化,应作适当调整。

4.4.2　基本计算公式的适用条件

正截面受弯承载力计算公式仅适用于适筋梁。适筋梁应满足最大配筋率和最小配筋率的要求。

①为防止超筋脆性破坏,应满足

$$\xi \leqslant \xi_b$$

或

$$\rho \leqslant \rho_b = \alpha_1 \xi_b \frac{f_c}{f_y}$$

②为防止少筋破坏,应满足

或
$$\rho \geqslant \rho_{\min} \frac{h}{h_0} \tag{4-40a}$$

$$A_s \geqslant A_{s,\min} = \rho_{\min} bh \tag{4-40b}$$

对单筋矩形截面梁,所能承受的弯矩设计值应满足 $M \leqslant M_{u,\max}$,如果 $M > M_{u,\max}$,可以采用增大截面尺寸或者提高材料强度等级等措施。

4.4.3　正截面受弯承载力计算的两类问题

在工程设计计算中,正截面受弯承载力的计算分为截面设计和截面复核两类问题。

1. 截面设计

截面设计时,仅已知弯矩设计值 M。未知数有 f_y、f_c、b、h、A_s 和 x,多于两个,基本公式没有唯一解。当截面尺寸要求设计者确定时,一般可根据设计经验给定 b 和 h。在计算中,由于 a 与所选择的钢筋直径、数量和布置等有关,所以计算所得的钢筋截面面积 A_s 的答案不是唯一的。

当给定弯矩设计值 M 时,截面尺寸越大,则所需的钢筋就越少,但混凝土用量和模板费用增加。反之,当截面尺寸越小,所需的钢筋就越多,钢材费用就越高。从总造价考虑,存在一个经济配筋率的范围。根据大量设计经验,梁的经济配筋率范围为 $\rho = 0.6\% \sim 1.5\%$,板的经济配筋率范围为 $\rho = 0.4\% \sim 0.8\%$。

截面设计问题是截面弯矩设计值 M、材料强度、截面尺寸已由计算或设计要求确定(即已知),要求计算钢筋截面面积并选择钢筋。选择的钢筋实际截面面积不宜小于钢筋截面面积的计算值,若小于时,两者的差值宜在 5% 的范围内。

计算步骤如下:

①计算 $\alpha_s = \dfrac{M}{\alpha_1 f_c bh_0^2}$;

②如 $\alpha_s < \alpha_{s,\max}$,则可计算 $\gamma_s = 0.5(1 + \sqrt{1 - 2\alpha_s})$;

③计算 $A_s = \dfrac{M}{f_y \gamma_s h_0}$,并应满足 $A_s \geqslant \rho_{\min} bh$。

如果计算中发现 $\xi > \xi_b$,则说明截面过小,应加大截面尺寸或提高混凝土强度等级。通常采取加大截面高度的措施最为有效。如果结构空间的高度受到限制,则可以采取增大截面宽度或提高混凝土强度的措施。

2. 截面复核

若截面的内力设计值,截面尺寸 b、h,截面配筋 A_s 和材料强度 f_y、f_c 等都已知,要求复核该截面是否安全,称为截面复核。这时,首先求出受压区高度 x 值,然后求出正截面受弯承载力 M_u,并验算是否满足 $M \leqslant M_u$。

计算时,若 $x \geqslant \xi_b h_0$,受弯承载力 M_u 可按 $M_{u,\max} = \alpha_{s,\max} \alpha_1 f_c bh_0^2$ 确定。如果 $A_s < \rho_{\min} bh$,表明该受弯构件的承载力不够,应修改设计或采取其他措施。

3. 计算中需要注意的问题

在进行计算时,应注意运算时的单位、单位的换算以及有效数字的取值。对荷载、内力设计值等用 kN、kN/m、kN·m 来表示,取小数点后两位有效数字。材料的强度设计值(标准值)、截面尺寸和面积的单位分别用 N/mm²、mm 和 mm² 来表示,按 1kN = 1 ×

10^3 N,1 kN·m $=1×10^6$ N·mm 计算。

钢筋截面面积用 mm² 表示,除单根钢筋外,可不计入小数点后面的值。计算系数 α_s、$\alpha_{s,max}$、γ_s、ξ 和 ξ_b 等取至小数点后面三位。

验算适用条件时,A_s 应按实际采用的钢筋截面面积计算。

【例 4-1】 已知矩形梁截面尺寸 $b×h=250$ mm$×500$ mm;环境类别为二类 a,弯矩设计值 $M=170$ kN·m,混凝土强度等级为 C40,采用 HRB400 级钢筋。

求:所需的纵向受拉钢筋截面面积。

【解】 查表知,环境类别为二类 a,采用 C40 混凝土时梁的混凝土保护层最小厚度为25 mm,

故设 $a=45$ mm(预估箍筋直径为 10 mm),则
$$h_0 = 500 - 45 = 455 \text{ mm}$$

由混凝土和钢筋等级,查表得
$$f_c = 19.1 \text{ N/mm}^2, f_y = 360 \text{ N/mm}^2, f_t = 1.71 \text{ N/mm}^2,$$
又由表知 $\alpha_1 = 1.0, \beta_1 = 0.8, \xi_b = 0.518$。

求计算系数
$$\alpha_s = \frac{M}{\alpha_1 f_c b h_0^2} = \frac{170×10^6}{1.0×19.1×250×455^2} = 0.172$$

由式(4-38)和(4-39)得
$$\xi = 1 - \sqrt{1-2\alpha_s} = 0.190 < \xi_b = 0.518, \text{满足适用条件。}$$
$$\gamma_s = 0.5(1 + \sqrt{1-2\alpha_s}) = 0.905$$

故 $A_s = \dfrac{M}{f_y \gamma_s h_0} = \dfrac{170×10^6}{360×0.905×455} = 1\,147 \text{ mm}^2$

选用 4 ⌀ 20,$A_s = 1\,256$ mm²(选用钢筋时应满足有关间距、直径及根数等的构造要求),见图 4-19。

验算适用条件:

(1)适用条件(1)已满足。

(2)$\rho = \dfrac{1256}{250×455} = 1.105\% > \rho_{min} \cdot \dfrac{h}{h_0} = 0.45 \dfrac{f_t}{f_y} \cdot \dfrac{h}{h_0} = 0.45 × \dfrac{1.71}{360} × \dfrac{500}{455} = 0.235\%$

同时,$\rho > 0.2\% × \dfrac{h}{h_0} = 0.2\% × \dfrac{500}{455} = 0.220\%$,可以。

注意,验算适用条件(2)时,要用实际采用的纵向受拉钢筋截面面积。

【例 4-2】 已知一单跨简支板,计算跨度 $l_0 = 2.34$ m,承受均布荷载 $q_k = 3$ kN/m²(不包括板的自重),如图 4-20 所示;混凝土等级为 C30,采用 HPB300 级钢筋,可变荷载分项系数 $\gamma_Q = 1.5$,永久荷载分项系数 $\gamma_G = 1.3$,环境类别为一类,钢筋混凝土重度为25 kN/m³。

求:板厚及纵向受拉钢筋截面面积 A_s。

【解】 取板宽 $b=1\,000$ mm 的板条作为计算单元;设板厚为 80 mm,则板自重 $g_k = 25×0.08 = 2.0$ kN/m²,

跨中处最大弯矩设计值:
$$M = \frac{1}{8}(\gamma_G g_k + \gamma_Q q_k) l_0^2 = \frac{1}{8} × (1.3×2 + 1.5×3) × 2.34^2 = 4.86 \text{ kN·m}$$

查表知,环境类别为一类,混凝土强度等级为 C30 时,板的混凝土保护层最小厚度为 15 mm,设 $a = 20$ mm,故 $h_0 = 80 - 20 = 60$ mm, $f_c = 14.3$ N/mm^2, $f_t = 1.43$ N/mm^2, $f_y = 270$ N/mm^2, $\xi_b = 0.576$。

又由表知,$\alpha_1 = 1.0$

$$\alpha_s = \frac{M}{\alpha_1 f_c b h_0^2} = \frac{4.86 \times 10^6}{1 \times 14.3 \times 1\,000 \times 60^2} = 0.094\,4$$

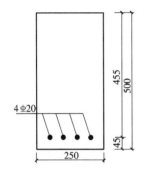

图 4 - 19　例题 4 - 1 截面配筋

图 4 - 20　例题 4 - 2 板的受力

$$\xi = 1 - \sqrt{1 - 2\alpha_s} = 0.099$$

$$\gamma_s = 0.5 \times (1 + \sqrt{1 - 2\alpha_s}) = 0.950$$

$$A_s = \frac{M}{f_y \gamma_s h_0} = \frac{4.86 \times 10^6}{270 \times 0.950 \times 60} = 316 \text{ mm}^2$$

选用 $\phi 8 @ 150$,$A_s = 335$ mm^2,排列见图 4 - 21,垂直于纵向受拉钢筋放置 $\phi 6 @ 230$ 的分布钢筋,其截面面积为

$$28.3 \times \frac{1\,000}{230} = 123 \text{ mm}^2 > 0.15\% \times b \times h = 0.15\% \times 1\,000 \times 80 = 120 \text{ mm}^2。$$

验算适用条件:

(1) $x = \xi \cdot h_0 = 0.099 \times 60 = 5.94$ mm $< \xi_b h_0 = 0.576 \times 60 = 34.56$ mm,满足。

(2) $\rho = \dfrac{335}{1\,000 \times 60} = 0.558\% > \rho_{min} \cdot \dfrac{h}{h_0} = 0.45 \dfrac{f_t}{f_y} \cdot \dfrac{h}{h_0} = 0.45 \times \dfrac{1.43}{270} \times \dfrac{80}{60} = 0.318\%$

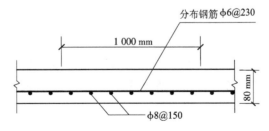

图 4 - 21　例题 4 - 2 板的配筋

同时,$\rho > 0.2\% \times \dfrac{h}{h_0} = 0.2\% \times \dfrac{80}{60} = 0.267\%$,满足。

满足适用条件且在经济配筋率范围内。

【**例4-3**】 已知一现浇的悬臂梁,处于室内一类环境,弯矩图形和梁端部截面如图4-22所示,混凝土强度等级为 C35,采用 HRB400 级钢筋。

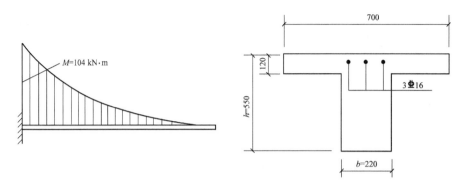

图4-22 例题4-3图

求:该截面上部纵向受拉钢筋。

【**解**】

1. 求纵向受拉钢筋

正截面虽然是 T 形,但因翼缘在受拉区,它对正截面受弯承载力影响很小,可忽略,故应按矩形截面 $b \times h = 220 \text{ mm} \times 550 \text{ mm}$ 计算。

查表知,$f_c = 16.7 \text{ N/mm}^2$,$f_t = 1.57 \text{ N/mm}^2$,$f_y = 360 \text{ N/mm}^2$。

室内正常环境属于一类环境类别,由附表知,环境类别为一类,混凝土强度等级为 C25～C45 时,梁的纵向受力钢筋的混凝土保护层最小厚度为 20 mm。

设钢筋为一层,$a = 40 \text{ mm}$(预估箍筋直径为 10 mm),$h_0 = 550 - 40 = 510 \text{ mm}$

由式(4-36)

$$\alpha_s = \frac{M}{\alpha_1 f_c b h_0^2} = \frac{104 \times 10^6}{1 \times 16.7 \times 220 \times 510^2} = 0.109$$

由式(4-39)

$$\gamma_s = \frac{(1 + \sqrt{1 - 2\alpha_s})}{2} = \frac{(1 + \sqrt{1 - 2 \times 0.109})}{2} = 0.942$$

所以

$$A_s = \frac{M}{f_y \gamma_s h_0} = \frac{104 \times 10^6}{360 \times 0.942 \times 510} = 601 \text{ mm}^2$$

采用一层钢筋 3⏀16,$A_s = 603 \text{ mm}^2$。

2. 验算适用条件

因为是 HRB400 级钢筋,混凝土强度等级 ＜C50,查表知,这时的截面最大抵抗矩系数 $\alpha_{s,max} = 0.384$,现在 $\alpha_s = 0.109 < 0.384$,所以第一个适用条件 $\xi \leqslant \xi_b$ 已满足(注:条件 $\alpha_s \leqslant \alpha_{s,max}$ 就相当于条件 $\xi \leqslant \xi_b$)。

注意:验算最小配筋率时,对翼缘受压的 T 形截面梁,翼缘的影响很小,可以忽略不计,按 $A_{s,min} \geqslant \rho_{min} bh$ 验算即可;而对翼缘受拉的倒 T 形截面梁,由于翼缘受拉,最小配筋率定义为 $\rho_{min} = \frac{A_{s,min}}{bh + (b_f - b)h_f}$,故应按 $A_{s,min} \geqslant \rho_{min}[bh + (b_f - b)h_f]$ 验算。

$$A_{\rm s} \geqslant A_{\rm s,min} = \rho_{\min} \left[bh + (b_{\rm f} - b)h_{\rm f} \right] = \max \left\{ 0.45 \times \frac{1.57}{360}, 0.2\% \right\} \cdot \left[220 \times 550 + (700 - 220) \times 120 \right] = 357 \ {\rm mm}^2,$$ 故也满足第二个适用条件。

【例 4 - 4】　已知:弯矩设计值 $M = 270$ kN · m,混凝土强度等级为 C50,采用 HRB400 级钢筋,环境类别为二类 a。

求:梁截面尺寸 $b \times h$ 及所需的纵向受拉钢筋截面面积 $A_{\rm s}$。

【解】　$f_{\rm c} = 23.1$ N/mm^2,$f_{\rm y} = 360$ N/mm^2,查表得 $\alpha_1 = 1.0$,$\beta_1 = 0.8$。假定 $\rho = 0.01$ 及 $b = 300$ mm,则

$$\xi = \rho \frac{f_{\rm y}}{\alpha_1 f_{\rm c}} = 0.01 \times \frac{360}{1.0 \times 23.1} = 0.156$$

令 $M = M_{\rm u}$

则由式 $M = \alpha_1 f_{\rm c} bx \left(h_0 - \frac{x}{2} \right) = \alpha_1 f_{\rm c} b\xi (1 - 0.5\xi) h_0^2$ 可得

$$\begin{aligned} h_0 &= \sqrt{\frac{M}{\alpha_1 f_{\rm c} b\xi (1 - 0.5\xi)}} \\ &= \sqrt{\frac{270 \times 10^6}{1.0 \times 23.1 \times 300 \times 0.156 \times (1 - 0.5 \times 0.156)}} \\ &= 520 \ {\rm mm} \end{aligned}$$

又环境类别为二类 a,混凝土强度等级为 C50 的梁的混凝土保护层最小厚度为 25 mm,取 $a = 45$ mm(预估箍筋直径为 10 mm),$h = h_0 + a = 520 + 45 = 565$ mm,实际取 $h = 600$ mm,$h_0 = 600 - 45 = 555$ mm

$$\alpha_{\rm s} = \frac{M}{\alpha_1 f_{\rm c} bh_0^2} = \frac{270 \times 10^6}{1.0 \times 23.1 \times 300 \times 555^2} = 0.126$$

$$\xi = 1 - \sqrt{1 - 2\alpha_{\rm s}} = 1 - \sqrt{1 - 2 \times 0.126} = 0.136$$

$$\gamma_{\rm s} = 0.5 \times (1 + \sqrt{1 - 2\alpha_{\rm s}}) = 0.5 \times (1 + \sqrt{1 - 2 \times 0.126}) = 0.932$$

$$A_{\rm s} = \frac{M}{f_{\rm y} \gamma_{\rm s} h_0} = \frac{270 \times 10^6}{360 \times 0.932 \times 555} = 1\,450 \ {\rm mm}^2$$

选配 5 Φ 20,$A_{\rm s} = 1\,570$ mm^2。见图 4 - 23。

验算适用条件:

(1)查表知 $\xi_{\rm b} = 0.518$,故 $\xi = 0.136 < \xi_{\rm b} = 0.518$,满足。

(2)$\rho = \dfrac{A_{\rm s}}{bh_0} = \dfrac{1\,570}{300 \times 555} = 0.943\% > \rho_{\min} \cdot \dfrac{h}{h_0} = 0.45 \dfrac{f_{\rm t}}{f_{\rm y}} \cdot \dfrac{h}{h_0}$

$= 0.45 \times \dfrac{1.89}{360} \times \dfrac{600}{555} = 0.255\%$,且 $\rho > 0.2\% \cdot \dfrac{h}{h_0} = 0.2\% \times \dfrac{600}{555}$

$= 0.216\%$,满足要求。

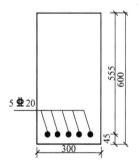

图 4 - 23　例题 4 - 4 梁截面配筋图

【例 4 - 5】　已知梁的截面尺寸为 $b \times h = 250$ mm $\times 450$ mm; 纵向受拉钢筋为 4 根直径为 16 mm 的 HRB400 级钢筋,$A_{\rm s} = 804$ mm^2;混凝土强度等级为 C40;承受的弯矩 $M = 95$ kN · m;环境类别为一类,混凝土实际

保护层厚度为 22 mm。

求:验算此梁截面是否安全。

【解】 $f_c = 19.1$ N/mm^2, $f_t = 1.71$ N/mm^2, $f_y = 360$ N/mm^2。$a = 22 + 16/2 + 10 = 40$ mm (预估箍筋直径为 10 mm), $h_0 = 450 - 40 = 410$ mm

$$\rho = \frac{A_s}{bh_0} = \frac{804}{250 \times 410} = 0.784\% > \rho_{min} \cdot \frac{h}{h_0} = 0.45 \frac{f_t}{f_y} \cdot \frac{h}{h_0} = 0.45 \times \frac{1.71}{360} \times \frac{450}{410} = 0.235\%$$

同时 $\rho > 0.2\% \times \dfrac{450}{410} = 0.220\%$

查表知,$\xi_b = 0.518$,

则 $\xi = \rho \dfrac{f_y}{\alpha_1 f_c} = 0.0078\,4 \times \dfrac{360}{1.0 \times 19.1} = 0.148 < \xi_b = 0.518$,满足适用条件。

由式(4-35)得

$$M_u = \alpha_1 f_c bh_0^2 \xi(1 - 0.5\xi) = 1.0 \times 19.1 \times 250 \times 410^2 \times 0.148 \times (1 - 0.5 \times 0.148)$$
$$= 110.0 \text{ kN} \cdot \text{m} > M = 95 \text{ kN} \cdot \text{m},安全。$$

4.5　双筋矩形截面受弯构件正截面受弯承载力的计算

单筋矩形截面梁配筋时,在正截面受拉区配置纵向受拉钢筋,在受压区配置纵向架立钢筋,并同箍筋一起绑扎成钢筋骨架。这里,位于受压区的纵向架立钢筋虽然受压,但对正截面受弯承载力的贡献很小,只起架立的作用,属于构造钢筋。在正截面受压区按计算配置钢筋,与混凝土一起承受压力的钢筋称为受压钢筋,从构造上受压钢筋也起架立作用。双筋是指同时按计算配置受拉钢筋和受压钢筋的情况,如图4-24所示。

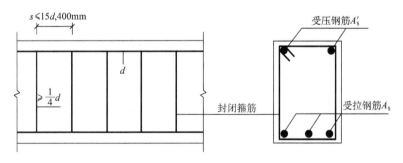

图4-24　受压钢筋及其箍筋直径和间距

工程中,通常在以下情况下采用双筋截面:

(1)当截面尺寸和材料强度受使用和施工条件的限制不能增加,而计算又不满足单筋截面的适用条件时,可在受压区配置钢筋以弥补混凝土受压能力的不足。此时,受压区的受压钢筋是协助混凝土受压。

(2)在荷载多种组合下,某一组合情况下截面承受正弯矩,另一种组合情况下承受负弯矩,这时可采用双筋截面。

4.5.1　双筋截面的特点

双筋截面受弯构件的受力阶段和破坏形态与单筋截面基本相似。

对受压钢筋的压应变,研究表明,混凝土的峰值应变与混凝土的强度等级和纵筋配筋率有关。为了安全并发挥受压钢筋的强度,对 C50 以下的混凝土,受压钢筋的压应变取 $\varepsilon'_s = 0.2\%$,则压应力 $\sigma'_s = E_s \varepsilon'_s = 400 \text{ N/mm}^2$,这对 400 MPa 级及其以下强度的钢筋能够满足这一要求。而对 500 MPa 级钢筋,压应变取为 $\varepsilon'_s = 0.236\%$,则其压应力 $\sigma'_s = E_s \varepsilon'_s = 472 \text{ N/mm}^2$,也能够满足要求。

为了保证受压钢筋强度能充分利用,受压钢筋的压应力 σ'_s 应满足上述要求,即亦应满足

$$x \geqslant 2a' \tag{4-41}$$

从正截面受弯承载力角度,配置受压钢筋不如配置受拉钢筋有效。所以,一般来说,正截面受弯构件中采用双筋是不经济的。为节省用钢量,设计时应尽量利用混凝土的抗压能力,取受压区高度 $x = \xi_b h_0$。但是,配受压钢筋也有以下有利作用。

(1)受压钢筋可限制受压区混凝土的徐变,减小构件在荷载长期作用下的徐变变形。

(2)受拉钢筋相同,配置受压钢筋的截面受压区高度小于仅配置受拉钢筋的截面受压区高度,配置受压钢筋可以提高截面的延性。在抗震结构中,为了保证框架梁具有足够的延性,要求配置一定比例的受压钢筋。

由于受压钢筋在纵向压力作用下易产生压曲而导致钢筋侧向凸出,将受压区保护层崩裂,使构件提前发生破坏,降低构件的承载力。因此,为了保证受压钢筋发挥作用,必须配置封闭箍筋防止受压钢筋的压曲,并限制其侧向凸出。箍筋的间距 s 不应大于 15 倍受压钢筋最小直径或 400mm;箍筋直径不应小于受压钢筋最大直径的 1/4(如图 4 - 24)。当受压钢筋多于 3 根时,应设复合箍筋。

4.5.2　双筋截面承载力的基本公式

在满足以上条件的情况下,如果受拉钢筋先屈服,则其破坏形态仍与单筋的适筋梁类似,具有较大延性。当 $\xi \leqslant \xi_b$ 时,双筋矩形截面达到受弯承载力极限状态时的计算公式为

$$\alpha_1 f_c bx + f'_y A'_s = f_y A_s \tag{4-42}$$

$$M_u = \alpha_1 f_c bx \left(h_0 - \frac{x}{2} \right) + f'_y A'_s (h_0 - a') \tag{4-43}$$

式中　f'_y——达到极限受弯承载力时受压钢筋 A'_s 的应力。

双筋截面的受弯承载力可分解为两部分之和(见图 4 - 25),$M_u = M_1 + M_2$,即上式可写成

$$\begin{cases} \alpha_1 f_c bx = f_y A_{s1} \\ M_1 = \alpha_1 f_c bx \left(h_0 - \dfrac{x}{2} \right) \end{cases} + \begin{cases} f'_s A'_s = f_y A_{s2} \\ M_2 = f'_y A'_s (h_0 - a') \end{cases}$$

第一部分,可以看作压区混凝土与部分受拉钢筋 A_{s1} 组成的单筋截面部分的受弯承载力 M_1;第二部分,可以看作与混凝土无关的受压钢筋 A'_s 与其余部分受拉钢筋 A_{s2} 组成的"纯钢筋截面"部分的受弯承载力 M_2,截面破坏形态不受 A_{s2} 配筋量的影响。

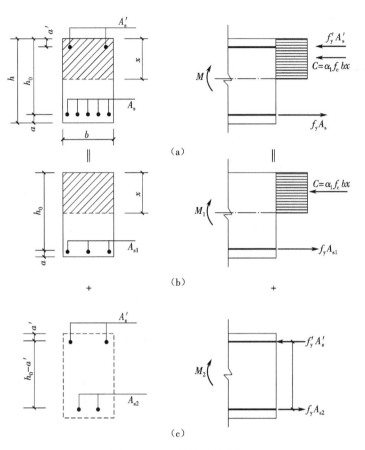

图 4-25　双筋截面的分解

4.5.3　适用条件

为防止超筋破坏,控制单筋截面部分不要形成超筋,需满足 $\xi \leqslant \xi_b$、$M_1 \leqslant \alpha_{s,max} \alpha_1 f_c b h_0^2$ 和 $A_{s1} \leqslant \rho_{max} b h_0$ 的条件。

为保证受压钢筋的强度能充分利用,应满足下列条件:

$$x \geqslant 2a' \tag{4-44}$$

双筋截面一般不会出现少筋破坏情况,故一般可不必验算最小配筋率。

需要注意的是,理论上可以提高 A'_s,从而提高双筋截面的受弯承载力,但是受压钢筋过多时会造成钢筋拥挤,施工困难,且不经济。所以,双筋截面中的受压钢筋用量应控制在合理的范围内。

4.5.4　双筋截面梁设计计算方法

1. 截面复核

利用双筋矩形截面基本公式进行截面复核计算时,截面尺寸 b、h、a 和 a',截面配筋 A_s 和 A'_s 以及材料强度 f_y、f'_y 和 f_c 已给定,只有受压区高度 x 和受弯承载力 M_u 两个未知数,故有唯一解。

（1）当 $\xi > \xi_b$ 时，可近似取单筋截面部分的受弯承载力 $M_1 = \alpha_{s,max}\alpha_1 f_c bh_0^2$，即此时的受弯承载力

$$M_u = \alpha_{s,max}\alpha_1 f_c bh_0^2 + f_y'A_s'(h_0 - a') \tag{4-45}$$

（2）当 $x < 2a'$ 时，可偏于安全地取 $x = 2a'$ 按下式计算 M_u：

$$M_u = f_y A_s(h_0 - a') \tag{4-46}$$

此时受压钢筋未达到其屈服强度 f_y'，受压钢筋与压区混凝土的总压力合力点位于受压钢筋截面形心以上，可近似取 $x = 2a'$，误差很小，是偏于安全的。

2. 截面设计

双筋截面的设计计算可分为两种情况。

（1）在截面尺寸 b、h、a 和 a'，材料强度 f_y、f_y' 和 f_c，以及弯矩设计值 M 已给定的情况下，计算截面配筋 A_s 和 A_s'。

先应判断是否有必要配置受压钢筋。当 $\alpha_s = \dfrac{M}{\alpha_1 f_c bh_0^2} > \alpha_{s,max}$ 时，表明需配置双筋，否则，可按单筋截面计算，此时未知数有三个：x、A_s 和 A_s'，基本公式（4-42）、（4-43）无唯一解。为经济配筋和设计方便，可按总用钢量（$A_s + A_s'$）最小的原则来确定配筋。为设计、施工方便，一般情况下，取 $f_y = f_y'$，则由基本公式可得

$$A_s + A_s' = \frac{f_c}{f_y}\alpha_1 b\xi h_0 + 2\frac{M - \alpha_1 f_c bh_0^2\xi(1 - 0.5\xi)}{f_y(h_0 - a')} \tag{4-47}$$

上式对 ξ 求导，并令 $\dfrac{d(A_s + A_s')}{d\xi} = 0$，可得 $\xi = 0.5\left(1 + \dfrac{a'}{h_0}\right) \approx 0.55$。对 HRB400 级钢筋，$\xi_b \leqslant 0.55$，故在实际计算中，可直接取 $\xi = \xi_b$ 计算，即取 $M_1 = \alpha_{s,max}\alpha_1 f_c bh^2$ 来进行计算。另一方面，在充分利用混凝土受压能力的基础上再配置受压钢筋，可使用钢量较少。因此 $M_2 = M - M_1 = M - \alpha_{s,max}\alpha_1 f_c bh_0^2$，由式（4-45）可得受压钢筋面积

$$A_s' = \frac{M - \alpha_{s,max}\alpha_1 f_c bh_0^2}{f_y'(h_0 - a')} \tag{4-48}$$

由式（4-42）可得总受拉钢筋面积

$$A_s = \frac{\alpha_1 f_c b\xi_b h_0}{f_y} + \frac{f_y'}{f_y}A_s' \tag{4-49}$$

（2）截面尺寸 b、h、a 和 a'，材料强度 f_y、f_y' 和 f_c，弯矩设计值 M 均已知，且受压钢筋 A_s' 也给定（工程中，由异号弯矩求得的受拉钢筋或由构造要求给定所必须设置的），要求计算确定受拉钢筋 A_s。此时，未知数仅有两个：x 和 A_s，基本公式（4-42）和（4-43）有唯一解。计算步骤如下：

① 由给定的 A_s' 确定 $M_2 = f_y'A_s'(h_0 - a')$；

② 确定 $M_1 = M - M_2$ 由单筋部分承担，计算 $\alpha_s = \dfrac{M_1}{\alpha_1 f_c bh_0^2}$；

③ 如果 $\alpha_s < \alpha_{s,max}$，且 $\gamma_s = 0.5(1 + \sqrt{1 - 2\alpha_s}) \leqslant \dfrac{h_0 - a'}{h_0}$，则满足式（4-30）和式（4-41）

的条件;

④计算受拉钢筋面积 $A_s = \dfrac{M_1}{f_y \gamma_s h_0} + \dfrac{f_y'}{f_y} A_s'$。

验算适用条件,如果 $\alpha_s > \alpha_{s,max}$,表明给定的受压钢筋 A_s' 尚不足,会形成超筋截面,故需要按前述 A_s' 为未知的情况重新计算。如果 $x < 2a'$,如前所述的道理,按 $A_s = \dfrac{M}{f_y(h_0-a')}$ 确定受拉钢筋面积。

【例4-6】 已知梁的截面尺寸为 $b \times h = 200\,mm \times 500\,mm$,混凝土强度等级为C40,采用 HRB400 级钢筋,截面弯矩设计值 $M = 350\,kN \cdot m$,环境类别为一类。

求:所需受拉和受压钢筋截面面积 A_s、A_s'。

【解】 $f_c = 19.1\,N/mm^2$,$f_y = f_y' = 360\,N/mm^2$,$\alpha_1 = 1.0$,$\beta_1 = 0.8$。假定受拉钢筋放两排,设 $a = 70\,mm$(预估箍筋直径为 10 mm),则 $h_0 = h - a = 500 - 70 = 430\,mm$

$$\alpha_s = \frac{M}{\alpha_1 f_c b h_0^2} = \frac{350 \times 10^6}{1 \times 19.1 \times 200 \times 430^2} = 0.496$$

$$\xi = 1 - \sqrt{1 - 2\alpha_s} = 0.905 > \xi_b = 0.518$$

这就说明,如果设计成单筋矩形截面,将会出现 $x > \xi_b h_0$ 的超筋情况。若不能加大截面尺寸,又不能提高混凝土强度等级,则应设计成双筋矩形截面。

取 $\xi = \xi_b$,由式(4-35)得

$$\begin{aligned} M_{u1} &= \alpha_1 f_c b h_0^2 \xi_b (1 - 0.5\xi_b) \\ &= 1.0 \times 19.1 \times 200 \times 430^2 \times 0.518 \times (1 - 0.5 \times 0.518) \\ &= 271.11\,kN \cdot m \end{aligned}$$

$$A_s' = \frac{M - M_{u1}}{f_y'(h_0 - a')} = \frac{350 \times 10^6 - 271.11 \times 10^6}{360 \times (430 - 40)} = 561.9\,mm^2$$

由式(4-49)得

$$\begin{aligned} A_s &= \xi_b \frac{\alpha_1 f_c b h_0}{f_y} + A_s' \frac{f_y'}{f_y} = 0.518 \times \frac{1.0 \times 19.1 \times 200 \times 430}{360} + 561.9 \times \frac{360}{360} \\ &= 2926\,mm^2 \end{aligned}$$

受拉钢筋选用 6 ⌀ 25 mm 的钢筋,$A_s = 2\,945\,mm^2$。受压钢筋选用 2 ⌀ 20 mm 的钢筋,$A_s' = 628\,mm^2$。

【例4-7】 已知条件同例4-6,即已知梁的截面尺寸为 $b \times h = 200\,mm \times 500\,mm$,混凝土强度等级为C40,采用 HRB400 级钢筋,在受压区已配置 3 ⌀ 20 mm 的钢筋,$A_s' = 941\,mm^2$,截面弯矩设计值 $M = 350\,kN \cdot m$,环境类别为一类。

求:所需受拉钢筋截面面积 A_s。

【解】 $A_{s2} = A_s' = 941\,mm^2$,由 $f_y A_{s2}$ 与 $f_y' A_s'$ 构成的抵抗弯矩 $M_{u2} = f_y' A_s'(h_0 - a') = 360 \times 941 \times (430 - 40) = 132.12 \times 10^6$

则 $M_{u1} = M - M_{u2} = 350 \times 10^6 - 132.12 \times 10^6 = 217.88 \times 10^6$

已知 M_{u1} 后,就按单筋矩形截面求 A_{s1}。设 $a = 70\,mm$,$h_0 = 500 - 70 = 430\,mm$

$$\alpha_{\mathrm{s}} = \frac{M_{\mathrm{u1}}}{\alpha_1 f_{\mathrm{c}} b h_0^2} = \frac{217.88 \times 10^6}{1.0 \times 19.1 \times 200 \times 430^2} = 0.308$$

$\xi = 1 - \sqrt{1 - 2\alpha_{\mathrm{s}}} = 1 - \sqrt{1 - 2 \times 0.308} = 0.381 < \xi_{\mathrm{b}} = 0.518$，满足适用条件。

$x = \xi h_0 = 0.381 \times 430 = 164$ mm $> 2a' = 80$ mm，满足适用条件。

$\gamma_{\mathrm{s}} = 0.5(1 + \sqrt{1 - 2\alpha_{\mathrm{s}}}) = 0.5 \times (1 + \sqrt{1 - 2 \times 0.308}) = 0.809$

$$A_{\mathrm{s1}} = \frac{M_{\mathrm{u1}}}{f_{\mathrm{y}} \gamma_{\mathrm{s}} h_0} = \frac{217.88 \times 10^6}{360 \times 0.809 \times 430} = 1\ 740\ \mathrm{mm}^2$$

最后得

$$A_{\mathrm{s}} = A_{\mathrm{s1}} + A_{\mathrm{s2}} = 941 + 1\ 740 = 2681\ \mathrm{mm}^2$$

选用 3 $\underline{\Phi}$ 22 + 3 $\underline{\Phi}$ 25 mm 的钢筋，$A_{\mathrm{s}} = 2\ 613$ mm，与计算值相差在 5% 以内，符合要求。

【例 4 - 8】　已知混凝土等级 C30；采用 HRB400 级钢筋；环境类别为一类，受拉钢筋一侧混凝土实际保护层厚度为 36 mm，梁截面尺寸为 200 mm × 400 mm；受拉钢筋为 3 $\underline{\Phi}$ 25 的钢筋，$A_{\mathrm{s}} = 1\ 473\ \mathrm{mm}^2$；受压钢筋为 2 $\underline{\Phi}$ 16 的钢筋，$A_{\mathrm{s}}' = 402\ \mathrm{mm}^2$；要求承受的弯矩设计值 $M = 95$ kN·m。

求：验算此截面是否安全。

【解】　$f_{\mathrm{c}} = 14.3\ \mathrm{N/mm}^2, f_{\mathrm{y}} = f_{\mathrm{y}}' = 360\ \mathrm{N/mm}^2,$

$a = 36 + \dfrac{25}{2} + 10 = 58.5$ mm，（预估箍筋直径为 10 mm），取 $a = 60$ mm，$a' = 45$

$h_0 = 400 - 60 = 340$ mm，

由式 $\alpha_1 f_{\mathrm{c}} b x + f_{\mathrm{y}}' A_{\mathrm{s}}' = f_{\mathrm{y}} A_{\mathrm{s}}$，得

$$x = \frac{f_{\mathrm{y}} A_{\mathrm{s}} - f_{\mathrm{y}}' A_{\mathrm{s}}'}{\alpha_1 f_{\mathrm{c}} b} = \frac{360 \times 1\ 473 - 360 \times 402}{1.0 \times 14.3 \times 200}$$

$$= 134.81\ \mathrm{mm} < \xi_{\mathrm{b}} h_0 = 0.518 \times 340 = 176.12\ \mathrm{mm}$$

$$> 2a' = 2 \times 45 = 90\ \mathrm{mm}$$

代入式(4 - 43)，得

$$M_{\mathrm{u}} = \alpha_1 f_{\mathrm{c}} b x \left(h_0 - \frac{x}{2} \right) + f_{\mathrm{y}}' A_{\mathrm{s}}' (h_0 - a')$$

$$= 1.0 \times 14.3 \times 200 \times 134.81 \times \left(340 - \frac{134.81}{2} \right) + 360 \times 402 \times (340 - 45)$$

$$= 145.62 \times 10^6\ \mathrm{N \cdot mm} > 95 \times 10^6\ \mathrm{N \cdot mm}$$

故安全。

注意，在混凝土结构设计中，凡是正截面承载力复核题，都必须求出混凝土受压区高度 x 值。

4.6　T 形截面受弯承载力计算

4.6.1　概述

受弯钢筋破坏时，大部分受拉区混凝土已退出工作，从梁的正截面受弯承载力的角度，

可以将受拉区的一部分混凝土挖去,将原有纵向受拉钢筋集中布置在梁肋中,从而形成 T 形截面,这样形成的 T 形截面梁的承载力计算与原矩形截面的承载力计算相同,而且可以节约混凝土,减轻自重,对受弯承载力没有影响。

若受拉钢筋较多,为便于布置钢筋,可将截面下部适当增大,形成工字形截面(见图 4-26(b)),由于计算中不考虑混凝土受拉区翼缘的作用,工字形截面的受弯承载力的计算仍与 T 形截面的受弯承载力计算相同。

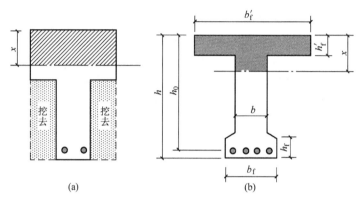

图 4-26　T 形截面与工字形截面
(a)T 形截面　(b)工字形截面

工程结构中,常见的 T 形截面的构件有现浇肋形楼盖中的主、次梁,T 形吊车梁,薄腹梁,槽形板等;箱形截面、空心楼板、桥梁中的梁等可看作工字形截面的构件。

需要注意,如图 4-27 所示的连续梁,T 形截面在负弯矩区段时,由于翼缘在受拉区,计算中仍应按矩形截面计算;只有翼缘位于受压区的正弯矩区段,才按 T 形截面计算。

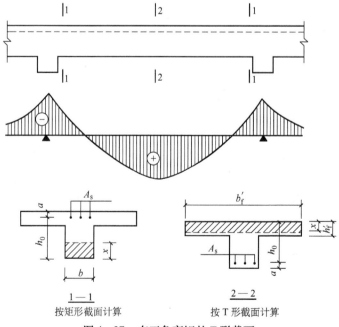

图 4-27　有正负弯矩的 T 形截面

　　显然,T 形截面的受压翼缘越大,对截面受弯越有利。但是试验和理论分析表明,整个受压翼缘混凝土的压应力分布是不均匀的,翼缘处的压应力与腹板处受压区的压应力相比,存在应力滞后现象,且离腹板越远,滞后程度越大(见图 4 - 28(a))。截面计算时,为简化计算,考虑受压翼缘压应力不均匀分布的影响,采用有效翼缘宽度 b'_f(翼缘计算宽度),即假定 b'_f 范围以内的压应力是均匀分布的(见图 4 - 28(b)),b'_f 范围以外部分的翼缘则不考虑。翼缘计算宽度 b'_f 与翼缘厚度 h'_f、梁的跨度 l_0、受力条件(单独梁、整浇肋形楼盖梁)等因素有关。《混凝土结构设计标准》对翼缘计算宽度 b'_f 的取值规定如图 4 - 29 和表 4 - 5 所示,计算时 b'_f 应取表 4 - 5 中计算结果的最小值。

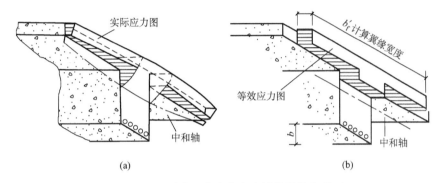

图 4 - 28　T 形截面应力分布和计算翼缘宽度 b'_f

(a)受压区实际应力图形　(b)受压区计算应力图形

表 4 - 5　翼缘计算宽度 b'_f

情　况			T 形、工形截面		倒 L 形截面
			肋形梁(板)	独立梁	肋形梁(板)
1	按计算跨度 l_0 计算		$l_0/3$	$l_0/3$	$l_0/6$
2	按梁(肋)净距 S_n 考虑		$b + S_n$	—	$b + S_n/2$
3	按翼缘高度 h'_f 考虑	$h'_f/h_0 \geq 0.1$	—	$b + 12h'_f$	—
		$0.1 > h'_f/h_0 \geq 0.05$	$b + 12h'_f$	$b + 6h'_f$	$b + 5h'_f$
		$h'_f/h_0 < 0.05$	$b + 12h'_f$	b	$b + 5h'_f$

注:(1)表中 b 为梁的腹板宽度。

　　(2)如肋形梁在梁跨内设有间距小于纵肋间距的横肋时,可不考虑表中情况 3 的规定。

　　(3)加肋的 T 形、I 形截面和倒 L 形截面,当受压区加肋的高度 $h_h \leq h'_f$ 且加肋的宽度 $b_h \leq 3h_h$ 时,其翼缘计算宽度可按表中情况 3 的规定分别增加 $2b_h$(T 形截面、工形截面)和 b_h(倒 L 形截面)。

　　(4)独立梁受压区的翼缘板在荷载作用下经验算沿纵肋方向可能产生裂缝时,其计算宽度应取腹板宽度 b。

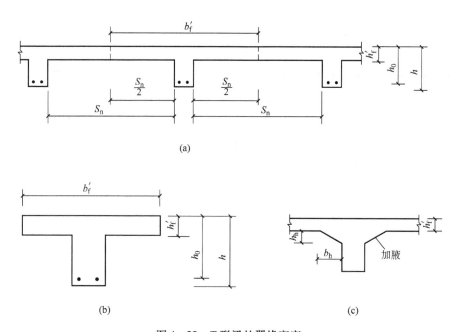

(a)

(b)　　　　　　　　　　　　　　　(c)

图 4-29　T 形梁的翼缘宽度

(a)肋形梁;(b)独立梁;(c)加腋梁

4.6.2　两类 T 形截面及其判别

采用有效翼缘宽度后,T 形截面受压区混凝土的应力分布仍可按等效矩形应力来考虑。根据混凝土受压区高度 x 的大小,可将 T 形截面分为两类:

(1)第一类 T 形截面,混凝土受压区高度在翼缘内,即 $x \leqslant h'_f$,受压区为矩形(图 4-30 (a));

(2)第二类 T 形截面,混凝土受压区进入腹板,即 $x > h'_f$,受压区为 T 形(图 4-30(c))。

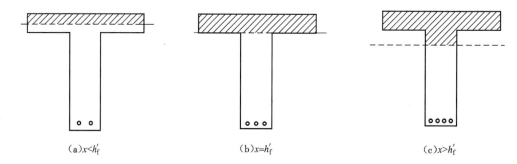

$(a)x < h'_f$　　　　　　$(b)x = h'_f$　　　　　　$(c)x > h'_f$

图 4-30　两类 T 形截面

(a)第一类 T 形截面;(b)界限情况;(c)第二类 T 形截面

鉴别 T 形截面属于哪一种类型,首先看两类 T 形截面的界限情况为 $x = h'_f$(图 4-30 (b)),此时的截面受弯承载力记为 M'_f,相应截面平衡方程为

$$\alpha_1 f_c b'_f h'_f = f_y A_s \tag{4-50}$$

$$M'_f = \alpha_1 f_c b'_f h'_f \left(h_0 - \frac{h'_f}{2} \right) \tag{4-51}$$

显然,如果 $f_y A_s \leqslant \alpha_1 f_c b'_f h'_f$ 或 $M \leqslant \alpha_1 f_c b'_f h'_f \left(h_0 - \dfrac{h'_f}{2} \right)$,则 $x \leqslant h'_f$,属于第一种类型;反之,如果

$f_y A_s > \alpha_1 f_c b'_f h'_f$ 或 $M > \alpha_1 f_c b'_f h'_f \left(h_0 - \dfrac{h'_f}{2} \right)$,则 $x > h'_f$,属于第二种类型。

4.6.3　T 形截面梁受弯承载力计算

1. 第一类 T 形截面的设计计算

第一类 T 形截面的受压区为一个矩形,相对于宽度为 b'_f 的单筋矩形截面,其计算公式与宽度等于 b'_f 的矩形截面相同(如图 4-31)。当仅配置受拉钢筋时,基本计算公式为

$$\alpha_1 f_c b'_f x = f_y A_s \tag{4-52}$$

$$M = \alpha_1 f_c b'_f x \left(h_0 - \frac{x}{2} \right) \tag{4-53}$$

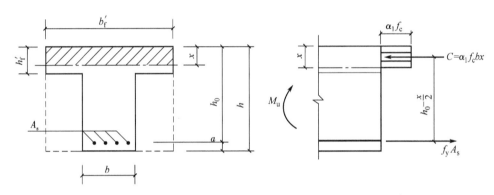

图 4-31　第一类 T 形截面受弯承载力计算简图

为防止超筋脆性破坏,应满足 $\xi \leqslant \xi_b$。因为第一类 T 形截面的 $x \leqslant h'_f$,适用条件一般能满足。

为防止少筋脆性破坏,受拉钢筋截面面积应满足 $A_s \geqslant \rho_{\min} bh$。

需要注意的是,受弯承载力按 $b'_f \times h$ 的矩形截面计算,而最小配筋截面面积要按 $\rho_{\min} bh$ 计算,而不是 $\rho_{\min} b'_f h$,见图 4-26(b)。这是因为最小配筋率是按 $M_u = M_{cr}$ 的条件确定的,而开裂弯矩 M_{cr} 主要取决于受拉区混凝土的面积,T 形截面的开裂弯矩与具有同样腹板宽度 b 的矩形截面基本相同。对工形和倒 T 形截面,则受拉钢筋面积应满足

$$A_s \geqslant \rho_{\min} [bh + (b_f - b) h_f] \tag{4-54}$$

第一类 T 形截面的设计计算方法与矩形截面类似。

2. 第二类 T 形截面的设计计算

第二类 T 形截面的计算,中和轴在腹板中,截面受压区为 T 形。

两个基本计算公式为

$$\alpha_1 f_c bx + \alpha_1 f_c (b'_f - b) h'_f = f_y A_s \tag{4-55}$$

$$M_u = \alpha_1 f_c bx \left(h_0 - \frac{x}{2} \right) + \alpha_1 f_c (b'_f - b) h'_f \left(h_0 - \frac{h'_f}{2} \right) \tag{4-56}$$

将 A_s 分成如图(4-32)的两种情况,$A_s = A_{s1} + A_{s2}$,$M_u = M_{u1} + M_{u2}$,则

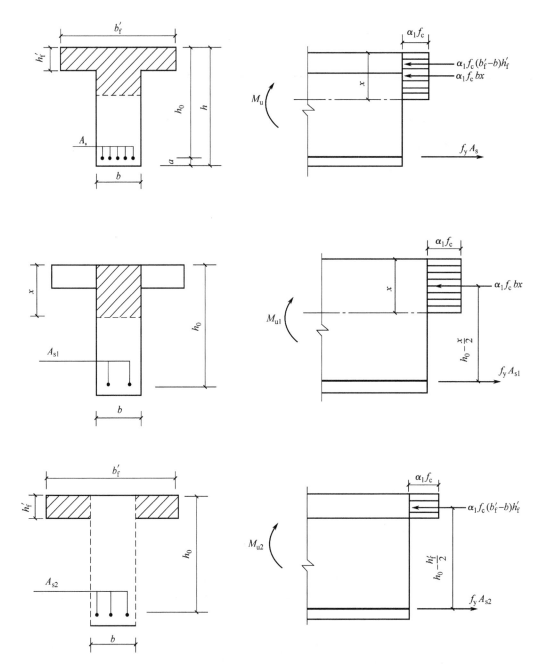

图 4-32　第二类 T 形截面梁的受弯承载力计算简图

$$\alpha_1 f_c bx + \alpha_1 f_c (b_f' - b) h_f' = f_y (A_{s1} + A_{s2}) \qquad (4-57)$$

$$M_u = M_{u1} + M_{u2} \qquad (4-58)$$

其中

$$f_y A_{s1} = \alpha_1 f_c bx \qquad (4-59)$$

$$f_y A_{s2} = \alpha_1 f_c (b_f' - b) h_f' \qquad (4-60)$$

$$M_{u1} = \alpha_1 f_c bx \left(h_0 - \frac{x}{2} \right) \qquad (4-61)$$

$$M_{u2} = \alpha_1 f_c (b_f' - b) h_f' \left(h_0 - \frac{h_f'}{2} \right) \qquad (4-62)$$

在计算时，M_{u2} 和 A_{s2} 是已知的，则 $M_{u1} = M_u - M_{u2}$，然后按承受弯矩 M_{u1} 的单筋矩形截面求出 A_{s1}，再求出 $A_s = A_{s1} + A_{s2}$。

与双筋截面类似，为防止超筋脆性破坏，其单筋矩形截面部分应满足式(4-30)$\xi \le \xi_b$、$\rho \le \rho_b$ 和 $M \le \alpha_{s,max} \cdot \alpha_1 f_c b h_0^2$ 的条件。为防止少筋脆性破坏，截面总配筋面积应满足 $A_s \ge \rho_{min} bh$，对于第二类 T 形截面，该条件一般能满足。

【例 4-9】　已知一肋梁楼盖的次梁，弯矩设计值 $M = 410$ kN·m，梁的截面尺寸为 $b \times h = 200\ mm \times 600\ mm$，$b_f' = 1\ 000\ mm$，$h_f' = 90\ mm$，混凝土等级为 C35，采用 HRB400 级钢筋，环境类别为一类。求：受拉钢筋截面面积 A_s。

【解】　$f_c = 16.7\ N/mm^2$，$f_y = f_y' = 360\ N/mm^2$，$\alpha_1 = 1.0$，$\beta_1 = 0.8$

鉴别类型：因弯矩较大，截面宽度 b 较窄，预计受拉钢筋需排成两排，故取

$h_0 = h - a = 600 - 70 = 530$ mm（预估箍筋直径为 10 mm）

$$\alpha_1 f_c b_f' h_f' \left(h_0 - \frac{h_f'}{2} \right) = 1.0 \times 16.7 \times 1\ 000 \times 90 \times \left(530 - \frac{90}{2} \right)$$
$$= 729 \times 10^6 > 410 \times 10^6$$

属于第一种类型的 T 形梁。以 b_f' 代替 b，可得

$$\alpha_s = \frac{M}{a_1 f_c b_f' h_0^2} = \frac{410 \times 10^6}{1 \times 16.7 \times 1\ 000 \times 530^2} = 0.0874$$

$$\xi = 1 - \sqrt{1 - 2\alpha_s} = 0.092 < \xi_b = 0.518$$

$$\gamma_s = 0.5 \times (1 + \sqrt{1 - 2\alpha_s}) = 0.954$$

$$A_s = \frac{M}{f_y \gamma_s h_0} = \frac{410 \times 10^6}{360 \times 0.954 \times 530} = 2\ 252\ mm^2$$

选用 6 Φ 22，$A_s = 2\ 281\ mm^2$。

【例 4-10】　已知弯矩 $M = 650$ kN·m，混凝土等级为 C30，采用 HRB400 级钢筋，梁的截面尺寸为 $b \times h = 300\ mm \times 700\ mm$，$b_f' = 600\ mm$，$h_f' = 120\ mm$，环境类别为一类。求：所需的受拉钢筋截面面积 A_s。

【解】　$f_c = 14.3\ N/mm^2$，$f_y = f_y' = 360\ N/mm^2$，$\alpha_1 = 1.0$，$\beta_1 = 0.8$

鉴别类型：假设受拉钢筋排成两排，故取

$h_0 = h - a = 700 - 70 = 630$ mm（预估箍筋直径为 10 mm）

$$a_1 f_c b_f' h_f' \left(h_0 - \frac{h_f'}{2} \right) = 1.0 \times 14.3 \times 600 \times 120 \times \left(630 - \frac{120}{2} \right) = 586.87 \times 10^6 < 650 \times 10^6$$

属于第二种类型的 T 形截面。

$$M_2 = a_1 f_c (b_f' - b) h_f' \left(h_0 - \frac{h_f'}{2} \right)$$

$$= 1.0 \times 14.3 \times (600 - 300) \times 120 \times \left(630 - \frac{120}{2} \right)$$

$$= 293.44 \times 10^6$$

而

$$M_1 = M - M_2 = 650 \times 10^6 - 293.44 \times 10^6 = 356.56 \times 10^6$$

$$\alpha_s = \frac{M_1}{\alpha_1 f_c b h_0^2} = \frac{356.56 \times 10^6}{1.0 \times 14.3 \times 300 \times 630^2} = 0.209$$

$$\xi = 1 - \sqrt{1 - 2\alpha_s} = 0.238 < \xi_b = 0.518$$

$$\gamma_s = 0.5 \times (1 + \sqrt{1 - 2\alpha_s}) = 0.881$$

$$A_{s1} = \frac{M_1}{f_y \gamma_s h_0} = \frac{356.56 \times 10^6}{360 \times 0.881 \times 630} = 1\ 784\ \text{mm}^2$$

$$A_{s2} = \frac{\alpha_1 f_c (b_f' - b) h_f'}{f_y} = \frac{1.0 \times 14.3 \times (600 - 300) \times 120}{360} = 1\ 430\ \text{mm}^2$$

$$A_s = A_{s1} + A_{s2} = 1\ 784 + 1\ 430 = 3\ 214\ \text{mm}^2$$

选配 7 Φ 25，$A_s = 3\ 436\ \text{mm}^2$。

思考题

1. 了解梁的工作状态的截面应力状态；适筋梁从第 I 阶段过渡到第 II 阶段、从第 II 阶段过渡到第 III 阶段的标志是什么？为什么把梁受力的第 III 阶段称为屈服阶段？它的含义是什么？

2. 超筋梁、少筋梁和适筋梁的破坏各有何特点？试比较它们之间的区别？什么是界限破坏？决定梁截面破坏形式的主要因素是什么？

3. 什么是延性破坏？什么是脆性破坏？工程中为什么要设计成适筋梁？

4. 受弯梁的正截面承载力计算的基本假定有哪些？

5. 为什么要规定梁的最大配筋率和最小配筋率？它们是如何确定的？

6. 受压区混凝土等效矩形应力图是根据什么条件，如何从混凝土受压区的实际应力图形简化得来的？特征值 α_1, β_1 的物理意义是什么？各与哪些因素有关？

7. 什么是相对受压区高度 ξ？什么是界限相对受压区高度 ξ_b？界限相对受压区高度 ξ_b 主要与哪些因素有关？画出界限破坏时的应变分布图，写出 ξ_b 的表达式。

8. 画出单筋矩形截面梁正截面承载力计算时的计算简图。写出计算公式和适用条件。为什么要规定适用条件？说明适用条件的意义。

9. 什么是受弯构件纵向钢筋配筋率？什么是最大配筋率？什么是最小配筋率？它们是如何确定的？

10. 单筋矩形截面梁正截面承载力计算分哪两类问题？有哪两种解法？一般假定的未知数是哪两个？

11. α_s, γ_s, ξ 的物理意义是什么？α_s, γ_s 随 ξ 的变化规律是什么？

12. 条件 $M \leqslant \alpha_{s\,max}\alpha_1 f_c bh_0^2$ 说明什么？

13. 受压钢筋在梁中起什么作用？受压钢筋 A'_s 的抗压设计强度 f'_y 得到充分利用的条件是什么？

14. 双筋矩形截面梁适用于哪些范围？双筋矩形截面梁比单筋矩形截面梁多一个未知数 A'_s，一般采用什么方法解决？

15. 画出双筋矩形截面梁正截面承载力计算时的计算简图，写出基本平衡方程和适用条件，说明适用条件的意义。

16. 已知截面尺寸和受压钢筋面积时，求双筋矩形截面受拉钢筋面积有哪两种解法？熟悉计算步骤和公式。

17. 双筋矩形截面受弯构件不满足适用条件 $x > 2a'$ 时应按什么公式计算正截面受弯承载力？为什么？

18. 梁内布置纵向受力钢筋时，对其净距、保护层厚度和锚固有哪些要求？梁的架立钢筋和板的分布钢筋起什么作用？

19. T 形梁的翼缘计算宽度为什么是有限的？怎样判别 T 形截面的类型？

20. 第一类 T 形截面梁如何计算？第二类 T 形截面梁有哪两种解法？试画出计算简图，写出受弯承载力计算步骤、计算公式和适用条件。比较第二类 T 形截面梁与双筋矩形截面梁受弯承载力计算公式的异同点。

第5章 受弯构件斜截面承载力

5.1 概 述

钢筋混凝土受弯构件除受到弯矩作用外,还有剪力作用,所以除了会发生正截面破坏外,也有可能会沿斜裂缝发生斜截面破坏。在荷载作用下,梁会发生正截面破坏还是斜截面破坏,主要取决于荷载的大小、作用位置以及结构的构造和强度。实际工程中,剪力很少单独作用于结构构件上,大多数情况是剪力与弯矩,或者剪力、弯矩、轴向力或扭矩共同作用于结构构件,构件因剪力发生斜截面破坏时必然受到弯矩作用的影响,因此,剪力和弯矩共同作用下的斜截面承载力是研究的主要内容。

受弯构件的抗剪能力很大程度取决于混凝土的抗拉强度和抗压强度,因此构件剪切破坏时延性小,通常是脆性的,并且斜裂缝产生后构件中应力状态很复杂,传统匀质弹性体中剪应力的平截面假定不再适用。

为了防止受弯构件沿斜裂缝发生破坏,除了要求构件有合理的截面尺寸外,如图5-1所示,通常配置一定的箍筋与纵筋和架立钢筋组成刚劲的骨架,箍筋的作用是承受主拉应力,阻止斜裂缝开展。当构件承受的剪力较大时,通过计算,可以在弯矩较小的区段把纵筋弯起(称为弯起钢筋),或者采用单独放置的斜钢筋防止斜截面破坏,箍筋和弯起钢筋统称为腹筋。

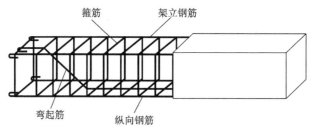

图5-1 箍筋和弯起钢筋

5.2 无腹筋梁的受剪性能

5.2.1 斜裂缝的形成

无腹筋梁的斜截面破坏发生在剪力和弯矩共同作用的区段。图5-2(a)表示梁体内的主应力轨迹线的分布。图5-2(b)、(c)为只配置受拉主筋的混凝土简支梁在集中荷载作用下的弯矩图和剪力图,取梁的微元体,如图5-2(d),则存在主压应力和主拉应力。当荷载较小,裂缝出现以前,可以把钢筋混凝土梁视作匀质弹性体,按材料力学的方法进行分析。随着荷载增加,当主拉应力值超过复合受力下混凝土抗拉极限强度时,首先在梁的剪拉区底部出现垂直裂缝,而后在垂直裂缝的顶部沿着与主拉应力垂直的方向向集中荷载作用点发展,当荷载增加到一定程度时,在几条斜裂缝中形成一条主要斜裂缝。此后,随荷载继续增加,剪压区高度不断减小,剪压区的混凝土在剪应力和压应力共同作用下,达到复合应力状态下的极限强度,导致梁失去承载能力而破坏。显然梁出现裂缝后,其内力分布开始变化,材料力学的匀质弹性体受力分析方法已不适用。

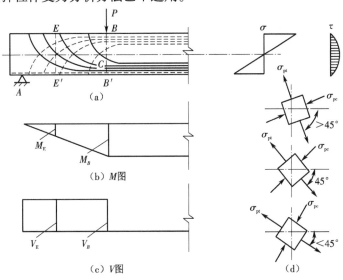

图 5-2　梁的内力及主应力分布

在梁的剪拉区底部出现裂缝后,与斜裂缝相交处的纵筋会产生销栓力阻止斜裂缝扩展,另外,在斜裂缝开展过程中形成的各块体发生剪移,由于沿斜裂缝两侧交互面凹凸不平,会产生骨料咬合力,这两种力对梁的斜截面抗剪强度有一定的提高作用,但是影响比较小。

5.2.2　影响梁斜截面受剪承载力的主要因素

影响无腹筋简支梁斜截面承载力的主要因素有剪跨比、混凝土强度和纵筋配筋率。

1. 剪跨比的影响

如图 5-2(d),无腹筋梁的斜截面破坏与截面的主压应力和主拉应力有很大的关系,也就是说,与截面正应力 σ 和剪应力 τ 的比值有关,截面正应力和剪应力分别与弯矩 M 和剪力 V 成正比,可以用参数——剪跨比 λ 反映这一关系。对集中荷载作用下的梁(如图 5-3),剪跨比与几何尺寸"剪跨"a(从支座到第一个集中荷载的距离)和截面有效高度 h_0 有关,可以用 a 和 h_0 表示,其实质也反映了正应力 σ 和剪应力 τ 的关系。

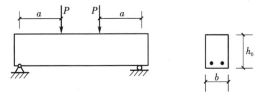

图 5-3　梁的剪跨关系

剪跨比既可以表示为截面的弯矩与剪力的比值,对集中荷载作用下的梁,又可以表示为"剪跨"与截面有效高度的比值。剪跨比 λ 定义为

$$\lambda = \frac{M}{Vh_0} = \frac{V \cdot a}{V \cdot h_0} = \frac{a}{h_0} \tag{5-1}$$

剪跨比是影响梁的斜截面承载力的主要因素之一。如前所述,它可以决定斜截面破坏的形态。剪跨比由小到大变化时,破坏形态从斜压型向剪压型,到斜拉型过渡。图5-4表示不同剪跨比的无腹筋梁的破坏形态和名义剪应力 $V/(f_t b h_0)$ 的关系。随着剪跨比 λ 增大,破坏时的名义剪应力值减小。由图不难看出,当剪跨比较小时,λ 对抗剪承载力的影响较大,随着剪跨比增大,λ 对抗剪承载力的影响减弱,名义剪应力与剪跨比大致呈双曲线关系。

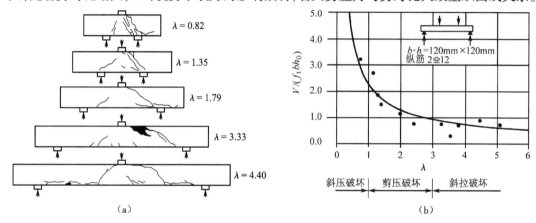

图5-4　剪跨比对受剪承载力的影响
(a)破坏形态　(b)名义剪应力

2. 混凝土强度的影响

无论是发生斜拉破坏还是剪压破坏和斜压破坏,无腹筋梁的受剪承载力都与混凝土的强度有密切的关系。图5-5为截面尺寸及纵筋量相同,剪跨比及混凝土强度不同的五组无腹筋梁的试验结果。试验表明,在同一剪跨比的条件下,抗剪强度随混凝土强度的提高而增大。不同剪跨比的梁,其破坏形态不同,抗剪强度取决于混凝土的抗压或抗拉强度。随着混凝土强度的提高,抗剪强度的提高幅度有较大差别,且大剪跨比的情况下,抗剪强度随混凝土强度的提高而增加的速率低于小剪跨比的情况。需要说明的是,图5-5中,抗剪强度和混凝土抗压强度只是大致呈线性关系。研究分析表明,考虑高强混凝土,抗剪强度和混凝土抗压强度并不是严格的线性关系,并且混凝土抗压强度越高,二者的线性关系越不明显。同时,高强混凝土抗拉强度的提高也不像抗压强度的提高那么明显。如果用混凝土抗压强度作为指标反映对抗剪强度的影响,对高强混凝土有可能会过高地估计抗剪强度。不同国家的设计规范在反映混凝土强度对抗剪能力的影响时,有采用混凝土抗压强度的,也有采用混凝土抗拉强度的,我国规范采用的是混凝土抗拉强度。当采用混凝土抗压强度时,特别是对高强混凝土,通常应进行修正。

3. 纵筋配筋率的影响

纵筋对抗剪强度的影响主要是直接在横截面承受一定剪力,发挥"销栓"作用。同时,纵筋对梁的斜截面承载力也有一定影响,纵筋能抑制斜裂缝的发展,增大斜裂缝间交互面的剪力传递,增加纵筋量能加大混凝土剪压区高度,从而间接提高梁的抗剪能力。图5-6表示纵筋配筋率 ρ 对斜截面承载力(名义剪应力)的影响。从图中可以看出,纵筋配筋率对斜截面承载力的影响程度随剪跨比而不同,纵筋配筋率和名义剪应力大体呈线性关系。大剪跨比($\lambda > 3$)时,由于容易产生撕裂裂缝,使纵筋的"销栓"作用减弱,纵筋对名义剪应力(受剪承载力)的影响不大。小剪跨比($\lambda < 1.5$)时,随纵筋配筋率增大,受剪承载力提高较快。由于实际工程结构在抗剪区的纵筋配筋率一般在 3% 以下,我国《混凝土结构设计标准》的计算公式没有考虑纵筋配筋率对抗剪强度的影响。

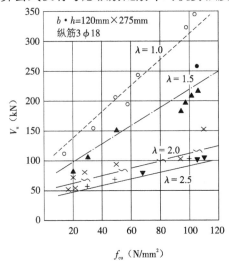

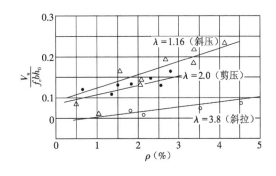

图 5-5 混凝土强度对受剪承载力的影响   图 5-6 纵筋配筋率对受剪承载力的影响

4. 截面尺寸和形状的影响

对无腹筋混凝土受弯构件,随着截面高度增加(800 mm 以上),斜截面上出现的裂缝宽度加大,裂缝内表面骨料之间的机械咬合作用被削弱,使得接近开裂端部的开裂区拉应力弱化,传递剪应力的能力下降,构件破坏时,斜截面受剪承载力随着构件高度的增加而降低。所以,截面尺寸是影响受剪承载力的主要因素之一。Kani 在 1967 年最早提出了截面高度对无腹筋混凝土构件的影响问题。此后,1989 年 Shioya 等人分析了截面高度对受剪承载力的影响,通过一系列高度(最大高度 3000 mm)的试验再次证实了这个尺寸效应并指出,梁高从 300 mm 变化到 3 000 mm 时,平均抗剪强度降低大约三分之一。图 5-7 为 Kani 的试验结果,图中 d 为截面有效高度,f_c' 为混凝土圆柱体抗压强度。由图可以看出,梁的其他条件相同,随着截面高度增大受剪承载力降低。与梁高 300 mm 时受剪承载力比较,梁高 600 mm 时受剪承载力降低 45% 左右,梁高 1 000 mm 时受剪承载力降低 56% 左右,截面高度对受剪承载力的影响显著。此外,Collins 等人在 1993 年证实,当无腹筋梁配有较多分布钢筋时,尺寸效应会消失,说明受拉分布钢筋在一定程度上控制了裂缝的发展。

实际工程中构件的截面尺寸比试验研究中采用的试件截面尺寸一般要大,设计高度大的梁时,由于截面高度的影响,可能会高估承载能力,并且梁愈高,高估得愈多。目前,国内外一些设计规范在考虑截面高度对斜截面受剪承载力的影响时,大致分为两种情况:在截面高度比较小的情况下(如 $h < 600$ mm),考虑尺寸效应对斜截面受剪承载力的有利作用,对承载能力作增大修正;在截面高度比较大的情况下,则要考虑尺寸效应对斜截面受剪承载力的不利影响,对承载能力作折减修正。我国《混凝土结构设计标准》规定,对一般板类构件需考虑随着截面高度增大受剪承载力降低,在截面高度比较大时,对承载能力作折减修正。当配置腹筋后,由于腹筋对开裂的抑制作用,截面高度的影响会减小。

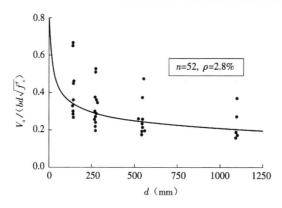

图 5-7　截面高度对受剪承载力的影响

截面形状对受剪承载力也有一定的影响,对 T 形、工形截面梁,翼缘有利于提高受剪承载力,所以它们的抗剪能力略高于矩形截面梁。

当有轴向压力作用(轴压比 $N/(f_c bh) < 0.5$)时,轴压力使垂直裂缝出现推迟,斜裂缝倾角变小,混凝土剪压区增大,受剪承载力提高。此外,支座约束条件、加载方式(间接加载、直接加载)等因素对受剪承载力也有不同程度的影响。

5.2.3　无腹筋梁斜截面受剪承载力

上述影响因素都直接或间接地影响无腹筋梁斜截面受剪承载力。近几十年来,国内外学者也对无腹筋梁的破坏机理进行了大量的研究,但是影响斜截面承载力的因素多而复杂,各因素之间相互制约,目前抗剪试验只能给出总体影响效应,还很难准确给出各因素的影响量值,并且试验值的离散性大,所以无腹筋梁斜截面承载力计算公式是建立在抗剪机理和试验统计的基础上,考虑简便、通用和偏安全,采用的是试验数据的偏下限。

图 5-8 表示集中荷载作用下无腹筋梁名义剪应力和剪跨比的关系。图 5-9 表示均布荷载作用下无腹筋梁名义剪应力。

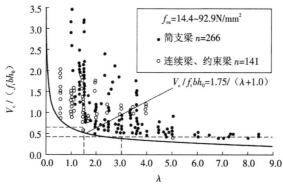

图 5-8　集中荷载作用下无腹筋梁名义剪应力和剪跨比的关系

分析无腹筋梁的斜截面承载力是为了进一步研究有腹筋梁的抗剪性能。需要注意的是,斜截面破坏的特点是一旦出现裂缝后,就会很快发展,呈明显的脆性破坏,有较大的危险

性。所以,虽然设计梁时可以不用公式计算无
腹筋梁斜截面承载力,但并不表示设计时梁可
以不配置箍筋,一般应按构造要求配置一定数
量的箍筋。

　　对无腹筋的一般板类构件,考虑到截面高
度对承载力的影响显著,应按下列公式计算斜
截面受剪承载力

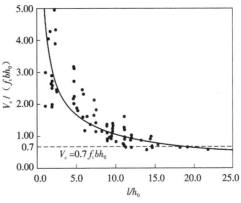

$$V_c \leqslant 0.7\beta_h f_t b h_0 \qquad (5-2)$$

$$\beta_h = \left(\frac{800}{h_0}\right)^{\frac{1}{4}} \qquad (5-3)$$

图 5 - 9　均布荷载作用下无腹筋梁名义剪应力

β_h 为截面高度影响系数,当 h_0 小于 800 mm 时,取 $h_0 = 800$ mm;当 h_0 不小于 2 000 mm 时,取 $h_0 = 2\ 000$ mm。

5.3　有腹筋梁的受剪性能

5.3.1　剪力传递机理

　　箍筋和弯起钢筋是腹筋的主要形式。有腹筋梁的剪力传递与无腹筋梁不同,可用桁架—拱模型描述其受力特征。在斜裂缝尚未形成时,剪力主要由混凝土来传递,而这时箍筋中的应力一般很小。一旦斜裂缝出现,混凝土传递剪力的能力会突然降低,这时与斜裂缝相交的箍筋中的应力迅速增大,随着荷载进一步增大,斜裂缝数量增加,宽度逐渐加大,此时剪弯区段的受力状态如图 5 - 10 所示。一部分剪力由混凝土弧形拱直接传递到支座,而另一部分剪力则由混凝土斜压杆以压力形式借助骨料间的咬合力以及箍筋的连接作用向支座方向传递。斜裂缝出现后被斜裂缝分割成的混凝土块体可以看作一个承受压力的斜压杆,箍筋将混凝土块体连接在一起,共同把剪力传递到支座上,这样就形成了桁架式的受力模型。如图 5 - 11 所示,箍筋和混凝土斜压杆分别相当于桁架模型中的腹拉杆和腹压杆,纵向受拉钢筋和在剪压区的受压混凝土分别充当桁架的弦拉杆和弦压杆。

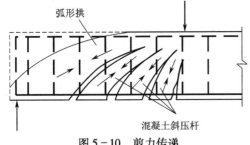

图 5 - 10　剪力传递

图 5 - 11　桁架—拱模式

5.3.2　腹筋的作用

　　作为腹筋的箍筋可以增强和改善梁的抗剪能力。梁内斜向主拉应力的作用是混凝土沿斜向开裂的主要原因。所以,为了有效地限制斜裂缝的扩展,箍筋应布置成与斜裂缝正交,

方向应与主拉应力的方向相同。但是,为了施工方便,一般都采用垂直箍筋,箍筋应在剪弯区段内均匀布置。从受力情况看,由于荷载形式、支撑条件以及由此产生的斜裂缝的分布及其发展的影响,每根箍筋的受力是不相同的。

配置弯起钢筋也是提高梁斜截面承载力的常用方法。弯起钢筋通常是由纵筋直接弯起,用以限制斜裂缝的扩展。但是弯起钢筋在弯起处传力较集中,容易引起弯起处混凝土发生劈裂破坏,如图 5－12 所示 。选用的弯起钢筋不应放在梁的边缘处,其直径也不宜过粗。所以,在实际设计中宜优先选用箍筋,当需要的箍筋较多时,再考虑使用弯起钢筋。

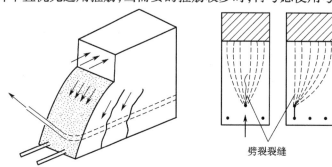

劈裂裂缝

图 5－12　弯起钢筋的劈裂裂缝示意图

5.3.3　斜截面受剪破坏的主要形态

梁沿斜截面的受剪破坏形态可以分为三种。

1. 斜压破坏

如图 5－13 所示,这种破坏多发生在集中荷载距支座较近,且剪力大而弯矩小的区段,即剪跨比比较小($\lambda < 1$)时,或者剪跨比适中,但腹筋配置量过多,以及腹板宽度较窄的 T 形或工形梁。由于剪应力起主要作用,破坏过程中,先是在梁腹部出现多条密集而大体平行的斜裂缝(称为腹剪裂缝),随着荷载增加,梁腹部被这些斜裂缝分割成若干个斜向短柱,当混凝土中的压应力超过其抗压强度时,发生类似受压短柱的破坏,此时箍筋应力一般达不到屈服强度。

2. 剪压破坏

如图 5－13 所示,这种破坏常发生在剪跨比适中($1 \leqslant \lambda < 3$),且腹筋配置量适当时,是最典型的斜截面破坏。这种破坏过程是,首先在剪弯区出现弯曲垂直裂缝,然后斜向延伸,形成较宽的主裂缝——临界斜裂缝(称为弯剪裂缝),随着荷载的增大,斜裂缝向荷载作用点缓慢发展,剪压区高度不断减小,斜裂缝的宽度逐渐加宽,与斜裂缝相交的箍筋应力也随之增大,破坏时,受压区混凝土在正应力和剪应力的共同作用下被压碎,且受压区混凝土有明显的压坏现象,此时箍筋的应力达到屈服强度。

3. 斜拉破坏

如图 5－13 所示,这种破坏发生在剪跨比较大($\lambda > 3$),且箍筋配置量过少的情况,其破坏特点是,破坏过程急速且突然,斜裂缝一旦在梁腹部出现,很快向上下延伸,形成临界斜裂缝,将梁劈裂为两部分而破坏,且往往伴随产生沿纵筋的撕裂裂缝。破坏荷载与开裂荷载很接近。

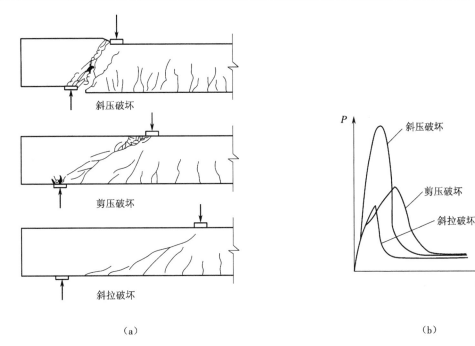

图 5 - 13 梁的斜截面破坏

(a)破坏形态;(b)荷载—挠度曲线

与适筋梁正截面破坏相比较,斜压破坏、剪压破坏和斜拉破坏时梁的变形要小得多,且具有脆性破坏的特征,尤其是斜拉破坏,破坏前梁的变形很小,有较明显的脆性。

5.3.4 有腹筋梁受剪承载力计算

试验表明,无论简支梁还是连续梁或约束梁均有斜拉破坏、剪压破坏和斜压破坏三种受剪破坏形态。由于影响梁的斜截面受剪承载力的因素很多,目前各国的设计规范尚未建立统一的理论计算模式,为保证斜截面受剪承载力,在设计时,对斜拉破坏和斜压破坏通常可以采取构造措施予以避免。例如,配置一定数量的、间距不太大的箍筋,且满足最小配箍率的要求,就可以防止斜拉破坏发生;不把梁的截面尺寸设计得过小并限制最大配箍率,可以防止斜压破坏发生。

对于常见的剪压破坏,由于随着剪跨比、混凝土强度等级、纵筋配筋率等因素的变化,受剪承载能力的变化范围较大,因此设计时需要由计算配置足够的腹筋来保证斜截面受剪承载力。我国《混凝土结构设计标准》的基本计算公式是根据剪压破坏并考虑到使用高强混凝土时的受力特征,以试验点的偏下线作为受剪承载力计算的取值标准而建立的。当计算截面的剪力设计值小于这个计算值时,就能基本保证不发生剪压破坏。对矩形、T 形和工形截面的受弯构件斜截面受剪承载力计算采用下列基本形式:

$$V \leqslant V_{cs} + V_b = V_c + V_s + V_b \tag{5-4}$$

$$V_{cs} = V_c + V_s \tag{5-5}$$

式中 V——构件斜截面上的剪力设计值;

V_{cs}——构件斜截面上混凝土和箍筋的受剪承载力设计值;

V_b——与斜裂缝相交的弯起钢筋的受剪承载力设计值;

V_c——混凝土项的受剪承载力;

V_s——箍筋项的受剪承载力,包括箍筋起着直接承受部分剪力的作用和间接限制斜
　　　裂缝宽度增强混凝土骨料咬合力等作用。

实际工程中结构上的荷载分布有时是很复杂的,可能是多个任意分布的不等值集中荷载或均布荷载,也可能是两种荷载同时作用。《混凝土结构设计标准》为了简化计算,当仅配有箍筋时,分两种情况分别给出计算公式。

当仅配置箍筋时矩形、T 形和工形截面受弯构件的斜截面受剪承载力按下式计算:

$$V \leqslant V_{cs} = \alpha_{cv} f_t b h_0 + f_{yv} \frac{A_{sv}}{s} h_0 \tag{5-6}$$

式中　f_t——混凝土抗拉强度设计值。

b——构件的截面宽度,T 形和工形截面取腹板宽度。

h_0——截面的有效高度。

f_{yv}——箍筋的抗拉强度设计值。

A_{sv}——配置在同一截面内箍筋各肢的全部截面面积,$A_{sv} = nA_{sv1}$(n 为在同一截面内箍筋的肢数,A_{sv1} 为单肢箍筋的截面面积)。

s——箍筋的间距。

α_{cv}——截面混凝土受剪承载力系数,对均布荷载作用下的一般受弯构件取 0.7;对集中荷载作用下(包括作用多种荷载,且其中集中荷载对支座截面或节点边缘所产生的剪力值占总剪力值的 75% 以上的情况)的独立梁,取 $\alpha_{cv} = \dfrac{1.75}{\lambda + 1.0}$,$\lambda$ 为计算剪跨比,可取 $\lambda = a/h_0$(a 为集中荷载作用点至支座截面或节点边缘的距离),当 λ 小于 1.5 时取 $\lambda = 1.5$,当 λ 大于 3.0 时,取 $\lambda = 3.0$。

独立梁是指不与楼板整浇的梁,我国《混凝土结构设计标准》的计算公式以混凝土抗拉强度 f_t 为设计指标,没有考虑纵筋对抗剪强度的影响。

图 5-14 和图 5-15 分别表示均布荷载、集中荷载作用下配箍筋梁的受剪承载力试验值与计算值的比较。

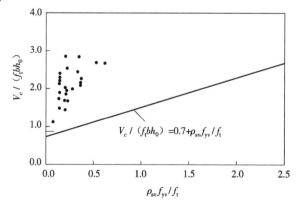

图 5-14　均布荷载作用下配箍筋梁的试验值与计算值的比较

构件中箍筋的数量可以用箍筋配箍率 ρ_{sv} 表示:

$$\rho_{sv} = \frac{A_{sv}}{bs} \tag{5-7}$$

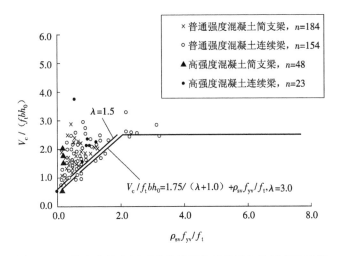

图 5-15　集中荷载作用下配箍筋梁的试验值与计算值的比较

当梁内还配置弯起钢筋时,式(5-4)中

$$V_b = 0.8 f_y A_{sb} \sin \alpha_s \qquad (5-8)$$

式中　f_y——纵筋抗拉强度设计值;

　　　A_{sb}——同一弯起平面内弯起钢筋的截面面积;

　　　α_s——斜截面上弯起钢筋的切线与构件纵向轴线的夹角,一般取 $\alpha_s = 45°$,当梁较高时,可取 $\alpha_s = 60°$。

　　梁发生剪压破坏时,与斜裂缝相交的箍筋和弯起钢筋的拉应力一般都能达到屈服强度,但是考虑到拉应力可能不均匀,特别是靠近剪压区的腹筋有可能达不到屈服强度。《混凝土结构设计标准》仅在弯起钢筋中考虑了应力不均匀系数,取 0.8。虽然纵筋的销栓作用对斜截面受剪承载力有一定的影响,但其在抵抗受剪破坏中所起的作用较小,所以我国规范的斜截面受剪承载力计算公式中没有考虑纵筋的作用。

　　在式(5-6)中等号右边第一项为混凝土项 V_c,即无腹筋梁的受剪承载力。容易看出,当满足

$$V \leqslant 0.7 f_t b h_0 \qquad (5-9)$$

或

$$V \leqslant \frac{1.75}{\lambda + 1.0} f_t b h_0 \qquad (5-10)$$

时,说明混凝土的受剪承载力就可以抵抗斜截面的破坏,可不进行斜截面受剪承载力计算,仅需按构造要求配置箍筋。

5.3.5　计算公式的适用范围(上限和下限)

　　以上梁斜截面承载力的计算公式仅适用于剪压破坏情况。公式使用时的上限和下限分述如下。

　　1. 截面限制条件

　　当配箍特征值过大时,箍筋的抗拉强度不能发挥,梁的斜截面破坏将由剪压破坏转为斜压破坏,此时,梁沿斜截面的抗剪能力主要由混凝土的截面尺寸及混凝土的强度等级决定,而与配箍率无关。所以,为了防止斜压破坏并限制使用阶段的斜裂缝宽度,构件的截面尺寸

不应过小,配置的腹筋也不应过多。

为此,《混凝土结构设计标准》规定了斜截面受剪承载力计算公式的上限值,即截面限制条件。由于薄腹梁的斜裂缝宽度一般开展要大一些,为防止薄腹梁的斜裂缝开展过宽,截面限制条件分一般梁和薄腹梁两种情况给出。矩形、T 形和工形截面受弯构件的受剪截面应符合下列条件:

当 $\dfrac{h_{\mathrm{w}}}{b} \leqslant 4$ 时,属于一般梁,应满足

$$V \leqslant 0.25 \beta_{\mathrm{c}} f_{\mathrm{c}} b h_0 \qquad (5-11)$$

当 $\dfrac{h_{\mathrm{w}}}{b} \geqslant 6$ 时,属于薄腹梁,应满足

$$V \leqslant 0.20 \beta_{\mathrm{c}} f_{\mathrm{c}} b h_0 \qquad (5-12)$$

当 $4 < \dfrac{h_{\mathrm{w}}}{b} < 6$ 时,按线性内插法求得。

以上各式中,h_{w} 为截面的腹板高度,矩形截面取有效高度 h_0,T 形截面取有效高度减去上翼缘高度,工形截面取腹板净高。设计中如果不满足式(5-11)或式(5-12)要求,应加大截面尺寸或提高混凝土强度等级。同时,考虑到高强混凝土的抗剪性能,引入了混凝土强度影响系数 β_{c},当混凝土强度等级不超过 C50 时 β_{c} 取 1.0,当混凝土强度等级为 C80 时 β_{c} 取 0.8,其间按线性内插法确定。对 T 形和工形截面的简支受弯构件,当有实践经验时式(5-11)中的系数可改用 0.3。

2. 最小箍筋配筋率

试验表明,若箍筋配筋率过小,或箍筋间距过大,一旦出现斜裂缝,箍筋可能迅速达到屈服,斜裂缝急剧开展,导致斜拉破坏。为此,在需要按计算配置箍筋时《混凝土结构设计标准》规定了最小箍筋配筋率,即配箍率 ρ_{sv} 的下限值为

$$\rho_{\mathrm{sv,min}} = 0.24 \dfrac{f_{\mathrm{t}}}{f_{\mathrm{yv}}} \qquad (5-13)$$

需要注意的是,即使满足式(5-9)和式(5-10),即不需要按计算配置箍筋,也必须按最小箍筋用量的要求来配置构造箍筋,即应满足箍筋最大间距和箍筋最小直径的构造要求。

5.4　有腹筋连续梁的抗剪性能和斜截面承载力计算

5.4.1　有腹筋连续梁的破坏特点

与简支梁比较,集中荷载以及均布荷载作用下的连续梁在支座端有负弯矩,在剪弯区段有正负弯矩及存在反弯点(理论弯矩零点),如图 5-16 所示,由于存在反弯点和负弯矩,破坏时的斜裂缝模型及破坏特征也与简支梁有所不同。

试验结果表明,影响连续梁的斜截面承载力的因素,如混凝土强度等级、纵筋配筋率、剪跨比、截面尺寸等与简支梁相同外,弯矩比 φ(负弯矩 M^- 与正弯矩 M^+ 之比的绝对值)对连续梁的斜截面承载力也有很大的影响。连续梁和简支梁的剪跨比略有区别。对简支梁而言,如前所述,剪跨比 λ 既可以表示为 $\dfrac{a}{h_0}$,又可表示为 $\dfrac{M}{Vh_0}\left(\dfrac{M}{Vh_0} = \dfrac{a}{h_0}\right)$;但是对连续梁的剪跨

比,由于存在弯矩比,$\dfrac{M}{Vh_0}=\dfrac{a}{h_0}\dfrac{1}{1+\varphi}$。把 $\dfrac{M}{Vh_0}$ 称

为广义剪跨比,把 $\dfrac{a}{h_0}$ 称为计算剪跨比,显然,计

算剪跨比大于广义剪跨比。

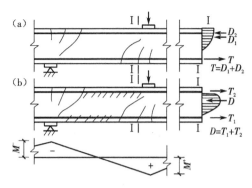

图 5-16　集中荷载作用下
连续梁的受力和破坏形态

　　由于正、负两种弯矩的存在,连续梁的破
坏特点发生显著的变化:当斜裂缝出现后,随
着荷载增加,按弹性分析,在发生压应变的区
域发生了拉应变。梁在反弯点处的上下纵筋
的应变也不等于零,而是拉应变。如图 5-
16,梁在破坏前,在正弯矩区和负弯矩区可能
分别出现一条临界斜裂缝,分别向支座及荷载作用点发展,由这两条临界斜裂缝所包围的梁
体形成了混凝土斜压支柱。破坏时,一种可能是在两条主要斜裂缝中的任一条斜裂缝的顶
端处的剪压区发生剪压破坏,混凝土被压碎;另一种可能是在梁体的混凝土斜压支柱内混凝
土被压碎,即发生所谓的斜压破坏。在腹筋较少或无腹筋的情况下,也会发生斜拉破坏或劈
裂破坏,只出现一条主要斜裂缝。此外,在整个区段内,纵筋应变多处于拉应变状态,在沿纵
筋的较长范围内会产生针脚状斜裂缝,由于这些斜裂缝的发展,使包围纵筋的外部混凝土保
护层脱落,形成粘结开裂,这种裂缝扩展到剪压区,使混凝土受压区高度减小,混凝土的压应
力和剪应力相应增大,这些变化使连续梁的抗剪强度要比简支梁的抗剪强度低。

　　集中荷载作用下的连续梁,当支座负弯矩大于跨中正弯矩,即弯矩比 φ 大于 1 时,破坏
常发生在负弯矩区段;反之,当跨中正弯矩大于支座负弯矩,弯矩比 φ 由 0 到 1 变化时,梁的
抗剪强度随之提高,这时剪切破坏常发生在正弯矩区段。

　　试验结果表明,梁截面尺寸、配筋及材料相同时,集中荷载作用下的连续梁的斜截面承
载力要比相同剪跨比的简支梁低,且剪跨比越小,其差别越大。

　　均布荷载作用下的连续梁,其破坏特征与简支梁也不相同。如图 5-17 所示,当弯矩比
φ 小于 1 时,临界斜裂缝出现在跨中正弯矩区段,且其抗剪强度随弯矩比增大而提高。当弯
矩比 φ 大于 1 时,这时剪切破坏常发生在负弯矩区段,这时梁的斜截面承载力随着弯矩比的
加大而降低。与集中荷载作用不同,作用在梁顶的均布荷载,对混凝土保护层有侧压作用,
加强了钢筋和混凝土之间的粘结。因此,在负弯矩区段,受拉纵筋尚未屈服时很少出现沿受
拉纵筋方向的粘结裂缝。在跨中正弯矩区段,受拉纵筋位置上的粘结裂缝也不严重。

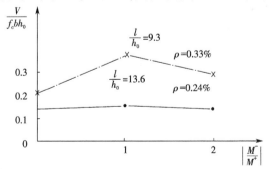

图 5-17　均布荷载作用下连续梁弯矩比的影响

由试验得知,均布荷载作用下的连续梁,在工程中常见的跨高比和弯矩比的范围内,支座截面的广义剪跨比很小,其抗剪强度很高,加之斜裂缝之间梁顶的荷载又直接传递到支座上,所以在负弯矩区段发生剪切破坏时支座截面抗剪强度大于集中荷载作用下简支梁的抗剪强度。均布荷载作用下的连续梁的斜截面承载力一般不低于相同条件下简支梁的抗剪承载力。

5.4.2 有腹筋连续梁的斜截面承载力计算公式及适用范围

如上所述,集中荷载作用下的连续梁的斜截面承载力低于相同条件下的简支梁,而均布荷载作用下的连续梁的斜截面承载力不低于相同条件下的简支梁。为方便起见,《混凝土结构设计标准》规定连续梁、约束梁的斜截面承载力计算仍采用与简支梁完全相同的计算公式,即式(5-6)。出于偏安全的考虑,在集中荷载作用下连续梁的斜截面承载力计算中,剪跨比 λ 用计算剪跨比,即 $\lambda = \dfrac{a}{h_0}$,a 取集中荷载作用点到支座截面的距离,剪跨比 λ 的取值范围与简支梁相同。连续梁、约束梁的斜截面承载力计算公式的适用范围(截面限制条件和最小配箍率),及按构造要求配置最低数量箍筋的规定也与简支梁有关规定相同。

5.5 斜截面受剪承载力设计

5.5.1 计算截面位置与剪力设计值的取值

在进行斜截面受剪承载力设计时,计算截面位置应为斜截面受剪承载力较薄弱的截面。如图5-18,计算截面位置按下列规定采用:

(1)支座边缘处的截面(1-1);
(2)受拉区弯起钢筋弯起点处的截面(2-2);
(3)箍筋截面面积或间距改变处的截面(3-3);
(4)截面尺寸改变处的截面(4-4)。

同时,箍筋间距以及弯起钢筋前一排(对支座而言)的弯起点至后一排弯起终点的距离应符合箍筋最大间距的要求。

按规范规定,计算截面的剪力设计值应取其相应截面上的最大剪力值。

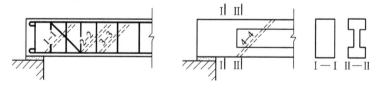

图5-18 斜截面受剪承载力的计算截面位置

5.5.2 设计步骤

梁的斜截面承载力设计步骤可归纳如下。

(1)构件的截面尺寸和纵筋由正截面承载力计算已初步选定。进行斜截面承载力计算时应首先复核是否满足截面限制条件,如不满足应加大截面或提高混凝土强度等级。

（2）验算是否需要按照计算配置箍筋,当不需要按计算配置箍筋时,应按照构造要求配置箍筋。

（3）需要按计算配置箍筋时,剪力设计值的计算截面位置应按 5.5.1 节的规定采用。

（4）计算所需要的箍筋,且选用的箍筋应满足箍筋最大间距和最小直径的要求。

（5）当需要配置弯起钢筋时,可先计算 V_{cs},再计算弯起钢筋的截面面积。这时剪力设计值按如下方法取用:计算第一排弯起钢筋(对支座而言)时,取支座边剪力;计算以后每排弯起钢筋时,取前一排弯起钢筋弯起点处的剪力,第一排弯起钢筋距支座边的间距以及两排弯起钢筋的间距均不应大于箍筋的最大间距,见图 5–19。

5.5.3　设计计算实例

以下就截面选择和承载力校核两类问题,用计算实例予以说明。

【例题 5–1】　已知:钢筋混凝土矩形截面简支梁,截面尺寸支撑情况及纵筋数量如图 5–20,该梁承受均布荷载设计值 106 kN/m(包括自重),混凝土强度等级为 C30(f_c = 14.3 N/mm², f_t = 1.43 N/mm²),箍筋采用 HPB300 级钢筋(f_{yv} = 270 N/mm²),纵筋采用 HRB400 级钢筋(f_y = 360 N/mm²);梁处于一类环境,实取保护层厚度 c = 22 mm。求:箍筋和弯起钢筋的数量。

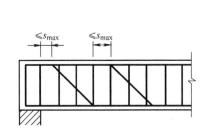 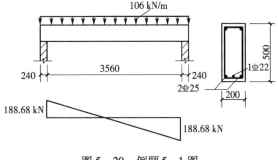

图 5–19　弯起钢筋的间距　　　　　　　图 5–20　例题 5–1 图

【解】

（1）求剪力设计值。支座边缘处截面的剪力值最大,其值

$$V_{max} = \frac{1}{2}ql_0 = \frac{1}{2} \times 106 \times 3.56 = 188.68(kN)$$

（2）验算截面尺寸

预估箍筋直径为 10 mm, a = 10 + 12.5 + 22 ≈ 45 mm, h_w = h_0 = 455 mm, $\frac{h_w}{b} = \frac{455}{200} = 2.275 < 4$,属厚腹梁,应按式(5–11)验算:(当混凝土强度等级小于 C50 时,应取 β_c = 1.0)

$$0.25\beta_c f_c b h_0 = 0.25 \times 1.0 \times 14.3 \times 200 \times 455 = 325\,325(N) > V = 188\,680\,N$$

截面符合条件。

（3）验算是否需要计算配置箍筋。

$$0.7f_t b h_0 = 0.7 \times 1.43 \times 200 \times 455 = 91\,091(N) < V = 188\,680\,N$$

需要进行计算配置箍筋。

（4）只配箍筋而不配置弯起钢筋。按式(5–6), α_{cv} = 0.7,

$$V \leqslant 0.7 f_t b h_0 + f_{yv} \frac{n A_{sv1}}{s} h_0$$

$$188\ 680 = 0.7 \times 1.43 \times 200 \times 455 + 270 \times \frac{n \cdot A_{sv1}}{s} \times 455$$

则
$$\frac{n \cdot A_{sv1}}{s} = \frac{188\ 680 - 91\ 091}{122\ 850} = 0.794\ (\text{mm}^2/\text{mm})$$

若采用 $\phi 8@120$(箍筋间距要求详见第 5.6.5 节的内容),实有

$$\frac{n \cdot A_{sv1}}{s} = \frac{2 \times 50.3}{120} = 0.838 > 0.794,可以$$

配箍率
$$\rho_{sv} = \frac{n \cdot A_{sv1}}{b \cdot s} = \frac{2 \times 50.3}{120 \times 200} = 0.419\%$$

最小配筋率 $\rho_{sv,min} = 0.24 \frac{f_t}{f_{yv}} = 0.24 \times \frac{1.43}{270} = 0.127\% < \rho_{sv} = 0.419\%$,可以。

(5)若配箍筋又配弯起钢筋。根据已配的 $2 \oplus 25 + 1 \oplus 22$ 纵向钢筋,可利用 $1 \oplus 22$ 以 45°弯起,则弯起钢筋承担的剪力

$$V_{sb} = 0.8 A_{sb} \cdot f_y \cdot \sin \alpha_s = 0.8 \times 380.1 \times 360 \frac{\sqrt{2}}{2} = 77\ 406\ (\text{N})$$

混凝土和箍筋承担的剪力
$$V_{cs} = V - V_{sb} = 188\ 680 - 77\ 406 = 111\ 273\ (\text{N})$$

选用 $\phi 6@140$,实有

$$V_{cs} = 0.7 f_t b h_0 + f_{yv} \frac{n \cdot A_{sv1}}{s} h_0 = 91\ 091 + 270 \times \frac{2 \times 28.3}{140} \times 455$$

$$= 140\ 757.5\ (\text{N}) > 111\ 273\ (\text{N}),可以。$$

此题也可以先选定箍筋,由 V_{cs} 利用 $V = V_{cs} + V_{sb}$ 求 V_{sb},再决定弯起钢筋面积 A_{sb0},此处计算从略。

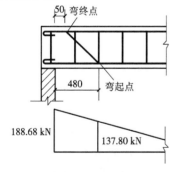

图 5-21　验算弯筋弯起点处的斜截面

(6)验算弯起筋弯起点处的斜截面(见图 5-21)。该处的剪力设计值

$$V = 188\ 680 \times \frac{1.78 - 0.48}{1.78}$$

$$= 137\ 800\ (\text{N}) < 140\ 757.5\ \text{N},$$

可以。

此题若将弯起钢筋的弯终点后移,使其距支座边缘的距离为 200 mm,则弯起点处的剪力值

$$V = 188\ 680 \times \frac{1.78 - 0.68}{1.78} = 121\ 900\ (\text{N}) < 140\ 757.5\ \text{N},$$

则配置箍筋 $\phi 6@140$ 已能满足要求。

【例题 5-2】 有一钢筋混凝土矩形截面独立简支梁,跨度 4 m,截面尺寸 200 mm×600 mm,荷载如图 5-22(a)所示,采用 C30 混凝土,箍筋采用 HPB300 级钢筋;梁为一类环境,实取保护层厚度 $c = 25$ mm。求:配置箍筋。

【解】

（1）求剪力设计值，见图 5-22（b）。

（2）验算截面条件

$f_{cu,k} < 50 N/mm^2$，故 $\beta_c = 1$，

则预估箍筋直径为 10 mm，纵筋直径为 20 mm，

$$a = 10 + 10 + 25 = 45 \ mm, h_0 = 555 \ mm,$$

$$0.25\beta_c f_c b h_0 = 0.25 \times 1 \times 14.3 \times 200 \times 555$$

$$= 396.83 \ kN > \begin{array}{l} V_A = 180 \ kN \\ V_B = 160 \ kN \end{array}$$

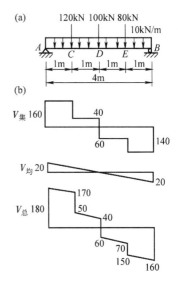

图 5-22　例 5-2 图

截面尺寸符合要求。

（3）确定箍筋数量

该梁既受集中荷载，又受均布荷载，但集中荷载在两支座截面上引起的剪力值均占总剪力的 75% 以上，即

$$A \ 支座：\frac{V_集}{V_总} = \frac{160}{180} = 88\%$$

$$B \ 支座：\frac{V_集}{V_总} = \frac{140}{160} = 87.5\%$$

故梁的左右两半区段均应按式（5-6），取 $\alpha_{cv} = \dfrac{1.75}{\lambda + 1.0}$ 计算斜截面受剪承载力。

根据剪力的变化情况，可将梁分为 *AC*、*CD*、*DE* 及 *EB* 四个区段来计算斜截面受剪承载力。

AC 段：$\lambda = \dfrac{a}{h_0} = \dfrac{1\,000}{555} = 1.80$

$$\frac{1.75}{\lambda + 1}f_t b h_0 = \frac{1.75}{1.80 + 1} \times 1.43 \times 200 \times 555 = 99.21 \ kN < V_A = 180 \ kN$$

必须按计算配置箍筋

$$V_A = V_{cs} = \frac{1.75}{\lambda + 1}f_t b h_0 + f_{yv}\frac{nA_{sv1}}{s}h_0$$

$$\frac{n \cdot A_{sv1}}{s} = \frac{(180 - 99.21) \times 10^3}{270 \times 555} = 0.539 \ mm^2/mm$$

$$\rho_{sv,min} = 0.24\frac{f_t}{f_{yv}} = 0.24 \times \frac{1.43}{270} = 0.127\%$$

选配 φ8@150，实有

$$\frac{n \cdot A_{sv1}}{s} = \frac{2 \times 50.3}{150} = 0.671 \ mm^2/mm > 0.539 \ mm^2/mm，可以；$$

$$\rho_{sv} = \frac{n \cdot A_{sv1}}{bs} = \frac{2 \times 50.3}{200 \times 150} = 0.335\% > \rho_{sv,min} = 0.127\%，可以。$$

CD 段：$\lambda = \dfrac{a}{h_0} = \dfrac{2000}{555} = 3.60 > 3$，取 $\lambda = 3$

$$\frac{1.75}{\lambda+1}f_{t}bh_{0}=\frac{1.75}{3+1}\times1.43\times200\times555=69.44\mathrm{kN}>V_{C}=50\mathrm{kN}$$

仅需按构造配置箍筋,选用 ϕ8@350。(取 $V_c\leqslant0.7f_tbh_0$ 箍筋最大间距)

$$\rho_{\mathrm{sv}}=\frac{n\cdot A_{\mathrm{sv1}}}{bs}=\frac{2\times50.3}{200\times350}=0.144\%>\rho_{\mathrm{sv,min}}=0.127\%,可以。$$

DE 段: $\lambda=\dfrac{a}{h_{0}}=\dfrac{2000}{555}=3.60>3,取\ \lambda=3$

$$\frac{1.75}{\lambda+1}f_{t}bh_{0}=\frac{1.75}{3+1}\times1.43\times200\times555=69.44\ \mathrm{kN}\approx V_{E}=70\ \mathrm{kN}$$

可同 CD 段按构造配置箍筋,选用 ϕ8@350。

EB 段: $\lambda=\dfrac{a}{h_{0}}=\dfrac{1\,000}{555}=1.80$

$$\frac{1.75}{\lambda+1}f_{t}bh_{0}=\frac{1.75}{1.8+1}\times1.43\times200\times555=99.21\ \mathrm{kN}<V_{B}=160\ \mathrm{kN}$$

必须按计算配置箍筋:

$$\frac{n\cdot A_{\mathrm{sv1}}}{s}=\frac{(160-99.21)\times10^{3}}{270\times555}=0.406\ \mathrm{mm^{2}/mm}$$

选配 ϕ8@200,实有

$$\frac{n\cdot A_{\mathrm{sv1}}}{s}=\frac{2\times50.3}{200}=0.503\ \mathrm{mm^{2}/mm}>0.406\ \mathrm{mm^{2}/mm},可以;$$

$$\rho_{\mathrm{sv}}=\frac{2\times50.3}{200\times200}=0.252\%>\rho_{\mathrm{sv,min}}=0.127\%,可以。$$

【例题 5 - 3】　已知:钢筋混凝土外伸梁,如图 5 - 23 所示。混凝土强度等级为 C30 $(f_{c}=14.3\mathrm{N/mm^{2}},\ f_{t}=1.43\ \mathrm{N/mm^{2}})$,箍筋采用 HPB300 级钢筋 $(f_{yv}=270\ \mathrm{N/mm^{2}})$,纵筋采用 HRB400 级钢筋 $(f_{y}=360\ \mathrm{N/mm^{2}})$;梁处于一类环境,实取保护层厚度 $c=22\ \mathrm{mm}$。求:腹筋的数量。

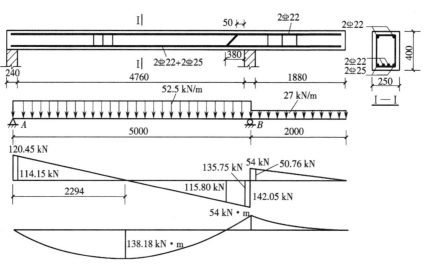

图 5 - 23　例题 5 - 3 图

【解】

(1) 求剪力设计值。图 5-23 为该梁的计算简图和内力图。对斜截面承载力而言,A 支座边、B 支座左边、B 支座右边为三个危险截面,计算剪力值也列于图上。

(2) 验算截面条件

预估箍筋直径为 10 mm,$a = 10 + 12.5 + 22 \approx 45$ mm,

$$h_w = h_0 = 355 \text{ mm}, \frac{h_w}{b} = \frac{355}{250} = 1.42 < 4$$

属厚腹梁,应按式 (5-11) 验算:(当混凝土强度等级小于 C50 时,应取 $\beta_c = 1.0$)

$$0.25\beta_c f_c bh_0 = 0.25 \times 1.0 \times 14.3 \times 250 \times 355 = 317\,281(\text{N})$$

此值大于三截面中最大剪力值 $V_{B左}(= 135\,750$ N),故截面尺寸符合要求。

(3) 确定腹筋数量

支座 A:$V = 114\,150$ N

$$0.7f_t bh_0 = 0.7 \times 1.43 \times 250 \times 355 = 88\,839(\text{N}) < V_A = 114\,150 \text{ N}$$

必须按计算配置箍筋

$$V = 0.7f_t bh_0 + f_{yv}\frac{n \cdot A_{sv1}}{s}h_0$$

$$114\,150 = 0.7 \times 1.43 \times 250 \times 355 + 270 \times \frac{nA_{sv1}}{s} \times 355$$

则

$$\frac{nA_{sv1}}{s} = \frac{114\,150 - 88\,839}{95\,850} = 0.264 \text{ mm}^2/\text{mm}$$

选配 φ6@150,实有

$$\frac{nA_{sv1}}{s} = \frac{2 \times 28.3}{150} = 0.377 > 0.264,\text{可以}。$$

配筋率 $\rho_{sv} = \dfrac{nA_{sv1}}{b \cdot s} = \dfrac{2 \times 28.3}{250 \times 150} = 0.151\%$

最小配筋率 $\rho_{sv,min} = 0.24\dfrac{f_t}{f_{yv}} = 0.24\dfrac{1.43}{270} = 0.127\% < \rho_{sv}$,可以

支座 $B_左$:$V = 135\,750$ N

$$0.7f_t bh_0 = 0.7 \times 1.43 \times 250 \times 355 = 88\,839(\text{N}) < 135\,750 \text{ N}$$

若仍选用 φ6@150,实有

$$V_{cs} = 0.7f_t bh_0 + f_{yv}\frac{n \cdot A_{sv1}}{s}h_0 = 88\,839 + 270 \times \frac{2 \times 28.3}{150} \times 355$$

$$= 125\,006(\text{N}) < 135\,750 \text{ N},\text{利用已有纵筋可弯起 1 } \Phi 22$$

$$A_{sb} = 380.1 \text{ mm}^2$$

$$V_{sb} = 0.8A_{sb} \cdot f_y \cdot \sin\alpha_s = 0.8 \times 380.1 \times 360 \times \frac{\sqrt{2}}{2} = 77\,406(\text{N})$$

$$V_{cs} + V_{sb} = 125\,006 + 77\,406 = 202\,412(\text{N}) > 135\,750 \text{ N}$$

再验算弯起钢筋弯起点处的受剪承载力,该处剪力设计值为

$$V = 142\,050 \times \frac{2.706 - 0.5}{2.706} = 115\,800(\text{N}) < V_{cs} = 125\,006 \text{ N},\text{可以}。$$

支座 $B_右$: $V = 50\ 760$ N

$$0.7f_t bh_0 = 0.7 \times 1.43 \times 250 \times 355 = 88\ 839(\text{N}) > 50\ 760\ \text{N}$$

仅需按构造配置箍筋,选配 $\phi 6@300$。

【例题 5 - 4】 已知:材料强度设计值 f_c、f_y,截面尺寸 b、h_0,配箍量 n、A_{sv1}、s 等,其数据全部与例题 5 - 1 相同,要求复核斜截面所能承受的剪力 V_u。(仅配箍筋)

【解】 本题为斜截面复核题,只需要将已知数据代入式(5 - 6)计算即可。

根据例题 5 - 1 的数据:

$$V_u = 0.7f_t bh_0 + f_{yv}\frac{n \cdot A_{sv1}}{s}h_0 = 91\ 091 + 270 \times \frac{2 \times 50.3}{120} \times 455$$

$$= 194\ 080(\text{N})$$

由 V_u 还能求出该梁斜截面所能承受的设计荷载值 q

$$V_u = \frac{1}{2}ql_0$$

则

$$q = \frac{2V_u}{l_0} = \frac{2 \times 194\ 080}{3.56} = 109(\text{kN/m})$$

5.6 构造措施

受弯构件沿斜截面除了会发生受剪破坏外,由于弯矩作用还可能发生弯曲破坏。纵向受拉钢筋是按照正截面最大弯矩确定的,可以保证构件不发生弯曲破坏。但是,如果一部分纵向钢筋在某一位置弯起或截断时,则有可能斜截面受弯承载力得不到保证。为了保证斜截面受弯承载力,需要对纵向钢筋的弯起、截断及锚固等构造措施作出规定。

5.6.1 抵抗弯矩图

在进行梁的正截面受弯承载力计算时,纵筋是根据跨中及支座最大的弯矩设计值,通过计算,沿梁的纵向直通配置的。由于沿梁长度上的弯矩分布不均匀,离开跨中及支座后,正弯矩值(或负弯矩值)就很快减小,所以在进行钢筋混凝土梁的设计时,多余的钢筋就可以弯起或截断。同时,除了保证正截面和斜截面有足够的受弯承载力,钢筋和混凝土共同工作和充分发挥钢筋的作用外,还要考虑纵筋伸入支座的锚固长度及箍筋的直径、间距等构造要求。为了保证纵筋截断或弯起后梁的正截面承载力及斜截面受弯承载力,可采用绘制材料抵抗弯矩图,来确定钢筋截断和弯起的方式,以满足承载力的要求,这样既简便又直观。材料抵抗弯矩图是用于核实配置的纵筋,绘制梁上正截面所能抵抗的弯矩的图形。

如图 5 - 24 所示,均布荷载作用下的简支梁,其弯矩图为 M 图,由跨中最大弯矩设计值决定配置纵筋,3 根纵筋所能抵抗的弯矩为 M_d 图,如果纵筋在跨中不截断也不弯起,那么沿梁全长上的抵抗弯矩的大小均为 M_d,显然无论斜裂缝在什么位置上发生,正截面受弯承载力均能满足。但是,纵筋沿梁长直通,除跨中最大弯矩外,其余截面钢筋没有得到充分利用,所以,这种布置是不合理的。为了充分合理利用纵筋,在保证正截面和斜截面受弯承载力的前提下,应该将部分纵筋在截面受弯承载力不需要处弯起或截断。

对照图 5 - 24 中的 M 图和 M_d 图,M 图比 M_d 图多出的部分,也就是钢筋抵抗弯矩的多余的部分,即梁的正截面受弯承载力所富裕的部分。这时如果弯起一根纵筋,则可以减少钢筋的多余的抵抗弯矩。由图中可以看出,当纵筋弯起后,只要材料抵抗弯矩图(M_d 图)包在弯矩图(M 图)之外,就说明梁的正截面的受弯承载力是得到满足的。接下来,需要解决如何保证弯起后斜截面的受弯承载力,以及如何确定弯起钢筋的弯起点位置的问题。

5.6.2　纵筋的弯起

在梁的底部承受正弯矩的纵筋弯起后主要承受剪力或作为在支座承受负弯矩的钢筋。在纵筋弯起时,首先需要根据斜截面受剪承载力确定弯起钢筋的数量,然后由保证斜截面受弯承载力确定弯起钢筋的弯起点位置。这里重点讨论弯起后如何保证斜截面受弯承载力的问题。

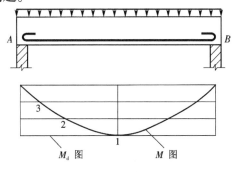

图 5 - 24　均布荷载作用下简
支梁的材料抵抗弯矩图

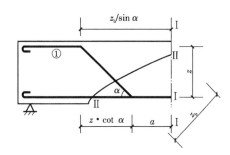

图 5 - 25　弯起点位置

见图 5 - 25,I-I 截面(正截面)为弯起钢筋的充分利用点,a 为弯起点到充分利用点的距离。对弯起钢筋①而言,未弯起前在 I-I 截面处的抵抗弯矩

$$M_1 = f_y \cdot A_{sb} \cdot z$$

弯起后,在 II-II 截面(斜截面)处的抵抗弯矩

$$M_2 = f_y \cdot A_{sb} \cdot z_b$$

为了保证斜截面的受弯承载力,至少要求 $M_2 = M_1$,即 $z_b = z$,由图所示,有

$$\frac{z_b}{\sin \alpha} = z \cdot \cot \alpha + a$$

取 $z_b = z$

所以 $a = \dfrac{z(1 - \cos \alpha)}{\sin \alpha}$

通常,$\alpha = 45°$ 或 $60°$,可近似取 $z = 0.9\, h_0$

则 $a = (0.373 \sim 0.520) h_0$

如图 5 - 26 所示,为保证斜截面的受弯承载力不小于正截面的受弯承载力,《混凝土结构设计标准》规定在梁的受拉区段弯起钢筋时,要保证材料抵抗弯矩图形必须包在弯矩图形之外,弯起点应在按正截面受弯承载力计算不需要该钢筋截面面积之前,如图 5 - 26(a)所示,弯起钢筋①、②与梁中心线的交点应在不需要该钢筋的截面之外,且弯起点 E、D 分别与按计算充分利用该钢筋截面面积点 B、A 之间的距离 EB、DA 均不应小于 $0.5h_0$。同时,为了保证每根弯起钢筋都能与斜裂缝相交,弯起钢筋的弯终点到支座边或到前一排弯起钢筋

弯起点的距离,都不应大于箍筋的最大间距要求。

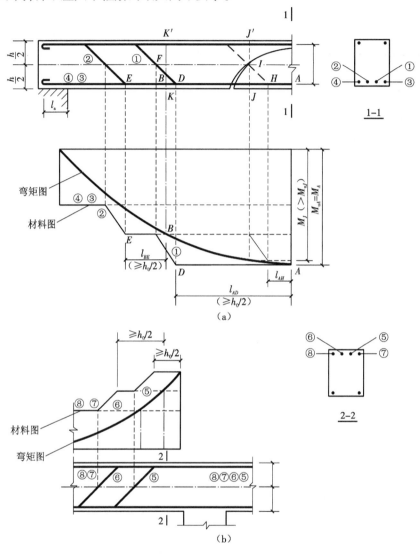

图 5-26　纵向钢筋弯起的构造要求

5.6.3　钢筋的截断

1. 纵筋的截断

如前所述,在支座范围外的梁正弯矩区段截断纵筋,由于钢筋面积骤减,在纵筋截断处混凝土产生拉应力集中导致过早出现斜裂缝,所以除部分承受跨中正弯矩的纵筋由于承受支座边界较大剪力的需要而弯起外,一般情况不宜在正弯矩区段内截断纵筋。而对悬臂梁、连续梁(板)等在支座附近负弯矩区段配置的纵筋,通常根据弯矩图的变化,将按计算不需要的纵筋截断,以节省钢材。

图 5-27 为连续梁支座附近负弯矩及剪力分布情况。支座处的纵筋是根据该处最大负弯矩按照正截面承载力计算配置的,由于随着远离支座,负弯矩迅速减小,所以可以将多余的纵筋截断。未截断时,全部纵筋参加工作的截面抵抗弯矩为过 a 点的水平线;截断一根纵

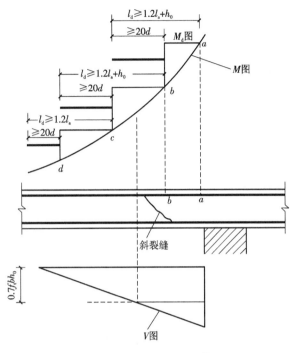

图 5-27　纵筋的截断及延伸长度

筋后,截面的抵抗弯矩为过 b 点的水平线,a 点为这根钢筋的充分利用点,b 点为其理论截断点,这样就形成了一个台阶式的材料抵抗弯矩图形。

2. 延伸长度

为了充分利用钢筋强度,在梁支座截面负弯矩区,如果需要分批截断纵向受拉钢筋,每批钢筋必须过钢筋的理论截断点延伸至按正截面受弯承载力计算不需要该钢筋的截面之外才能截断,这段距离称为钢筋的延伸长度。需要注意的是:钢筋的延伸长度不同于钢筋在支座处的锚固作用,它是钢筋在有斜裂缝的弯剪区段的粘结锚固问题。

根据粘结锚固试验,并结合过去工程实践,《混凝土结构设计标准》规定梁支座截面负弯矩区纵向受拉钢筋不宜在受拉区截断,如必须截断应按以下规定进行。

当 $V \leqslant 0.7f_t bh_0$ 时,应延伸至按正截面受弯承载力计算不需要该钢筋的截面以外不小于 $20d$ 处截断,且从该钢筋强度充分利用截面伸出的长度不应小于 $1.2l_a$。

当 $V > 0.7f_t bh_0$ 时,应延伸至按正截面受弯承载力计算不需要该钢筋的截面以外不小于 h_0 且不小于 $20d$ 处截断;且从该钢筋强度充分利用截面伸出的长度 l_d 应满足

$$l_d \geqslant 1.2l_a + h_0 \qquad\qquad (5-14)$$

若按上述规定确定的截断点仍位于与支座最大负弯矩对应的受拉区内,则应延伸至不需要该钢筋的截面以外不小于 $1.3h_0$ 且不小于 $20d$ 处截断;且从该钢筋强度充分利用截面伸出的长度 l_d 应满足

$$l_d \geqslant 1.2l_a + 1.7h_0 \qquad\qquad (5-15)$$

因为这时可能出现斜裂缝,近似假设斜裂缝水平投影长度为 h_0,则在钢筋充分利用 a 点以左范围内,出现的斜裂缝所承受的弯矩,均与 a 点的弯矩相近。

在悬臂梁中,应有不少于二根上部钢筋伸至悬臂梁外端,并向下弯折不小于 $12d$;其余

钢筋不应在梁的上部截断,宜按相关规定向下弯折和在梁的下边锚固。

《混凝土结构设计标准》对悬臂梁的延伸长度也作出了规定。

5.6.4　纵筋的锚固

由于支座附近剪力较大,一旦出现斜裂缝,裂缝处纵筋的应力会突然增大,如果没有足够的伸入支座的锚固长度,往往会使纵筋滑移,甚至从混凝土中拔出而造成锚固破坏。为了防止这种破坏,当纵筋在支座处以及设置弯起钢筋时应有足够的锚固长度。《混凝土结构设计标准》对纵筋的锚固作了如下规定。

(1)伸入梁支座范围内的纵向受力钢筋数量不应少于2根。

(2)钢筋混凝土简支梁和连续梁简支端的下部纵向受力钢筋从支座边缘算起伸入支座范围内的锚固长度应符合下列要求:

当 $V \leqslant 0.7 f_t bh_0$ 时,不小于 $5d$。当 $V > 0.7 f_t bh_0$ 时,对带肋钢筋不小于 $12d$;对光圆钢筋不小于 $15d$。d 为钢筋的最大直径。

当纵向受力钢筋伸入梁支座范围内的锚固长度不符合上述规定时,应采取其他有效锚固措施,如采取弯钩、在钢筋上加焊锚筋锚板或将钢筋的端部焊接在梁端的预埋件上等。

支承在砌体结构上的钢筋混凝土独立梁,应在纵向受力钢筋的锚固长度范围内至少配置2个箍筋。箍筋直径不宜小于锚固钢筋最大直径的0.25倍,间距不宜大于锚固钢筋最小直径的10倍,当采用机械锚固措施时,尚不宜大于锚固钢筋最小直径的5倍。

(3)当设置弯起钢筋时,弯起钢筋的弯终点外应留有平行梁轴线方向的锚固长度,其长度在受拉区不应小于 $20d$,在受压区不应小于 $10d$。

同时,《混凝土结构设计标准》在"梁柱节点"一节中也对框架梁、连续梁以及框架柱中纵向受拉钢筋的锚固作了详细的规定。

5.6.5　箍筋的构造要求

如前所述,箍筋是受拉钢筋,它的主要作用是使被斜裂缝分割的混凝土梁体能够传递剪力并抑制斜裂缝的开展。因此,在设计中箍筋必须有合理的形式、直径和间距。同时,箍筋在受拉区和受压区都要有足够的锚固。

箍筋一般采用 HPB300,HRB400 级钢筋,其形式有封闭式和开口式两种。梁中箍筋一般为封闭式和开口式两种。除非 T 形截面梁其翼缘顶面另有横向受拉钢筋,也可以采用开口式箍筋。

如图 5-28 所示,通常箍筋的肢数有单肢、双肢和四肢,梁中常采用双肢箍筋。为了使箍筋更好地发挥作用,应将箍筋的端部锚固在受压区,且弯钩做成135°。采用封闭式箍筋时在受压区的水平肢可以起着约束混凝土横向变形的作用,有利于提高混凝土的抗压强度。

《混凝土结构设计标准》规定:对计算不需要箍筋的梁,当截面高度大于 300 mm 时,仍应沿梁全长设置构造箍筋;当截面高度为 150 mm ~ 300 mm 时,可仅在构件端部容易出现斜裂缝的各1/4跨度范围内设置构造箍筋,但当构件中部1/2跨度范围内有集中荷载作用时,则应沿梁全长设置箍筋;当截面高度为 150 mm 以下时,可不设置箍筋。

箍筋的分布与斜裂缝的宽度有关。箍筋间距过大则有可能斜裂缝与箍筋不相交,或相交在箍筋不能充分发挥作用的位置,这样都不能有效地阻止斜裂缝的开展。为了保证每一

  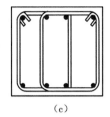 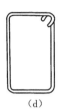 

(a)　　　　　　(b)　　　　　　　(c)　　　　　　(d)　　　　　　(e)

图 5-28　箍筋的肢数和形式

(a)单肢箍;(b)双肢箍;(c)四肢箍;(d)封闭箍;(e)开口箍

个斜裂缝内都有必要数量的箍筋与之相交,发挥箍筋的作用,对箍筋的最大间距要有限制要求。《混凝土结构设计标准》规定:梁中箍筋的最大间距宜符合表 5-1 的规定。

表 5-1　梁中箍筋的最大间距 s_{max}　　　　　　　　　　　mm

梁高 h	$V > 0.7 f_t bh_0$	$V \leqslant 0.7 f_t bh_0$
$150 < h \leqslant 300$	150	200
$300 < h \leqslant 500$	200	300
$500 < h \leqslant 800$	250	350
$h > 800$	300	400

当梁中配有计算需要的纵向受压钢筋时,箍筋应为封闭式,且弯钩直线段长度不应小于 5 倍箍筋直径;箍筋的间距不应大于 15 d,并不应大于 400 mm,当一层内的纵向受压钢筋多于 5 根且直径大于 18mm 时,箍筋间距不应大于 $10d$(d 为纵向受压钢筋的最小直径);当梁的宽度大于 400 mm 且一层内的纵向受压钢筋多于 3 根时,或当梁的宽度不大于400 mm,但一层内的纵向受压钢筋多于 4 根时,应设置复合箍筋。

箍筋除了承受剪力外,还起着固定纵筋与之形成钢骨架的作用。为了保证钢骨架有足够的刚度,需要限制箍筋的最小直径。《混凝土结构设计标准》规定的梁中箍筋最小直径如表 5-2 所示。

表 5-2　箍筋的最小直径 d　　　　　　　　　　　mm

梁高 h	d
$h > 800$	8
$h \leqslant 800$	6

当梁中配有按计算需要的纵向受压钢筋时,箍筋直径还应满足不小于 $d/4$(d 为纵向受压钢筋的最大直径)。

配有箍筋的梁一旦出现斜裂缝后,斜裂缝处的拉力由箍筋全部承担,如果箍筋配置过少,则箍筋很快屈服,就不能有效阻止斜裂缝的开展,同时斜裂缝过宽会使骨料间的咬合力消失,抗剪作用削弱,甚至箍筋被拉断,发生斜拉破坏。所以,箍筋除满足对其最小直径及最大间距的要求外,还应满足最小配箍率的要求。

思考题

1. 说明无腹筋受弯梁产生裂缝的原因和斜裂缝生成前后的应力状态？

2. 梁沿斜裂缝破坏主要形态有哪几种？其破坏原因和过程有何不同？

3. 梁的斜截面受剪承载力计算公式是建立在哪种破坏条件下？如何避免斜拉破坏和斜压破坏？

4. 影响斜截面受剪承载力的因素有哪些？其影响规律如何？斜截面受剪承载力计算公式中考虑了哪些因素？

5. 什么是剪跨比？它对斜截面受剪承载力和破坏形态有哪些影响？

6. 梁的斜截面受剪承载力计算公式有哪些限制条件？为什么做这些限制？

7. 应对哪些截面进行梁的斜截面受剪承载力计算？为什么？

8. 对 T 形和工形截面梁进行斜截面受剪承载力计算时，可按何种截面计算？为什么？

9. 箍筋的一般构造要求有哪些？

10. 连续梁与简支梁相比，受剪承载力有何差别？集中荷载作用下连续梁的计算为什么采用计算剪跨比？

11. 什么是抵抗弯矩图？如何绘制抵抗弯矩图？

12. 梁内纵筋弯起和截断时应满足哪些条件？

第6章 受压构件承载力

以承受压力为主的构件称为受压构件,例如:单层厂房柱、拱、屋架上弦杆,多层和高层建筑中的框架柱、剪力墙,筒体、烟囱的筒壁,桥梁结构中的桥墩、桩等均属于受压构件。受压构件按受力情况可分为:轴心受压构件、单向偏心受压构件和双向偏心受压构件。

对于单一匀质材料的构件,当轴压力的作用线与构件截面形心轴线重合时为轴心受压,不重合时为偏心受压。对于钢筋混凝土构件,只有均匀受压的内合力与轴向压力在同一直线时为轴心受压,其余情况下均为偏心受压。

计算时为了方便,不考虑混凝土的不匀质性及钢筋不对称布置的影响,当轴向压力的作用点位于构件正截面形心时,为轴心受压构件;当轴向压力的作用点对构件正截面的一个主轴有偏心距时,视为单向偏心受压构件,对构件正截面的两个主轴都有偏心距时,视为双向偏心受压构件。

6.1 受压构件的构造要求

6.1.1 截面形式及尺寸

轴心受压构件截面一般采用方形或矩形,偏心受压构件一般采用矩形截面,单层工业厂房的装配式预制柱常采用工字形截面,圆形截面多用于桥墩、桩和柱,拱结构的肋常做成 T 形截面,采用离心法制造的柱、桩、电杆以及烟囱、水塔支筒等常用环形截面。

柱的截面尺寸不宜过小。矩形截面框架柱的边长不应小于 300 mm,圆形截面柱的直径不应小于 350 mm。框架柱截面长边与短边的边长比不宜大于 3。为了避免矩形截面轴心受压长细比过大,承载力降低过多,一般应控制在 $l_0/b \leqslant 30$,$l_0/h \leqslant 25$。此处 l_0 为柱的计算长度,b 为矩形截面短边边长,h 为长边边长。柱截面尺寸宜使用整数,800 mm 及以下的,宜取 50 mm 为模数;800 mm 以上的,取 100 mm 为模数。

高层建筑剪力墙的截面厚度不应小于 160 mm,多层建筑剪力墙的截面厚度不应小于 140 mm。对于工形截面,翼缘厚度不宜小于 120 mm,腹板厚度不宜小于 100 mm,抗震设防区使用工形截面柱时,其腹板宜再加厚。

6.1.2 材料强度要求

混凝土强度等级对受压构件的承载能力影响较大。为了减小构件的截面尺寸,节省钢材,宜采用强度等级较高的混凝土,常用 C30～C40,对于高层建筑的底层柱,必要时可采用强度等级更高的混凝土。

纵向钢筋一般采用 HRB400 级和 HRB500 级,钢筋强度不宜过高,因为钢筋抗压强度受混凝土峰值应变的限制,使用过高强度的钢筋不能发挥其高强的作用。箍筋一般采用

HPB300 级和 HRB400 级钢筋,也可采用 HRB500 级钢筋。

6.1.3　纵筋

受压构件全部纵筋的配筋率不应小于附表 27 中的规定值;同时,一侧钢筋的配筋率不应小于 0.2%。

轴心受压构件的纵向受力钢筋应沿截面的四周均匀放置,矩形截面钢筋根数不应少于 4 根,见图 6-1(a),圆形截面根数不宜少于 8 根、不应少于 6 根。钢筋直径 d 不宜小于 12 mm,通常在 16 ~ 32 mm 范围内选用,且宜采用较粗的钢筋。从经济、施工以及受力性能等方面来考虑,全部纵筋配筋率不宜超过 5%。

偏心受压构件的纵向受力钢筋应放置在偏心方向截面的两边。当截面高度 $h \geqslant 600$ mm 时,在侧面应设置直径为 10 ~ 16 mm 的纵向构造钢筋,并相应地设置复合箍筋或拉筋,见图 6-1(b)。

当柱为竖向浇筑混凝土时,纵筋净距不应小于 50 mm。在水平位置上浇筑的预制柱,其纵筋最小净距应按梁的规定取值。纵向受力钢筋彼此间的中距不宜大于 300 mm。

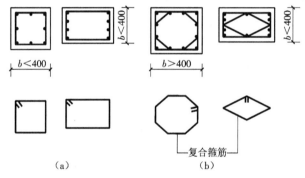

（a）　　　　　　　　　　　　　（b）

图 6-1　方形、矩形截面箍筋形式

纵筋的连接接头宜设置在受力较小处。钢筋的接头宜采用机械连接接头,也可采用焊接接头和搭接接头。对于直径大于 28 mm 的受拉钢筋和直径大于 32 mm 的受压钢筋,一般采用机械连接,机械连接接头和焊接接头的类型及质量应符合有关标准、规范的规定。

6.1.4　箍筋

为了箍住纵筋,防止纵筋压曲,柱及其他受压构件中箍筋应做成封闭式,也可焊接成封闭环式,其间距不应大于 15 d(d 为纵筋最小直径),且不应大于 400 mm 及构件截面的短边尺寸。箍筋直径不应小于 0.25 d(d 为纵筋最大直径),且不应小于 6 mm。箍筋末端应做成 135°弯钩,弯钩末端平直段长度不应小于箍筋直径的 5 倍。

当纵筋配筋率超过 3% 时,箍筋直径不应小于 8 mm,箍筋间距不应大于 10 d(d 为纵筋最小直径),且不应大于 200 mm。箍筋末端应做成 135°弯钩,且弯钩末端平直段长度不应小于箍筋直径的 10 倍。

当柱截面的短边尺寸大于 400 mm 且各边纵筋多于 3 根时,或当柱截面的短边尺寸不大于 400 mm 但各边纵筋多于 4 根时应设置复合箍筋,见图 6-1。

配有间接钢筋的柱中,如计算中考虑间接钢筋的作用,则间接钢筋的间距不应大于

80 mm 及 $d_{cor}/5$,且不宜小于 40 mm,d_{cor} 为按间接钢筋内表面确定的核心截面直径。

对于截面形状复杂的构件,不可采用具有内折角的箍筋,避免产生向外的拉力,致使折角处的混凝土破损,见图 6 - 2。

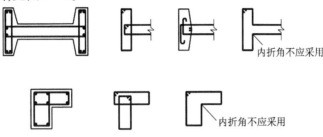

内折角不应采用

内折角不应采用

图 6 - 2 工形、L 形截面箍筋形式

6.2 轴心受压构件的正截面受压承载力

实际工程结构中,由于混凝土材料的非匀质性、纵向钢筋的不对称布置、荷载作用位置的不准确及施工时不可避免的尺寸误差等原因往往存在有初始偏心距,理想的轴心受压构件是不存在的。但承受永久荷载为主的多层房屋的内柱及桁架的受压腹杆等构件,可近似地按轴心受压构件计算。

一般把钢筋混凝土柱按照箍筋的作用及配置方式的不同分为两种类型:第一种是配有纵向钢筋和普通箍筋的柱,称为普通箍筋柱;第二种是配有纵筋和螺旋式(或焊接环式)箍筋的柱,称为螺旋箍筋柱。普通箍筋和螺旋箍筋统称为间接钢筋。

普通箍筋柱中箍筋的作用是防止纵筋压屈,改善构件的变形能力,与纵筋形成骨架防止纵筋受力后外凸,便于施工;纵筋的作用是协助混凝土承受压力,减小截面尺寸,承受可能不大的弯矩及由于混凝土收缩和温度变形引起的拉应力,避免构件产生突然脆性破坏。螺旋箍筋柱中,螺旋箍筋的间距较密,除上述普通箍筋的作用外,还能约束核心部分的混凝土,提高混凝土抗压强度,增加构件承载力和提高变形能力。

6.2.1 轴心受压普通箍筋柱的正截面受压承载力计算

1. 受力分析和破坏形态

对长细比较小的配有纵筋和箍筋的短柱(图 6 - 3),在轴心压力作用下,整个截面的应变基本上是均匀分布的。荷载较小时,混凝土和钢筋均处于弹性阶段,柱子压缩变形的增加与荷载的增加成正比,纵筋和混凝土的压应力的增加也与荷载的增加成正比。荷载较大时,由于混凝土的塑性变形的发展,压缩变形增加的速度快于荷载增长速度,且纵筋配筋率越小,这个现象越为明显。同时,在相同荷载增量下,钢筋的压应力比混凝土的压应力增加得快,见图 6 - 4。随着荷载的继续增加,柱中开始出现微细裂缝,临近破坏荷载时,柱四周出现明显的纵向裂缝,箍筋间的纵筋发生压屈、外凸,混凝土被压碎,柱子破坏,见图 6 - 5。

试验表明,素混凝土棱柱体构件达到最大压应力值时的压应变值约为 0.0015 ~ 0.002,钢筋混凝土短柱达到应力峰值时的压应变一般为 0.0025 ~ 0.0035 之间。其主要原因是纵向钢筋起到了调整混凝土应力的作用,使混凝土的塑性性质得到了较好的发挥,改善了受压

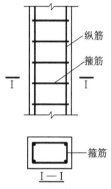
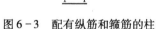

图 6-3　配有纵筋和箍筋的柱

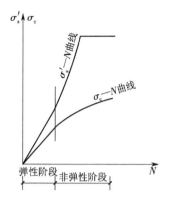

图 6-4　应力—荷载曲线示意图

破坏的脆性性质。破坏时,一般是纵筋先达到屈服强度,此时可继续增加一些荷载,最后混凝土达到极限压应变值,构件破坏。当纵向钢筋的屈服强度较高时,可能会出现钢筋没有达到屈服强度而混凝土达到了极限压应变值的情况。

考虑混凝土的强度和配筋的影响,构件的峰值压应变为 0.002～0.00236,对于 HPB300 级、HRB400 级和 HRB500 级钢筋均能达到屈服强度。

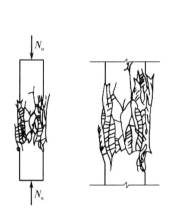

图 6-5　短柱的破坏

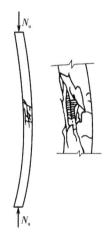

图 6-6　长柱的破坏

对长细比较大的柱,试验表明,各种偶然因素造成的初始偏心距的影响不可忽略。加载后,初始偏心距导致产生附加弯矩和相应的侧向挠度,侧向挠度又增大了荷载的偏心距,随着荷载的增加,附加弯矩和侧向挠度将不断增大。这样相互影响,使长柱在轴力和弯矩的共同作用下发生破坏。破坏时,首先在凹侧出现纵向裂缝,随后混凝土被压碎,纵筋被压屈向外凸出;凸侧混凝土出现垂直于纵轴方向的横向裂缝,侧向挠度急剧增大,柱子破坏,见图6-6。

试验表明,长柱的破坏荷载低于其他条件相同的短柱破坏荷载,长细比越大,其承载能力降低越多。对长细比很大的细长柱,还有可能发生失稳破坏。此外,在长期荷载作用下,由于混凝土的徐变,侧向挠度将增大得更多,从而使长柱的承载力降低得更多,且长期荷载在全部荷载中所占的比例越多,其承载力降低得越多。

《混凝土结构设计标准》采用稳定系数 φ 表示长柱承载能力的降低程度,即

$$\varphi = \frac{N_u^l}{N_u^s} \tag{6-1}$$

式中 N_u^l, N_u^s——长柱和短柱的承载力。

根据中国建筑科学研究院试验资料及一些国外的试验数据,稳定系数值主要和构件的长细比有关,见图 6-7。长细比是指构件的计算长度 l_0 与其截面的回转半径 i 之比,对于矩形截面为 l_0/b(b 为截面的短边尺寸)。

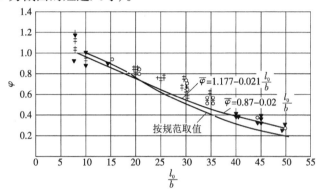

图 6-7 φ 值的试验结果及规范取值

从图 6-7 中可以看出,l_0/b 越大,φ 值越小。当 $l_0/b < 8$ 时,柱的承载力没有降低,φ 值可取为 1。对于具有相同 l_0/b 值的柱,由于混凝土的强度等级和钢筋的种类以及配筋率的不同,φ 值的大小还略有变化。根据试验结果及数理统计可得下列经验公式:

当 $l_0/b = 8 \sim 34$ 时

$$\varphi = 1.177 - 0.021 l_0/b \tag{6-2}$$

当 $l_0/b = 35 \sim 50$ 时

$$\varphi = 0.87 - 0.012 l_0/b \tag{6-3}$$

《混凝土结构设计标准》中,对于长细比 l_0/b 较大的构件,考虑到荷载初始偏心和长期荷载作用对构件承载力的不利影响较大,φ 的取值比按经验公式所得到的 φ 值要降低一些,以保证安全。对于长细比 l_0/b 小于 20 的构件,考虑到以往使用经验,φ 的取值略微提高一些。《混凝土结构设计标准》采用的 φ 值见表 6-1。《混凝土结构设计标准》根据不同结构的受力变形特点规定了柱的计算长度 l_0,见附表 25 和附表 26。

表 6-1 钢筋混凝土构件的稳定系数

l_0/b	≤8	10	12	14	16	18	20	22	24	26	28
l_0/d	≤7	8.5	10.5	12	14	15.5	17	19	21	22.5	24
l_0/i	≤28	35	42	48	55	62	69	76	83	90	97
φ	1.00	0.98	0.95	0.92	0.87	0.81	0.75	0.70	0.65	0.60	0.56
l_0/b	30	32	34	36	38	40	42	44	46	48	50
l_0/d	26	28	29.5	31	33	34.5	36.5	38	40	41.5	43
l_0/i	104	111	118	125	132	139	146	153	160	167	174
φ	0.52	0.48	0.44	0.40	0.36	0.32	0.29	0.26	0.23	0.21	0.19

注:b 为矩形截面的短边尺寸,d 为圆形截面的直径,i 为截面的最小回转半径。

2. 承载力计算公式

配有纵向钢筋和普通箍筋的轴心受压短柱在破坏时,正截面的受力计算简图如图 6-8 所示。考虑长柱承载力的降低和可靠度的调整,《混凝土结构设计标准》给出的轴心受压构件承载力计算公式如下:

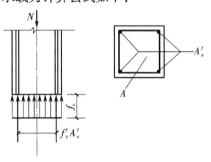

图 6-8　普通箍筋柱正截面受压承载力计算简图

$$N \leqslant 0.9\varphi(f_c A + f_y' A_s') \qquad (6-4)$$

式中　　N——轴向力设计值;

0.9——可靠度调整系数;

φ——钢筋混凝土构件的稳定系数,见表 6-1;

f_c——混凝土的轴心抗压强度设计值;

A——构件截面面积;

f_y'——纵向钢筋的抗压强度设计值;

A_s'——全部纵向钢筋的截面面积。

当纵向钢筋配筋率大于 3% 时,式中 A 应改用 $(A - A_s')$。

轴心受压构件在加载后荷载维持不变的条件下,由于混凝土徐变,则随着荷载作用时间的增加,混凝土的压应力逐渐变小,钢筋的压应力逐渐变大,一开始变化较快,经过一定时间后趋于稳定。在荷载突然卸载时,构件回弹,由于混凝土徐变变形的大部分不可恢复,故当荷载为零时,会使柱中钢筋受压而混凝土受拉,见图 6-9;若柱的配筋率过大,还可能将混凝土拉裂;若柱中纵筋和混凝土之间有很强的粘应力时,则能同时产生纵向裂缝,这种裂缝更为危险。为了防止出现这种情况,要控制柱中纵筋的配筋率,要求全部纵筋配筋率不宜超过 5%。

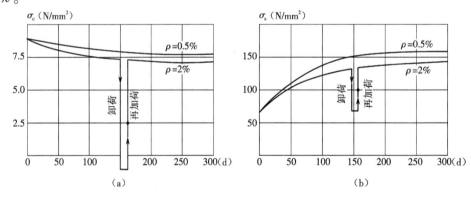

图 6-9　长期荷载作用下截面混凝土和钢筋的应力重分布
(a)混凝土;(b)钢筋

【例题 6-1】　已知:某四层四跨现浇楼盖结构的第二层内柱,轴向力设计值 $N = 1\,400$ kN,楼层高 $H = 3.9$m,混凝土强度等级为 C40,采用 HRB400 级钢筋。

求:柱截面尺寸及纵筋面积。

【解】　根据构造要求,先假定柱截面尺寸为 350 mm × 350 mm

按《混凝土结构设计标准》第 6.2.20 规定,

$$l_0 = 1.25\ H = 4.875\ \text{m}$$

由 $l_0/b = 4875/350 = 13.93$,查表 6-1 得　$\varphi = 0.921$

按式（6-4）求 A'_s

$$A'_s = \frac{1}{f'_y}\left(\frac{N}{0.9\varphi} - f_c A\right) = \frac{1}{360}\left(\frac{1\,400 \times 10^3}{0.9 \times 0.921} - 19.1 \times 350 \times 350\right) \text{为负数，说明按最小配筋率}$$

即可，$\rho'_{min} = 0.0055$，则

$$A'_s = \rho'_{min} \times bh = 0.0055 \times 350 \times 350 = 674 \text{ mm}^2$$

选用 $4\,\Phi\,16$，$A'_s = 804 \text{ mm}^2$

截面每一侧配筋率

$$\rho' = \frac{0.5 \times 804}{350 \times 350} = 0.00328 > 0.2\%，\text{可以。}$$

故受压纵筋最小配筋率满足要求。

【例题6-2】已知：根据建筑的要求，某现浇柱截面尺寸定为 300 mm × 300 mm。由两端支承情况决定其计算高度 $l_0 = 3.0$ m，柱内纵筋配有4根直径22 mm的HRB400级钢筋（$A'_s = 1\,520 \text{ mm}^2$），构件混凝土强度等级为C30，柱的设计轴向力 $N = 950$ kN。

求：截面是否安全。

【解】　由 $l_0/b = 3\,000/300 = 10.0$，查表6-1得 $\varphi = 0.98$

按式（6-4）得

$$0.9\varphi(f_c A + f'_y A'_s)/N$$

$$= 0.9 \times 0.98 \times (14.3 \times 300 \times 300 + 360 \times 1\,520)/950 \times 10^3 = 1.70 > 1.0$$

故截面是安全的。

6.2.2　轴心受压螺旋式箍筋柱的正截面受压承载力计算

当柱承受很大轴心压力，而柱截面尺寸受到限制不能增大，若按普通箍筋柱设计，即使提高混凝土的强度等级，增加纵筋配筋也不能承受该荷载时，可考虑采用螺旋箍筋（或焊接环筋）来提高构件的承载力，柱的截面形状一般为圆形。图6-10是螺旋箍筋柱和焊接环筋柱的构造形式。

螺旋箍筋柱和焊接环筋柱的配箍率高，能约束核心混凝土在纵向受压时产生的横向变形，从而提高了混凝土抗压强度和变形能力。由于螺旋箍筋（或焊接环筋）外的混凝土保护层在螺旋箍筋或焊接环筋受到较大拉应力时就会开裂，所以计算时不考虑此部分混凝土。

间接钢筋包围的核心截面混凝土的实际抗压强度，由于箍筋的套箍作用而高于混凝土单轴抗压强度。约束核心混凝土抗压强度用圆柱体混凝土周围加液压的近似关系式进行计算：

$$f = f_c + \beta\sigma_r \tag{6-5}$$

式中　f——被约束后的混凝土轴心抗压强度；

σ_r——当间接钢筋的应力达到屈服强度时，柱的核心混凝土受到的径向压应力值。

在间接钢筋间距 s 范围内，利用 σ_r 的合力与钢筋的拉力平衡，如图6-11所示，则 σ_r 可推导如下：

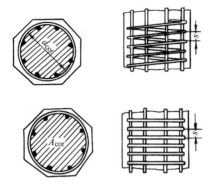

图 6-10　螺旋箍筋柱和焊接环筋柱

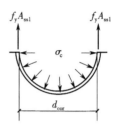

图 6-11　混凝土径向压力示意图

$$\sigma_{\mathrm{r}} = \frac{2f_y A_{\mathrm{ss1}}}{s d_{\mathrm{cor}}} = \frac{2f_y A_{\mathrm{ss1}} d_{\mathrm{cor}} \pi}{4 \dfrac{\pi d_{\mathrm{cor}}^2}{4} s} = \frac{f_y A_{\mathrm{ss0}}}{2 A_{\mathrm{cor}}} \tag{6-6}$$

式中　A_{ss1}——单根间接钢筋的截面面积;

　　　　f_y——间接钢筋的抗拉强度设计值;

　　　　s——沿构件轴线方向间接钢筋的间距;

　　　d_{cor}——构件的核心直径(间接钢筋内表面之间的距离);

　　　A_{ss0}——间接钢筋的换算截面面积,

$$A_{\mathrm{ss0}} = \frac{\pi d_{\mathrm{cor}} A_{\mathrm{ss1}}}{s} \tag{6-7}$$

　　　A_{cor}——构件的核心截面面积。

根据纵向内外力的平衡得

$$N = f A_{\mathrm{cor}} + f'_y A'_s = (f_c + \beta \sigma_{\mathrm{r}}) A_{\mathrm{cor}} + f'_y A'_s = f_c A_{\mathrm{cor}} + \frac{\beta}{2} f_y A_{\mathrm{ss0}} + f'_y A'_s \tag{6-8}$$

令 $\alpha = \dfrac{\beta}{4}$,代入上式,同时考虑可靠度的调整系数 0.9 后,《混凝土结构设计标准》规定螺旋箍筋柱或焊接环筋柱的承载力计算公式为

$$N \leqslant 0.9(f_c A_{\mathrm{cor}} + 2\alpha f_y A_{\mathrm{ss0}} + f'_y A'_s) \tag{6-9}$$

式中　α——间接钢筋对承载力的影响系数,当混凝土强度等级不超过 C50 时,取 $\alpha = 1.0$;当混凝土强度等级为 C80 时,取 $\alpha = 0.85$;当混凝土强度等级在 C50 与 C80 之间时,按直线内插法确定。

为使间接钢筋外面的混凝土保护层对抵抗脱落有足够的安全,《混凝土结构设计标准》规定按式(6-9)算得构件承载力设计值不应大于按式(6-4)算得承载力设计值的 1.5 倍。

另外,规定凡属下列情况之一者,不考虑间接钢筋的影响而按式(6-4)计算构件的承载力:

(1)当 $l_0/d > 12$ 时,此时因长细比较大,有可能因纵向弯曲引起螺旋箍筋不起作用;

(2)当按式(6-9)算得受压承载力小于按式(6-4)算得的受压承载力时;

(3)当间接钢筋换算截面面积 A_{ss0} 小于纵筋全部截面面积的 25% 时,可以认为间接钢筋配置得太少,套箍作用的效果不明显。

【例题 6-3】已知:某旅馆底层门厅内现浇钢筋混凝土底层柱,承受轴心压力设计值 N = 6 000 kN;从基础顶面算起的柱子全高 H = 5.2 m,混凝土强度等级为 C40;建筑要求柱截面为圆形,直径 d = 470 mm;柱中纵筋采用 HRB400 级钢筋,箍筋采用 HPB300 级钢筋。

求:柱中配筋。

【解】先按配有普通纵筋和箍筋柱计算。

(1)计算长度 l_0。钢筋混凝土现浇框架底层柱的计算长度取 $l_0 = H$ = 5.2 m

(2)稳定系数 φ

$$l_0/d = 5\ 200/470 = 11.1$$

查表 6-1 得 φ = 0.938

(3)求纵筋 A_s'。已知圆形混凝土截面积

$$A = \pi d^2/4 = 3.14 \times 470^2/4 = 17.34 \times 10^4 \text{ mm}^2$$

由式(6-4)得

$$A_s' = \frac{1}{f_y'}\left(\frac{N}{0.9\varphi} - f_c A\right) = \frac{1}{360}\left(\frac{6\ 000 \times 10^3}{0.9 \times 0.938} - 19.1 \times 17.34 \times 10^4\right) = 10\ 543 \text{ mm}^2$$

(4)求配筋率

$$\rho' = A_s'/A = 10\ 543/(17.34 \times 10^4) = 0.061$$

配筋率太高,因 $l_0/d < 12$,则若混凝土强度等级不再提高,可采用螺旋箍筋柱。下面再按螺旋箍筋柱来计算。

(5)假定纵筋配筋率 ρ' = 0.045,则得 $A_s' = \rho'A = 7\ 803 \text{ mm}^2$,选用 16 Φ 25 钢筋,A_s' = 7 854 mm²。混凝土的保护层取 20 mm,可得

$$d_{cor} = d - 20 \times 2 - 10 \times 2 = 470 - 40 - 20 = 410 \text{ mm}$$

$$A_{cor} = \pi d_{cor}^2/4 = 3.14 \times 410^2/4 = 13.20 \times 10^4 \text{ mm}^2$$

(6)混凝土强度等级≤C50,取 α = 1.0;按式(6-9)求得的螺旋箍筋的换算截面面积

$$A_{ss0} = \frac{N/0.9 - (f_c A_{cor} + f_y' A_s')}{2f_y}$$

$$= \frac{600 \times 10^4/0.9 - (19.1 \times 13.20 \times 10^4 + 360 \times 7\ 854)}{2 \times 270} = 2\ 441 \text{ mm}^2$$

$A_{ss0} > 0.25A_s' = 0.25 \times 7\ 854 = 1\ 964 \text{ mm}^2$,满足构造要求。

(7)假定螺旋箍筋直径 d = 10 mm,则单肢螺旋箍筋面积 A_{ss1} = 78.5 mm²。螺旋箍筋的间距 s 可通过式(6-7)求得:$s = \pi d_{cor} A_{ss1}/A_{ss0} = 3.14 \times 410 \times 78.5/2\ 441 = 41.4 \text{ mm}$

取 s = 40 mm,满足不小于 40 mm,并不大于 80 mm 及 $0.2d_{cor}$ 的构造要求。

(8)根据所配置的螺旋箍筋 d = 10 mm,s = 40 mm 重新用式(6-7)及式(6-9)求得间接配筋柱的轴向力设计值 N 如下:

$$A_{ss0} = \frac{\pi d_{cor} A_{ss1}}{s} = \frac{3.14 \times 410 \times 78.5}{40} = 2\ 527 \text{ mm}^2$$

$$N = 0.9(f_c A_{cor} + 2f_y A_{ss0} + f_y' A_s')$$

$$= 0.9(19.1 \times 13.20 \times 10^4 + 2 \times 270 \times 2\ 527 + 360 \times 7\ 854) = 6\ 041 \text{ kN}$$

按式(6-4)得

$$N = 0.9\varphi(f_c A + f_y' A_s')$$
$$= 0.9 \times 0.938[19.1 \times (17.34 \times 10^4 - 7854) + 360 \times 7\ 854] = 5\ 056\ \text{kN}$$

因 $1.5 \times 5\ 056 = 7\ 584\ \text{kN} > 6\ 041\ \text{kN}$

满足要求。

6.3 偏心受压构件正截面受力性能

6.3.1 偏心受压短柱的破坏

偏心受压是压力 N 和弯矩 M 共同作用的表征,偏心距 $e_0 = M/N$。偏心受压柱的受力性能介于轴心受压和受弯之间。当 $M = 0$ 时为轴心受压,当 $N = 0$ 时为纯弯。偏心受压构件同时在截面受压侧和受拉侧(对小偏心构件这一侧也可能受压)配置纵向钢筋 A_s' 和 A_s,同时配置箍筋,以防止纵筋压屈。试验表明,对长细比较小的钢筋混凝土偏心受压短柱,破坏有受拉破坏和受压破坏两种形态。

　1. 受拉破坏

受拉破坏又称大偏心受压破坏,其发生于相对偏心距较大,且受拉钢筋配置合适时。此时,轴向力作用的一侧受压,另一侧受拉。随着荷载的增加,首先在受拉区产生横向裂缝,荷载不断增加,受拉区的裂缝随之不断地开展,在破坏前主裂缝逐渐明显,受拉钢筋的应力达到屈服强度,中和轴上升,混凝土压区高度减小,最后压区边缘混凝土达到其极限压应变值,混凝土被压碎,构件破坏。大偏心受压破坏属延性破坏,破坏时有明显预兆,变形能力较大,受压区的纵筋能达到受压屈服。受拉破坏形态的特点是受拉钢筋先达到屈服强度,然后受压区混凝土压碎,与适筋梁破坏形态相似。受拉破坏时正截面上的应力状态和构件破坏如图 6-12 所示。

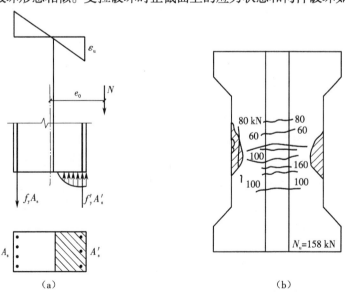

图 6-12　受拉破坏时的截面应力和受拉破坏形态
(a)截面应力;(b)受拉破坏形态

2. 受压破坏

受压破坏又称小偏心受压破坏。受压破坏的特点是截面破坏从受压区开始,发生以下两种情况。

(1)相对偏心距较小时,构件截面全部受压或大部分受压,如图6-13所示,一般截面破坏从轴向力N作用一侧的受压混凝土边缘开始,破坏时,压应力较大一侧的混凝土被压坏,同侧的受压钢筋也达到受压屈服强度;距轴向力N较远一侧的钢筋(远侧钢筋),可能受拉也可能受压,但不屈服。当偏心距很小,而轴向力N较大($N > \alpha_1 f_c b h_0$时),远侧钢筋也可能受压屈服。

另外,相对偏心距很小时,由于截面的实际形心和构件的几何中心不重合,纵向受压钢筋比纵向受拉钢筋多很多时,也会发生离轴向力作用点较远一侧的混凝土先被压坏,称为"反向破坏"。

(2)相对偏心距虽然较大,但却配置了很多的受拉钢筋,致使受拉钢筋始终不屈服。破坏时,受压区边缘混凝土达到极限压应变值,受压钢筋应力达到受压屈服强度;而远侧钢筋受拉不屈服,其截面上的应力状态如图6-13(a)所示。破坏无明显预兆,压碎区段较长,混凝土强度高,破坏更具突然性,如图6-13(c)所示。

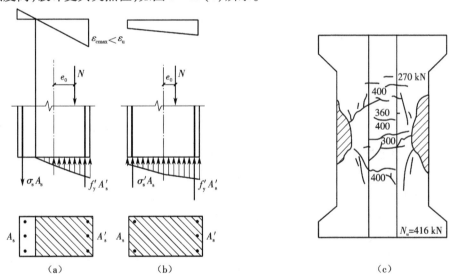

图6-13　受压破坏时的截面应力和受压破坏形态
(a)、(b)截面应力;(c)受压破坏形态

受压破坏形态或称小偏心受压破坏形态的特点是混凝土先被压碎,"远侧钢筋"可能受拉也可能受压,但都不屈服,具有脆性破坏特征。

"受拉破坏"与"受压破坏"都属于材料破坏,其相同之处是截面的最终破坏都是受压区边缘混凝土达到极限压应变而被压碎。不同之处在于截面破坏的起因,前者是受拉钢筋应力先达到屈服强度,而后受压混凝土被压碎,后者是截面的受压部分先发生破坏。

在"受拉破坏"和"受压破坏"之间存在一种破坏,称为"界限破坏"。界限破坏的主要特征是:在受拉钢筋达到屈服强度的同时,受压区混凝土被压碎。界限破坏也属于受拉破坏。

试验表明,从加载开始到接近破坏,用较大的测量标距量测得到的偏心受压构件的截面平均应变值能较好地符合平截面假定。

6.3.2　偏心受压长柱的破坏

　　钢筋混凝土柱在压力和弯矩共同作用下,处于偏心受压状态,会产生纵向弯曲。对长细比小的短柱($l_0/h \leqslant 5$),纵向弯曲小,在设计时一般可忽略不计。对长细比较大的中长柱($l_0/h = 5 \sim 30$),会产生比较大的纵向弯曲,设计时应考虑纵向弯曲的影响。图6-14是一根两端铰接,两端偏心距相同的标准柱的荷载—侧向变形(N—f)试验曲线。

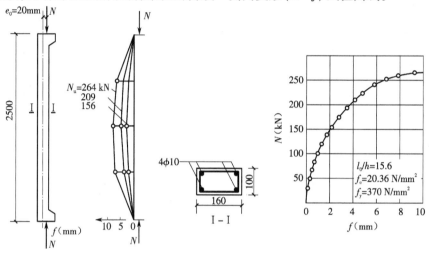

图6-14　长柱实测 N—f 曲线

　　由图6-14的曲线可以看出,当荷载较小时,荷载挠度曲线近于直线,且挠度数值很小。随着荷载加大,挠度增大,曲线的斜率逐渐趋于平坦。当柱长细比不太大,且偏心距很小时,纵向弯曲较小,最后破坏为混凝土的受压破坏;若长细比和偏心距比较大时,破坏可能由混凝土的受压破坏转化为受拉破坏。

　　偏心受压长柱在纵向弯曲影响下,可能发生两种形式的破坏。柱的长细比很大时($l_0/h > 30$),构件会产生纵向弯曲失去平衡的失稳破坏。当柱长细比在一定范围内时($l_0/h = 5 \sim 30$),虽然会产生纵向弯曲,偏心距增大,但其破坏与短柱($l_0/h \leqslant 5$)破坏相同,属于材料破坏。

　　图6-15中,表示三个截面尺寸、配筋和材料强度等完全相同,仅长细比不相同的柱,从加载到破坏的示意。

　　图6-15中的曲线 $ABCD$ 是构件截面材料破坏时的承载力 M 和 N 之间的关系。直线 OB 是长细比小的短柱从加载到破坏点 B 时 N 和 M 的关系线,由于短柱的纵向弯曲很小,可假定偏心距不变,即 M/N 为常数,其变化轨迹是直线,是材料破坏的类型。曲线 OC 是长柱从加载到破坏点 C 时 N 和 M 的关系曲线。长柱中偏心距随着纵向压力的增大而不断地非线性增加,即 M/N 是变数,其变化轨迹呈曲线形状,破坏特征也属于材料破坏。当柱的长细比很大时,在没有达到 M、N 的材料破坏关系曲线 $ABCD$ 前,微小的纵向压力增量 ΔN 即可引起不收敛的弯矩 M 增加而导致破坏,属于失稳破坏。如图6-15中所示,三个柱虽然有相同偏心距 e_i,但其承受纵向压力 N 的能力不同,其值为 $N_0 > N_1 > N_2$,说明构件长细比的增大会降低承载力。

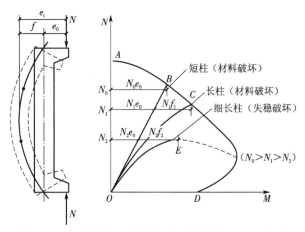

图 6-15 不同长细比柱从加载到破坏的 N—M 关系

6.4 偏心受压构件的二阶弯矩

6.4.1 二阶效应

结构中的二阶效应是指作用在结构上的重力荷载或构件中的轴压力在变形后的结构或构件中引起的附加内力(如弯矩)和附加变形(如结构侧移、构件挠曲)。

结构的二阶效应可以分为重力二阶效应(称为 $P—\Delta$ 效应)和受压构件的挠曲效应(称为 $P—\delta$ 效应)两类。

对于有侧移结构的偏心受压杆件,若杆件的长细比较大时,在轴力作用下,由于杆件自身侧移的影响,通常会增大杆件端部截面的弯矩,即产生 $P—\Delta$ 效应。由重力在产生了侧移的结构中形成的整体二阶效应也称"重力二阶效应"。结构侧移的二阶效应($P—\Delta$ 效应)通常属于结构分析的问题,在结构分析中也称为"几何非线性",如图 6-16 所示。

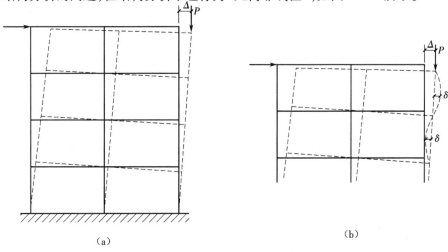

图 6-16 结构中的二阶效应
(a)$P—\Delta$ 效应;(b)$P—\delta$ 效应

　　由轴压力在杆件自身挠曲后引起的局部二阶效应为 $P—\delta$ 效应。通常 $P—\delta$ 效应起控制作用的情况仅在少数偏压构件中出现。例如反弯点不在层高范围内较细长的偏压杆则可能属于这种情况。受压构件的挠曲效应($P—\delta$ 效应)的计算属于构件层面上的问题。

6.4.2　偏心受压构件纵向弯曲引起的二阶效应($P—\delta$ 效应)

1. $P—\delta$ 效应

　　对于有侧移和无侧移结构的偏心受压杆件,若杆件的长细比较大时,在轴力作用下,单曲率变形,由于杆件自身挠曲变形的影响,通常会增大杆件中间区段截面的弯矩,即产生 $P—\delta$ 效应。根据杆端弯矩大小和作用方向的不同,$P—\delta$ 效应存在如下三种情况。

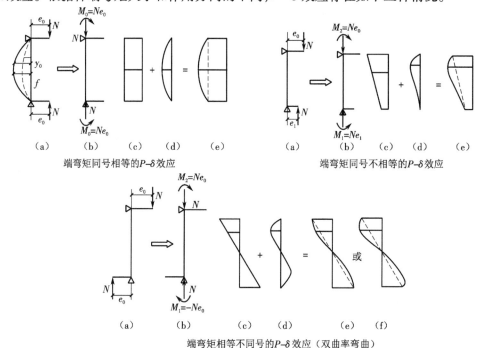

端弯矩同号相等的 $P-\delta$ 效应　　　端弯矩同号不相等的 $P-\delta$ 效应

端弯矩相等不同号的 $P-\delta$ 效应(双曲率弯曲)

图 6-17　杆件自身挠曲的效应

　　如图 6-17 所示,长细比较大的杆件,在轴力作用下只要杆件发生单曲率弯曲且两端的弯矩值比较接近时,就可能出现杆件中间区段截面考虑 $P—\delta$ 效应后的弯矩值超过杆端弯矩的情况,从而使杆件中间区段的截面成为设计的控制截面;或者杆件发生双曲率弯曲(端弯矩相等不同号),但如果杆件中的轴压比较大,也有可能发生考虑附加弯矩后的杆件中间区段截面的弯矩值超过杆端弯矩的情况。根据国内外相关研究,当柱端弯矩比不大于 0.9 且轴压比不大于 0.9 时,若杆件的长细比满足要求,则考虑杆件自身挠曲后中间区段截面的弯矩值通常不会超过杆端弯矩,即可以不考虑该方向杆件自身挠曲产生的附加弯矩的影响。

　　杆件端弯矩设计值通常指不利组合的弯矩设计值,考虑 $P—\delta$ 效应的方法采用的是"轴力表达式",为沿用我国工程设计习惯,将 η_{ns} 转换为理论上完全等效的"曲率表达式"。C_m 系数计算公式是在经典弹性解析解的基础上,考虑了钢筋混凝土柱非弹性性质的影响,并根据国内外的系列试验数据,经拟合调整后得出。

2. C_m—η_{ns} 方法

弯矩作用截面对称的偏心受压构件,当同一主轴方向的杆端弯矩比 $\dfrac{M_1}{M_2}$ 不大于 0.9 且设计轴压比不大于 0.9 时,构件的长细比满足下式的要求,可不考虑该方向构件自身挠曲产生的附加弯矩影响(即不考虑 P—δ 效应);否则,需要考虑杆件自身挠曲产生的附加弯矩:

$$l_c/i \leqslant 34 - 12(M_1/M_2) \tag{6-10}$$

式中　M_1、M_2——偏心受压构件两端截面按结构分析确定的对同一主轴的弯矩设计值;绝对值较大端为 M_2,绝对值较小端为 M_1,当构件按单曲率弯曲时,M_1/M_2 为正,否则为负;

$\quad\quad\quad l_c$——构件的计算长度,可近似取偏心受压构件相应主轴方向两支撑点之间的距离,注意这里不是 l_0;

$\quad\quad\quad i$——偏心方向的截面回转半径。

对于单曲率, $|M_1| = |M_2|$ 时, $\left[\dfrac{l_c}{i}\right]_{\lim} = 34 - 12 = 22$,对于矩形截面,$i = \sqrt{I/A} = $

$\sqrt{\left(\dfrac{1}{12}bh^3\right)\Big/bh} = 0.289h$,$l_c/i = l_0/0.289h \leqslant 22$,可知限制条件为 $l_c/h \leqslant 0.289 \times 22 \approx 6.4$

对于双曲率, $|M_1| = |M_2|$ 时, $\left[\dfrac{l_c}{i}\right]_{\lim} = 34 + 12 = 46$,相当于 $\left[\dfrac{l_c}{h}\right]_{\lim} = 13.3$。

由此,对于单曲率的杆件,$l_c/h \leqslant 6$ 时,可忽略杆件自身挠曲产生的附加弯矩,取 $C_m\eta_{ns} = 1$。

《混凝土结构设计标准》偏于安全地规定除排架结构柱以外的偏心受压构件,在其偏心方向上考虑杆件自身挠曲影响的控制截面弯矩设计值可按下列公式计算:

$$M = C_m\eta_{ns}M_2 \tag{6-11}$$

$$C_m = 0.7 + 0.3\frac{M_1}{M_2} \tag{6-12}$$

$$\eta_{ns} = 1 + \frac{1}{1300(M_2/N + e_a)/h_0}\left(\frac{l_c}{h}\right)^2\zeta_c① \tag{6-13}$$

当 $C_m\eta_{ns}$ 小于 1.0 时取 1.0;对剪力墙类构件,可取 $C_m\eta_{ns}$ 等于 1.0。

式中　C_m——柱端截面偏心距调节系数,当小于 0.7 时取 0.7;

$\quad\quad\quad \eta_{ns}$——弯矩增大系数;

$\quad\quad\quad N$——与弯矩设计值 M_2 相应的轴向压力设计值。

对于小偏心受压构件,离纵向力较远一侧钢筋可能受拉不屈服或受压,且受压区边缘混凝土的应变值 ε_c 一般也小于 0.0033,截面破坏时的曲率小于界限破坏时曲率 ϕ_b 值。为此,在计算破坏曲率时,引进一个截面曲率修正系数 ζ_c,参考国外规范和试验结果,可采用下列表达式:

$$\zeta_c = \frac{N_b}{N} = \frac{0.5f_cA}{N} \tag{6-14}$$

且当 $\zeta_c > 1$ 时,取 $\zeta_c = 1$。

式中　N——纵向力设计值;

———————————————

① 当 N 未知时,可近似取 $\zeta_c = 0.2 + 2.7e_i/h$ 计算。

N_b——界限状态时构件受压承载力;

A——构件截面面积;

f_c——混凝土轴心抗压强度设计值。

当偏心受压构件的截面为环形或圆形时,h 换成 d,$h_0 \approx 0.9d$(当截面为环形截面时 d 为外直径,圆形截面时 d 为直径)。公式不仅适合于矩形、圆形和环形,也适合于 T 形和工形截面。

3. 弯矩增大系数和附加偏心距

我国《混凝土结构设计标准》对长细比 $l_c/h = 6 \sim 30$ 端弯矩同号且相等的单曲率偏心受压构件,当需要考虑 P—δ 效应时,采用把轴向力对截面重心的偏心距 e_0 值乘以弯矩增大系数 η_{ns} 解决二阶弯矩影响问题。用曲率表达的弯矩增大系数 η_{ns} 如下:

$$e_0 + f = \left(1 + \frac{f}{e_0}\right)e_0 = \eta_{ns}e_0$$

$$e_i = e_0 + e_a$$

式中　f——长柱纵向弯曲后产生的侧向最大挠度值;

η_{ns}——考虑二阶弯矩影响的弯矩增大系数;

e_i——初始偏心距;

e_0——轴向力对截面重心的偏心距,此处 $e_0 = M_2/N$;

e_a——附加偏心距,考虑荷载作用位置的不定性、混凝土质量的不均匀性和施工误差以及计算偏差等因素的不利影响,其值取 $h/30$(h 是指偏心方向的截面尺寸)和 20 mm 两者中的较大者。

$$\eta_{ns} = \left(1 + \frac{f}{e_0}\right)$$

$$M_{max} = Ne_0 + Nf = N\left(1 + \frac{f}{e_0}\right)e_0 = \eta_{ns}Ne_0 = \eta_{ns}M_2$$

$f = \phi_b \dfrac{l_c^2}{10}\zeta_c$,对于 500 MPa 级钢筋,取 $f_y/E_s = \dfrac{435}{2 \times 10^5} = 0.00218$

$$\phi_b = \frac{0.0033 \times 1.25 + 0.00218}{h_0} = \frac{1}{158.478}\left(\frac{1}{h_0}\right)$$

$$\eta_{ns} = \left(1 + \frac{f}{e_0}\right) = 1 + \frac{1}{1584.78e_0}\frac{l_c^2}{h_0}\zeta_c$$

取 $h = 1.1h_0$,且考虑附加偏心距 e_a

得 $\eta_{ns} \approx 1 + \dfrac{1}{1300e_i/h_0}\left(\dfrac{l_c}{h}\right)^2\zeta_c = 1 + \dfrac{1}{1300(M_2/N + e_a)/h_0}\left(\dfrac{l_c}{h}\right)^2\zeta_c$

ζ_c 为截面修正系数。

6.5　矩形截面偏心受压构件正截面受压承载力

6.5.1　大、小偏心受压破坏的界限

受弯构件正截面承载力计算的基本假定同样适用于偏心受压构件正截面受压承载力的计算。与受弯构件相似,利用平截面假定和规定了受压区边缘极限应变值的数值后,可以求得偏

心受压构件正截面在各种破坏情况下,沿截面高度的平均应变分布,如图 6-18 所示。

在图 6-18 中,ε_u 表示受压区边缘混凝土极限应变值,《混凝土结构设计标准》根据试验研究,ε_u 按式(4-6)计算;ε_y 表示受拉纵筋在屈服点时的应变值;ε_y' 表示受压纵筋屈服时的应变值,$\varepsilon_y' = f_y'/E_s$;$x_{cb}$ 表示界限状态时截面受压区的实际高度。

从图 6-18 中可看出,当受压区太小,混凝土达到极限应变值时,受压纵筋的应变很小,使其达不到屈服强度。当受压区达到 x_{cb} 时,混凝土和受拉纵筋分别达到极限压应变值和屈服点应变值即为界限破坏状态。因此,相应于界限破坏状态的相对受压区高度 ξ_b 可用式(4-21)确定。需要注意,与受弯构件的界限相对受压区高度 ξ_b 不同的是,偏心受压构件有轴压力 N 的作用。

由上述可知,当 $\xi \leqslant \xi_b$ 时为大偏心破坏(受拉破坏);当 $\xi > \xi_b$ 时为小偏心破坏(受压破坏)。

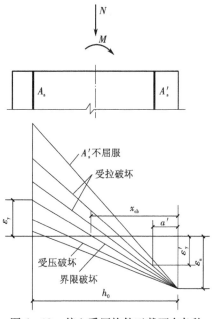

图 6-18　偏心受压构件正截面在各种破坏情况时沿截面高度的平均应变分布

6.5.2　矩形截面偏心受压构件正截面受压承载力计算

1. 大偏心受压构件(受拉破坏,$\xi \leqslant \xi_b$)

矩形截面大偏心受压破坏的截面计算简图如图 6-19 所示。

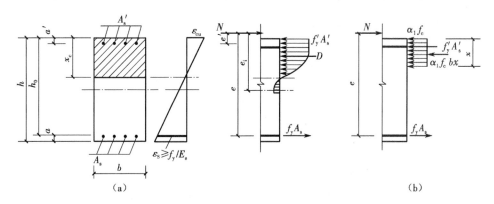

图 6-19　大偏心受压破坏的截面计算简图
(a)截面应变分布和应力分布;(b)等效计算简图

1)计算公式

由力的平衡条件及各力对受拉钢筋合力点取矩的力矩平衡条件,得到两个基本计算公式:

$$N = \alpha_1 f_c bx + f_y'A_s' - f_y A_s \tag{6-15}$$

$$Ne = \alpha_1 f_c bx\left(h_0 - \frac{x}{2}\right) + f_y' A_s'(h_0 - a') \qquad (6-16)$$

式中　N——轴向力设计值；

　　　α_1——混凝土强度调整系数；

　　　e——轴向力作用点至受拉钢筋 A_s 合力点之间的距离，

$$e = e_i + \frac{h}{2} - a \qquad (6-17)$$

$$e_i = M/N + e_a \qquad (6-18)$$

　　　M——考虑二阶弯矩影响时，按式(6-11)计算；

　　　x——受压区计算高度。

　2)适用条件

　(1)为了保证构件破坏时受拉区钢筋应力先达到屈服强度，要求

$$x \leqslant x_b \qquad (6-19)$$

式中　x_b——界限破坏时受压区计算高度，$x_b = \xi_b h_0$。

　(2)为了保证构件破坏时，受压钢筋应力能达到屈服强度，与双筋受弯构件相同，要求满足：

$$x \geqslant 2a' \qquad (6-20)$$

式中　a'——纵向受压钢筋合力点至受压区边缘的距离。

　2. 小偏心受压构件(受压破坏，$\xi > \xi_b$)

　矩形截面小偏心受压破坏时，受压区混凝土被压碎，受压钢筋的应力达到屈服强度，而"远侧钢筋"可能受拉而不屈服或受压，计算简图如图 6-20(a)或(b)，(c)所示。计算时，受压区的混凝土曲线压应力图仍用等效矩形应力图来替代。

　根据力的平衡条件及力矩平衡条件可得

$$N = \alpha_1 f_c bx + f_y' A_s' - \sigma_s A_s \qquad (6-21)$$

$$Ne = \alpha_1 f_c bx\left(h_0 - \frac{x}{2}\right) + f_y' A_s'(h_0 - a') \qquad (6-22)$$

$$Ne' = \alpha_1 f_c bx\left(\frac{x}{2} - a'\right) - \sigma_s A_s(h_0 - a') \qquad (6-23)$$

式中　x——受压区计算高度，当 $x > h$ 时，取 $x = h$；

　　　σ_s——钢筋 A_s 的应力值，可根据截面应变保持平面的假定计算，亦可近似取

$$\sigma_s = \frac{\xi - \beta_1}{\xi_b - \beta_1} f_y \qquad (6-24)$$

　　　σ_s 应满足 $-f_y' \leqslant \sigma_s \leqslant f_y$；

　　　β_1——矩形应力图受压高度与中和轴高度的比值(详见表 4-3)；

　　　e、e'——轴向力作用点至受拉钢筋 A_s 合力点和受压钢筋 A_s' 合力点之间的距离，

$$e = e_i + \frac{h}{2} - a \qquad (6-25)$$

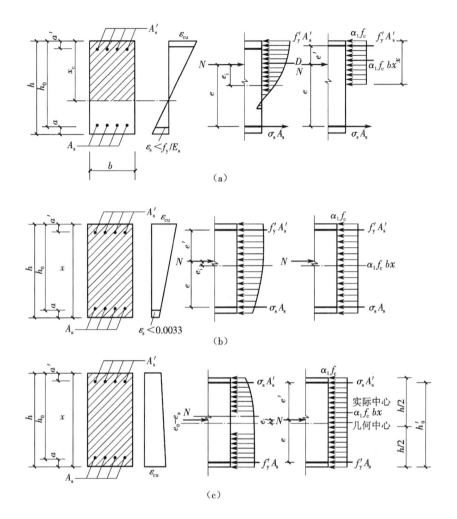

图 6-20　小偏心受压计算简图

(a)A_s 受拉不屈服；(b)A_s 受压不屈服；(c)A_s 受压屈服

$$e' = \frac{h}{2} - e_i - a' \tag{6-26}$$

现对式(6-24)证明如下。

在 $x \leqslant h_0$(即 $\xi < 1$)的情况下，参见图 6-20(a)的应变关系：

$$\sigma_s = \varepsilon_{cu} E_s \left(\frac{\beta_1}{\xi} - 1 \right) = \varepsilon_{cu} E_s \left(\frac{\beta_1 h_0}{x} - 1 \right) \tag{6-24a}$$

式中系数 β_1 是计算受压区高度 x 和压区高度 x_c 的比值系数(即 $x = \beta_1 x_c$)。但用式(6-24a)计算钢筋应力 σ_s 时，需要利用式(6-21)和式(6-22)求解 x 值，这势必解 x 的三次方程，不便于手算；另外，该公式在 $\xi > 1$ 时，偏离试验值较大，见图 6-21。

根据我国试验资料分析，实测的钢筋应变 ε_s 与 ξ 接近直线关系，其线性回归方程为

$$\varepsilon_s = 0.0044(0.81 - \xi) \tag{6-24b}$$

由于 σ_s 对构件的小偏压极限承载能力影响较小，考虑界限条件 $\xi = \xi_b$ 时，$\varepsilon_s = f_y / E_s$，$\xi = \beta_1$

时 $\varepsilon_s = 0$,调整回归方程(6-24b)后,简化成下式:

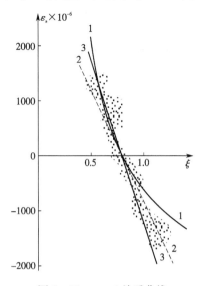

图 6-21　$\varepsilon_s - \xi$ 关系曲线

($\varepsilon_{cu} = 0.0033, \beta_1 = 0.8$)

1—按平截面假定 $\varepsilon_s = 0.0033(0.8/\xi - 1)$;

2—回归方程 $\varepsilon_s = 0.0044(0.81 - \xi)$;

3—简化公式 $\varepsilon_s = \dfrac{f_y}{E_s}\left(\dfrac{0.8 - \xi}{0.8 - \xi_b}\right)$

$$\varepsilon_s = \frac{f_y}{E_s}\frac{\beta_1 - \xi}{\beta_1 - \xi_b} \qquad (6-24c)$$

改写成应力形式,即得式(6-24)。

当相对偏心距很小,且 A_s' 比 A_s 大很多时,也可能在离轴向力较远的一侧混凝土发生先压坏,称为反向破坏。这时截面应力分布如图 6-20(c)所示。

为了避免这种反向破坏的发生,《混凝土结构设计标准》规定,对于小偏心受压构件除按式(6-21)、式(6-22)或式(6-23)计算外,还应满足下列条件:

$$N\left[\frac{h}{2} - a' - (e_0 - e_a)\right] \leqslant f_c bh\left(h_0' - \frac{h}{2}\right) + f_y' A_s (h_0' - a)$$

$$(6-27)$$

式中　h_0'——钢筋 A_s' 合力点至离纵向较远一侧边缘的距离,即 $h_0' = h - a'$。

3. 大小偏心受压构件的判定

如前所述,当 $\xi \leqslant \xi_b$ 时为大偏心受压,当 $\xi > \xi_b$ 时为小偏心受压,其中 $\xi = \dfrac{x}{h_0}$。对于设计计算问题,x 未知不能用 ξ 和 ξ_b 的关系来事先判定大小偏心,需要另外建立判别大小偏心受压的方法。

1)判别大小偏压的相对界限偏心距 e_{0b}/h_0

设 $x = x_b$ 时为界限情况,取 $x_b = \xi_b h_0$ 代入大偏心受压的计算公式,并取 $a = a'$,可得界限破坏时的轴力 N_b 和弯矩 M_b:

$$N_b = \alpha_1 f_c b \xi_b h_0 + f_y' A_s' - f_y A_s$$

$$M_b = 0.5\left[\alpha_1 f_c b \xi_b h_0 (2h_0 - \xi_b h_0) + (f_y' A_s' + f_y A_s)(h_0 - a)\right]$$

$$\frac{e_{0b}}{h_0} = \frac{M_b}{N_b h_0} = \frac{0.5\left[\alpha_1 f_c b \xi_b h_0 (2h_0 - \xi_b h_0) + (f_y' A_s' + f_y A_s)(h_0 - a)/h_0\right]}{(\alpha_1 f_c b \xi_b h_0 + f_y' A_s' - f_y A_s)h_0}$$

对于给定截面尺寸、材料强度以及截面配筋 A_s 和 A_s',界限相对偏心距 e_{0b}/h_0 为定值。这时,当偏心距 $e_0 \geqslant e_{0b}$ 时,为大偏心受压情况;当偏心距 $e_0 < e_{0b}$ 时,为小偏心受压情况。

2)考虑 A_s 和 A_s' 分别取最小配筋率时的情况

当截面尺寸和材料强度给定时,界限相对偏心距 e_{0b}/h_0 随 A_s 和 A_s' 的减小而减小。当 A_s 和 A_s' 分别取最小配筋率时,可得 e_{0b} 的最小值,即 $e_{0b,min}/h_0$。受压构件一侧纵向钢筋最小配筋率为 0.002。近似取 $h = 1.05h_0$,$a = 0.05h_0$,代入上式可得工程常用不同材料强度等级组合下的最小相对界限偏心距数值,见表6-2。

表 6 – 2 最小相对界限偏心距 $e_{0b,min}/h_0$

混凝土强度 等级 钢筋强 度等级	C30	C40	C50	C60	C70	C80
400MPa 级	0.354	0.343	0.336	0.341	0.348	0.355
500MPa 级	0.380	0.368	0.360	0.366	0.371	0.378

综合考虑不同强度的钢筋和混凝土强度等级,设计计算时当偏心距 $M/N + e_a \leq e_{ib,min} = 0.3h_0$ 时,按小偏心受压计算;当偏心距 $M/N + e_a > e_{ib,min} = 0.3h_0$ 时,先按大偏心受压计算,计算出 A_s 和 A_s' 后再计算 x,用 $x \leq x_b$ 检查原假定的大偏心受压是否正确,如果不正确,就是小偏心受压,按小偏心受压重新计算。考虑二阶弯矩影响时,M 按式(6 – 11)计算。

6.6 不对称配筋矩形截面偏心受压构件正截面受压承载力

矩形截面偏心受压构件正截面受压承载力的计算分为截面设计与截面复核两类问题。

6.6.1 截面设计

构件截面上的内力值 N、M,材料及构件截面尺寸已知,需要计算钢筋截面面积 A_s 和 A_s'。计算步骤为先算出弯矩增大系数 η_{ns},再判别构件的大、小偏心,然后应用计算公式求得 A_s 和 A_s'。

如前所述一般情况下,当 $M/N + e_a \leq 0.3h_0$ 时,为小偏心受压,按小偏心受压情况计算;当 $M/N + e_a > 0.3h_0$ 时,可先按大偏心受压情况计算,求出 A_s、A_s' 后再计算 x,用 $x \leq x_b$,来检查原先假定的大偏心受压是否正确,如果不正确需要重新计算。在所有情况下,A_s 及 A_s' 还要满足最小配筋率的规定。同时 $(A_s + A_s')$ 不宜大于 $0.05bh$。最后,按轴心受压构件验算垂直于弯矩作用平面的受压承载力。

1. 大偏心受压构件的计算

(1)已知:截面尺寸 $b \times h$,混凝土的强度等级(f_c),钢筋种类(f_y,f_y')(在一般情况下 A_s 和 A_s' 取同一种钢筋),轴向力设计值 N 及弯矩设计值 M,长细比 l_c/h,求钢筋截面面积 A_s 及 A_s'。

从式(6 – 15)和式(6 – 16)中可看出共有 x、A_s 和 A_s' 三个未知数,而只有两个方程,所以与双筋受弯构件类似,为了使钢筋 $(A_s + A_s')$ 的总用量为最小,取 $x = x_b = \xi_b h_0$。今将 $x = x_b = \xi_b h_0$ 代入式(6 – 16),得钢筋 A_s' 的计算公式:

$$A_s' = \frac{Ne - \alpha_1 f_c b x_b (h_0 - 0.5x_b)}{f_y'(h_0 - a')} = \frac{Ne - \alpha_1 f_c b h_0^2 \xi_b (1 - 0.5\xi_b)}{f_y'(h_0 - a')} \quad (6 - 28)$$

将求得的 A_s' 及 $x = \xi_b h_0$ 代入式(6 – 15),则得

$$A_s = \frac{\alpha_1 f_c b h_0 \xi_b - N}{f_y} + \frac{f_y'}{f_y} A_s' \quad (6 - 29)$$

(2)已知:b、h、N、M、f_c、f_y、f_y'、l_c/h 及受压钢筋 A_s' 的数量,求钢筋截面面积 A_s。

从式(6 – 15)及式(6 – 16)中可看出,仅有 x 及 A_s 两个未知数,完全可以通过式(6 – 15)和式(6 – 16)的联立,直接计算 A_s。计算中要解 x 的二次方程,并判别其中一个根是真

实的 x 值。若求得 $x > \xi_b h_0$,应加大构件截面尺寸,或按 A_s' 未知的情况来重新计算,使其满足 $x < \xi_b h_0$ 的条件。若 $x < 2a'$ 时,仿照双筋矩形截面受弯构件的办法,对受压钢筋 A_s' 的合力点取矩,计算 A_s,得

$$A_s = \frac{N\left(e_i - \dfrac{h}{2} + a'\right)}{f_y(h_0 - a')} \tag{6-30}$$

另外,还需要按不考虑受压钢筋 A_s'(即取 $A_s' = 0$),利用式(6-15)、式(6-16)等求算 A_s,然后与用式(6-30)求得的 A_s 作比较,取其中较小值配筋。

2. 小偏心受压构件的计算

矩形截面小偏心受压构件截面设计时,共有 x、A_s 和 A_s' 三个未知数,但也只有式(6-21)、式(6-22)或式(6-23)两个独立方程。因此,同样需要补充一个使钢筋($A_s + A_s'$)的总用量为最小的条件来确定 ξ;但对于小偏心受压构件要找到与经济配筋相应的 ξ 值需用试算逼近法求得,其计算非常复杂。实用上可采用如下方法。

小偏心受压应满足 $\xi > \xi_b$ 及 $-f_y' \leqslant \sigma_s \leqslant f_y$ 的条件。当纵筋 A_s 的应力 σ_s 达到受压屈服($-f_y'$),且 $f_y' = f_y$ 时,根据式(6-24)可计算出其相对受压区计算高度

$$\xi_{cy} = 2\beta_1 - \xi_b \tag{6-31}$$

(1)当 $\xi_b < \xi < \xi_{cy}$ 时,不论 A_s 配置的数量多少,一般总是不屈服的;为了使用钢筋量最小,只要按最小配筋率配置 A_s。计算时可先假定 $A_s = \rho_{min} bh$,用式(6-23)和式(6-24)求得 ξ 和 σ_s。若 $\sigma_s > 0$ 则说明是受拉状态,若 $\sigma_s \leqslant 0$ 则说明是受压状态。

若满足 $\xi_b < \xi < \xi_{cy}$,则按式(6-22)求得 A_s',计算完毕。

这里的 ρ_{min}' 和 ρ_{min} 分别为受压筋和受拉筋的最小配筋率。

(2)若 $\xi \leqslant \xi_b$,按大偏心受压计算。

(3)若 $h/h_0 > \xi \geqslant \xi_{cy}$,此时 σ_s 达到 $-f_y'$,计算时可取 $\sigma_s = -f_y'$,$\xi = \xi_{cy}$,通过式(6-23)和式(6-22)求得 A_s 和 A_s' 值。

(4)若 $\xi \geqslant h/h_0$,则取 $\sigma_s = -f_y'$,$x = h$,通过式(6-23)和式(6-22)求算 A_s 和 A_s' 值。

对于(3)和(4)两种情况,均应再验算反向破坏的承载力,即要求满足式(6-27)的要求。对于 $\sigma_s < 0$ 的情况,A_s 和 A_s' 应分别满足 $A_s = \rho_{min} bh$,$A_s' = \rho_{min}' bh$ 的要求,$\rho_{min} = \rho_{min}' = 0.2\%$。

6.6.2 承载力复核

进行承载力复核时,一般已知 b、h、A_s、A_s'、混凝土强度等级及钢材品种、构件长细比 l_c/h、轴向力设计值 N 和偏心距 e_0,验算截面是否能承受该 N 值;或已知 N 值时,求能承受的弯矩设计值 M。

1. 弯矩作用平面的承载力复核

1)已知轴力设计值 N,求弯矩设计值 M

先将已知配筋和 ξ_b 代入式(6-15),计算界限情况下的受压承载力设计值 N_b。如果 $N \leqslant N_b$,则为大偏心受压,可按式(6-15)重新求 x,再用 x 和由式(6-13)求得的 η_{ns} 以及式(6-16)、式(6-17)、式(6-18)联立求 M。如果 $N > N_b$,为小偏心受压,应按式(6-21)和式(6-24)求 x,再用 x 和 η_{ns} 以及式(6-22)、式(6-25)、式(6-18)联立求 M。

2)已知偏心距 e_0 求轴力设计值 N

因截面配筋已知,故可按图 6-20 对作用点取矩求 x,当 $x \leqslant x_b$,为大偏压,将 x 及已知数据代入式(6-15)可求解出轴力设计值 N 即为所求。当 $x > x_b$ 时,为小偏心受压,将已知数据代入式(6-21)、式(6-22)和式(6-24)联立求解轴力设计值 N。

2. 垂直于弯矩作用平面的承载力复核

无论是设计题或截面复核题,是大偏心受压还是小偏心受压,除了在弯矩作用平面内依照偏心受压进行计算外,都要验算垂直于弯矩作用平面的轴心受压承载力。此时,不考虑弯矩 M,应考虑 φ 值,并取 b 作为截面高度。

【例题 6-4】　已知:荷载作用下柱的轴向力设计值 $N = 550$ kN,弯矩 $M_1 = 260$ kN·m, $M_2 = 275$ kN·m,截面尺寸 $b = 300$mm,$h = 400$mm,$a = a' = 45$mm;混凝土强度等级为 C40,采用 HRB400 级钢筋,$l_c/h = 4.5$。

求:钢筋截面面积 A_s' 和 A_s。

【解】　由于 $M_1/M_2 = 260/275 = 0.945 > 0.9$,应考虑杆件自身挠曲变形的影响

$\dfrac{h}{30} = \dfrac{400}{30} = 13.3 < 20$ mm,取 $e_a = 20$ mm

$$\zeta_c = \frac{0.5 f_c A}{N} = \frac{0.5 \times 19.1 \times 300 \times 400}{550 \times 10^3} = 2.08 > 1,取 \zeta_c = 1$$

$$C_m = 0.7 + 0.3\frac{M_1}{M_2} = 0.7 + 0.3 \times \frac{260}{275} = 0.984$$

$$\eta_{ns} = 1 + \frac{1}{1\,300(M_2/N + e_a)/h_0}\left(\frac{l_c}{h}\right)^2 \zeta_c$$

$$= 1 + \frac{1}{1\,300(275 \times 10^3/550 + 20)/355}4.5^2 \times 1 = 1.011$$

$$C_m \eta_{ns} = 0.984 \times 1.011 = 0.995 < 1,取 C_m \eta_{ns} = 1.0$$

$$M = C_m \eta_{ns} M_2 = M_2 = 275 \text{ kN·m}$$

则
$$e_i = \frac{M}{N} + e_a = \frac{2.75 \times 10^5}{55 \times 10^4} + 20 = 500 + 20 = 520 \text{ mm}$$

因 $e_i = \dfrac{M}{N} + e_a > 0.3 h_0 = 0.3 \times 355 = 106.5$ mm,先按大偏压情况计算

$$e = e_i + h/2 - a = 520 + 400/2 - 45 = 675(\text{mm})$$

由式(6-28)得

$$A_s' = \frac{Ne - \alpha_1 f_c b h_0^2 \xi_b (1 - 0.5\xi_b)}{f_y'(h_0 - a')}$$

$$= \frac{55 \times 10^4 \times 675 - 1.0 \times 19.1 \times 300 \times 355^2 \times 0.518(1 - 0.5 \times 0.518)}{360 \times (355 - 45)}$$

$$= 843 \text{ mm}^2 > \rho_{min}' bh = 0.002 \times 300 \times 400 = 240 \text{ mm}^2$$

由式(6-29)得

$$A_s = \frac{\alpha_1 f_c b h_0 \xi_b - N}{f_y} + \frac{f_y'}{f_y} A_s'$$

$$= \frac{1.0 \times 19.1 \times 300 \times 355 \times 0.518 - 55 \times 10^4}{360} + 843$$

$$= 2243 \text{ mm}^2$$

受拉钢筋 A_s 选用 $2\underline{\Phi}20 + 2\underline{\Phi}32$，$A_s = 2\,237 \text{ mm}^2$（相差5%以内）；受压钢筋 A'_s 选用 $2\underline{\Phi}12 + 2\underline{\Phi}20$，$A'_s = 854 \text{ mm}^2$。

垂直于弯矩作用平面的承载力经验算满足要求，详细计算从略。

【例题 6-5】　已知：同例题 6-4，且 $A'_s = 942 \text{ mm}^2$（$3\underline{\Phi}20$）。

求：受拉钢筋截面面积 A_s。

【解】　由 $Ne = \alpha_1 f_c b x \left(h_0 - \dfrac{x}{2} \right) + f'_y A'_s (h_0 - a')$ 得

$$55 \times 10^4 \times 675 = 1.0 \times 19.1 \times 300 x (355 - 0.5x) + 360 \times 942 \times (355 - 45)$$

解得

$$x = 173 \text{ mm}$$

$$0.518 \times 355 = 184 \text{ mm} = \xi_b h_0 > x > 2a' = 2 \times 45 = 90 \text{ mm}$$

由式(6-15)得

$$A_s = \frac{\alpha_1 f_c b x + f'_y A'_s - N}{f_y}$$

$$= \frac{1.0 \times 19.1 \times 300 \times 173 + 360 \times 942 - 55 \times 10^4}{360} = 2\,168 \text{ mm}^2$$

选用 $2\underline{\Phi}25 + 2\underline{\Phi}28$，$A_s = 2\,214 \text{ mm}^2$。

从【例题 6-4】和【例题 6-5】比较可看出，当取 $x = \xi_b h_0$ 时，求得的总用钢量更少。

【例题 6-6】　已知：$N = 150 \text{ kN}$，$M_1 = 0.9M_2$，$M_2 = 300 \text{ kN} \cdot \text{m}$，$b = 300 \text{ mm}$，$h = 500 \text{ mm}$，$a = a' = 45 \text{ mm}$；受压钢筋用 4 根 25 mm 的 HRB400 级钢筋，混凝土强度等级为 C45，构件的计算长度 $l_c = 6 \text{ m}$。

求：受拉钢筋截面面积 A_s。

【解】　广义的界限条件：$l_c / i \leqslant 34 - 12 (M_1 / M_2)$

$$l_c / h \leqslant 0.289 \times 23.2 \approx 6.7$$

由于 $l_c / h = \dfrac{6\,000}{500} = 12 > 6.7$，要考虑挠度对偏心距的影响。

$$C_m = 0.7 + 0.3 \frac{M_1}{M_2} = 0.97, \quad M = C_m \eta_{ns} M_2$$

$$\zeta_c = \frac{N_b}{N} = \frac{0.5 f_c A}{N} = 0.5 \times \frac{21.2 \times 300 \times 500}{150\,000} > 1, \quad \zeta_c = 1$$

$$e_a = 20 \text{ mm}$$

$$\eta_{ns} = 1 + \frac{1}{1300 \dfrac{\left(\dfrac{M_2}{N} + e_a \right)}{h_0}} \left(\frac{l_c}{h} \right)^2 \zeta_c = 1.025$$

$$C_m \eta_{ns} = 0.994 < 1, \text{ 取 } C_m \eta_{ns} = 1$$

$$e_i = M/N + e_a = C_m \eta_{ns} M_2 / N + e_a = 2\,020 \text{ mm}$$

$$e_i = \frac{M}{N} + e_a > 0.3 h_0 = 0.3 \times 455 = 136.5 \text{ mm}, \text{ 先按大偏压情况计算}$$

$$e = e_i + h/2 - a = 2\ 020 + 500/2 - 45 = 2\ 225 \text{ mm}$$

$$Ne = \alpha_1 f_c bx \left(h_0 - \frac{x}{2} \right) + f'_y A'_s (h_0 - a')$$

得 $15 \times 10^4 \times 2\ 225 = 1.0 \times 21.2 \times 300x(455 - 0.5x) + 360 \times 1\ 964 \times (455 - 45)$

$$x = 15.42 \text{ mm} < 2a' = 90 \text{ mm}$$

按式(6-30)计算 A_s 值

$$A_s = \frac{N(e_i - h/2 + a')}{f_y(h_0 - a')} = \frac{15 \times 10^4 \times (2\ 020 - 500/2 + 45)}{360 \times (455 - 45)} = 1\ 845 \text{ mm}^2$$

另外,以不考虑受压钢筋的情况进行计算,则由 $Ne = \alpha_1 f_c bx \left(h_0 - \frac{x}{2} \right)$

得　　　　　　　　$150\ 000 \times 2\ 225 = 1.0 \times 21.2 \times 300x(455 - 0.5x)$

即　　　　　　　　　　　$x = 135.51 \text{ mm} > 2a' = 90 \text{ mm}$

说明本题不考虑受压钢筋来计算受拉钢筋 A_s 会取得较大数值。因此,本题取 $A_s = 1\ 845 \text{ mm}^2$ 来配筋,选用 $3\underline{\Phi}28, A_s = 1\ 847 \text{ mm}^2$。

【例题6-7】 已知:$N = 600 \text{ kN}, M_1 = 170 \text{ kN} \cdot \text{m}, M_2 = 180 \text{ kN} \cdot \text{m}, b = 300 \text{ mm}, h = 700$ mm,取 $a = a' = 45 \text{ mm}$;采用 HRB400 钢筋,混凝土强度等级为 C40,构件的计算长度 $l_c = 5 \text{ m}$。

求:钢筋截面面积 A'_s 和 A_s。

【解】　由于 $\dfrac{M_1}{M_2} = \dfrac{170}{180} = 0.944 > 0.9$,应考虑杆件自身挠曲变形的影响

$$e_a = 700/30 = 23 \text{ mm} > 20 \text{ mm},取 e_a = 23 \text{ mm}$$

$$C_m = 0.7 + 0.3 \frac{M_1}{M_2} = 0.7 + 0.3 \times \frac{170}{180} = 0.983$$

$$\zeta_c = \frac{N_b}{N} = \frac{0.5 f_c A}{N} = 0.5 \times \frac{19.1 \times 300 \times 700}{600\ 000} > 1, \zeta_c = 1$$

$$\eta_{ns} = 1 + \frac{1}{1\ 300 \dfrac{\left(\dfrac{M_2}{N} + e_a \right)}{h_0}} \left(\frac{l_c}{h} \right) \zeta_c = 1 + \frac{1}{1\ 300 \times \dfrac{323}{655}} (7.14)^2 \times 1 = 1.080$$

$$C_m \eta_{ns} = 0.983 \times 1.080 = 1.062 > 1.0$$

$$e_i = M/N + e_a = C_m \eta_{ns} M_2/N + e_a = \frac{1.062 \times 180 \times 10^3}{600} + 23 = 341.6 \text{ mm}$$

$$e_i = M/N + e_a > 0.3h_0 = 0.3 \times 655 = 196.5 \text{ mm},按大偏压情况计算$$

$$e = e_i + h/2 - a = 341.6 + 700/2 - 45 = 646.6 \text{ mm}$$

由式(6-28)得

$$A'_s = \frac{Ne - \alpha_1 f_c b h_0^2 \xi_b (1 - 0.5\xi_b)}{f'_y(h_0 - a')}$$

$$= \frac{60 \times 10^4 \times 646.6 - 1.0 \times 19.1 \times 300 \times 655^2 \times 0.518(1 - 0.5 \times 0.518)}{360 \times (655 - 45)}$$

$$= 负数$$

取 $A'_s = \rho'_{min}bh = 0.002 \times 300 \times 700 = 420$ mm^2

选用 3Φ14，$A'_s = 461$ mm^2，这样该题就变成已知受压钢筋 $A'_s = 461$ mm^2，求算受拉钢筋 A_s 的问题，下面的计算从略。

【例题 6-8】 已知：$M_1 = M_2$，$N = 1\,500$ kN，$b = 400$ mm，$h = 600$ mm，$a = a' = 45$ mm；混凝土强度等级为 C35，采用 HRB400 级钢筋，A_s 选用 4Φ20（$A_s = 1\,256$ mm^2），A'_s 选用 4Φ22（$A'_s = 1\,520$ mm^2），构件的计算长度 $l_c = 3$ m。

求：该截面在 h 方向能承受的弯矩设计值。

【解】 由式(6-15)得

$$x = \frac{N - f'_y A'_s + f_y A_s}{\alpha_1 f_c b} = \frac{150 \times 10^4 - 360 \times 1\,520 + 360 \times 1\,256}{1.0 \times 16.7 \times 400}$$

$$= 210.32 \text{ mm} < \xi_b h_0 = 0.518 \times 555 = 287.5 \text{ mm}$$

属于大偏压情况。$x = 210.32$ mm $> 2a' = 2 \times 45 = 90$ mm 说明受压钢筋能够达到屈服强度。由式(6-16)得

$$e = \frac{\alpha_1 f_c b x \left(h_0 - \dfrac{x}{2}\right) + f'_y A'_s (h_0 - a')}{N}$$

$$= \frac{1.0 \times 16.7 \times 400 \times 210.32 \times (555 - 210.32/2) + 360 \times 1\,520 \times (555 - 35)}{150 \times 10^4}$$

$$= 607 \text{ mm}$$

$$e_i = e - h/2 + a = 607 - 600/2 + 45 = 352 \text{ mm}$$

$$e_i = M/N + e_a = C_m \eta_{ns} M_2/N + e_a = 352 \text{ mm}$$

考虑附加偏心距的作用，即 $e_a = 20$ mm，$M/N = 352 - 20 = 332$ mm

由于 $l_c/h = 3\,000/600 = 5 < 6$ 取 $\eta_{ns} = 1$，$C_m = 0.7 + 0.3\dfrac{M_1}{M_2} = 1$

$$M = M_2 = 1\,500\,000 \times 0.332 = 498\,000 \text{ N} \cdot \text{m}$$

该截面在 h 方向能承受的弯矩设计值

$$M = M_1 = M_2 = 498 \text{ kN} \cdot \text{m}$$

【例题 6-9】 已知：$b = 500$ mm，$h = 700$ mm，$a = a' = 45$ mm；混凝土强度等级为 C40，采用 HRB400 级钢筋，A_s 选用 6Φ25（$A_s = 2\,945$ mm^2），A'_s 选用 4Φ25（$A'_s = 1\,964$ mm^2），构件的计算长度 $l_c = 12.25$ m，轴向力的偏心距 $e_0 = 460$ mm，$M_1 = M_2$。

求：截面能承受的轴向力设计值 N。

【解】 由于 $l_c/h = \dfrac{12\,250}{700} = 17.5 > 6$，要考虑挠度对偏心距的影响。

$$e_0 = 460 \text{ mm}，e_a = 700/30 = 23 \text{ mm} > 20 \text{ mm}$$

由于 N 未知，可按下式计算

$$\zeta_c = 0.2 + 2.7(e_0 + e_a)/h_0 = 2.16 > 1$$

取 $\zeta_c = 1$，$C_m = 0.7 + 0.3\dfrac{M_1}{M_2} = 1$

$$\eta_{ns} = 1 + \cfrac{1}{1\,300\,\cfrac{\left(\cfrac{M_2}{N}+e_a\right)}{h_0}}\left(\frac{l_c}{h}\right)^2 \zeta_c = 1 + \cfrac{1}{1\,300\times\cfrac{483}{655}}(17.5)^2\times1 = 1.319$$

$$e_i = M/N + e_a = C_m\eta_{ns}M_2/N + e_a = 1\times1.319\times460+23 = 630 \text{ mm}$$

由图 6-20,对 N 点取矩,得

$$\alpha_1 f_c bx\left(e_i - \frac{h}{2} + \frac{x}{2}\right) = f_y A_s\left(e_i + \frac{h}{2} - a\right) - f_y'A_s'\left(e_i - \frac{h}{2} + a'\right)$$

代入数据,则

$$1.0\times19.1\times500x\left(630-350+\frac{x}{2}\right)$$
$$= 360\times2\,945\times(630+350-45) - 360\times1\,964\times(630-350+45)$$

移项求解

$$x = 207.7 \text{ mm} > 2a' = 2\times35 = 70 \text{ mm}$$
$$2a' < x < x_b = 0.518\times655 = 339.3 \text{ mm}$$

由式(6-15)得

$$N = \alpha_1 f_c bx + f_y'A_s' - f_y A_s = 1.0\times19.1\times500\times205.3 + 360\times1\,964 - 360\times2\,945$$
$$= 1\,630.62 \text{ kN}$$

该截面能承受的轴向力设计值:

$$N = 1\,630.62 \text{ kN}$$

【例题 6-10】　已知:在荷载作用下柱的轴向力设计值 $N = 5\,280$ kN,$M_1 = 22.5$ kN·m,$M_2 = 24.2$ kN·m,截面尺寸 $b = 400$ mm,$h = 600$ mm,$a = a' = 45$ mm;混凝土强度等级为 C35,采用 HRB400 级钢筋,构件计算长度 $l_c = l_0 = 3.0$ m。

求:钢筋截面面积 A_s 和 A_s'。

【解】　由于 $\dfrac{M_1}{M_2} = \dfrac{22.5}{24.2} = 0.93 > 0.9$,应考虑杆件自身挠曲变形的影响

$$e_a = \frac{h}{30} = 20 \text{ mm}$$

$$\zeta_c = \frac{0.5f_c A}{N} = \frac{0.5\times16.7\times400\times600}{5\,280\times10^3} = 0.38 < 1$$

$$C_m = 0.7 + 0.3\frac{M_1}{M_2} = 0.7 + 0.3\times\frac{22.5}{24.2} = 0.979$$

$$\eta_{ns} = 1 + \cfrac{1}{1\,300(M_2/N+e_a)/h_0}\left(\frac{l_c}{h}\right)^2\zeta_c$$
$$= 1 + \cfrac{1}{1\,300\left(\cfrac{24.2\times10^3}{5\,280}+20\right)/555}\left(\frac{3}{0.6}\right)^2\times0.38 = 1.165$$

$$C_m\eta_{ns} = 0.979\times1.165 = 1.141 > 1.0$$

$$e_i = M/N + e_a = C_m\eta_{ns}M_2/N + e_a = 1.141\times24.2/5.28+20 = 25.23 \text{ mm}$$

$$e' = h/2 - e_i - a' = 600/2 - 25.23 - 45 = 229.77 \text{ mm}$$

$$e = e_i + h/2 - a = 25.23 + 600/2 - 45 = 280.23 \text{ mm}$$

$e_i = M/N + e_a = 25.23$ mm $< 0.3h_0 = 0.3 \times 555 = 166.5$ mm,为小偏心受压。

取 $\beta_1 = 0.8$ 和 $A_s = \rho_{min}bh = 0.002 \times 400 \times 600 = 480$ mm^2,用此 A_s 和式(6 - 24)代入式(6 - 23)求得 $\xi = 1.125 > h/h_0 = 1.081$

取 $x = h$, $\sigma_s = -f_y' = -360$ N/mm^2

由式(6 - 22)求得

$$A_s' = \frac{Ne - \alpha_1 f_c bh(h_0 - 0.5h)}{f_y'(h_0 - a')}$$

$$= \frac{5.28 \times 10^6 \times 280.23 - 1.0 \times 16.7 \times 400 \times 600 \times (555 - 0.5 \times 600)}{360(555 - 45)}$$

$$= 2\ 492 \text{ mm}^2$$

由式(6 - 21)求 A_s

$$A_s = \frac{N - \alpha_1 f_c bh - f_y' A_s'}{f_y}$$

$$= \frac{5.28 \times 10^6 - 1.0 \times 16.7 \times 400 \times 600 - 360 \times 2\ 492}{360}$$

$$= 1\ 041 \text{ mm}^2$$

应用式(6 - 27)验算 A_s 值

$$A_s = \frac{N[0.5h - a' - (e_0 - e_a)] - \alpha_1 f_c bh\left(h_0' - \dfrac{h}{2}\right)}{f_y'(h_0 - a)}$$

$$= \frac{5.28 \times 10^6\left[0.5 \times 600 - 45 - \left(\dfrac{1.141 \times 24.2}{5.28} - 20\right)\right] - 1.0 \times 16.7 \times 400 \times 600\left(555 - \dfrac{600}{2}\right)}{360(555 - 45)}$$

$$= 2\ 191 \text{ mm}^2$$

为了防止在 A_s 钢筋的一侧压坏,最后配筋为 A_s 选用 2⌀32 + 2⌀25, $A_s = 2\ 591$ mm^2; A_s' 选用 4⌀28, $A_s' = 2\ 463$ mm^2。

A_s 和 A_s' 均大于 $\rho_{min}' bh = 0.002 \times 400 \times 600 = 480$ mm

再以轴心受压验算垂直于弯矩作用方向的承载能力。

由 $l_0/b = 3\ 000/400 = 7.5$ 查表6 - 1得

$$\varphi = 1$$

按式(6 - 4)得

$$N = 0.9\varphi[f_c bh + f_y'(A_s' + A_s)] = 0.9 \times [16.7 \times 400 \times 600 + 360 \times (2\ 591 + 2\ 463)]$$

$$= 5.24 \times 10^6 \text{ N}$$

该值略小于 5.28×10^6N,但相差小于1%,可认为验算结果安全。

【例题 6 - 11】 已知:在荷载作用下柱的轴向力设计值 $N = 3\ 500$ kN,柱截面尺寸 $b = 300$ mm, $h = 600$ mm, $a = a' = 45$ mm;混凝土强度等级为 C40,采用 HRB400 级钢筋, A_s 选用 4⌀16($A_s = 804$ mm^2), A_s' 选用 4⌀25($A_s' = 1\ 964$ mm^2),构件计算长度 $l_c = l_0 = 7.2$ m, $M_1 = M_2$。

求:该截面 h 方向能承受的弯矩设计值。

【解】 先按大偏心受压计算式(6 - 15),求算 x 值

$$x = \frac{N - f_y'A_s' + f_yA_s}{\alpha_1 f_c b} = \frac{3\,500\,000 - 360 \times 1\,964 + 360 \times 804}{1.0 \times 19.1 \times 300}$$

$$= 538 \text{ mm} > \xi_b h_0 = 0.518 \times 555 = 287 \text{ mm}$$

属于小偏心受压破坏情况。可先验算垂直于弯矩作用平面的承载力是否安全,该方向可视为轴心受压。

由已知条件 $l_0/b = 7\,200/300 = 24$,查表 $6-1$ 得 $\varphi = 0.65$,按式 $(6-4)$ 得

$$N = 0.9\varphi[f_c bh + f_y'(A_s' + A_s)] = 0.9 \times 0.65[19.1 \times 300 \times 600 + 360 \times (1\,964 + 804)]$$

$$= 2\,594\,171 \text{ N} < 3\,500\,000 \text{ N}$$

上述结果说明该偏心受压构件在垂直弯矩平面的承载力是不安全的。可通过加宽截面尺寸、提高混凝土强度等级或加大钢筋截面来解决。然后再行计算。

本题采用加宽 b 值,取 $b = 400$ mm,重算 φ 值。

由已知条件 $l_0/b = 7\,200/400 = 18$,查表 $6-1$,得 $\varphi = 0.81$,按式 $(6-4)$ 得

$$N = 0.9\varphi[f_c bh + f_y'(A_s' + A_s)] = 0.9 \times 0.81[19.1 \times 400 \times 600 + 360 \times (1\,964 + 804)]$$

$$= 4\,068\,170 \text{ N} > 3\,500\,000 \text{ N}$$

满足要求。

下面再求该截面在 h 方向能承受的弯矩设计值。

由式 $(6-15)$ 求算 x 值:

$$x = \frac{N - f_y'A_s' + f_yA_s}{\alpha_1 f_c b} = \frac{3\,500\,000 - 300 \times 1\,964 + 300 \times 804}{1.0 \times 19.1 \times 400}$$

$$= 403 \text{ mm} > \xi_b h_0 = 0.518 \times 555 = 287 \text{ mm}$$

属于小偏心受压破坏情况。

由式 $(6-21)$ 和式 $(6-24)$ 取 $\beta_1 = 0.8$,重求 x 值:

$$\frac{x}{h_0} = \frac{N - f_y'A_s' - \dfrac{0.8}{\xi_b - 0.8}f_yA_s}{\alpha_1 f_c bh_0 - \dfrac{1}{\xi_b - 0.8}f_yA_s} = \frac{3\,500\,000 - 300 \times 1\,964 - \dfrac{0.8 \times 360 \times 804}{0.518 - 0.8}}{1.0 \times 19.1 \times 400 \times 555 - \dfrac{360 \times 804}{0.518 - 0.8}}$$

$$= 0.686$$

$$x = 0.686 h_0 = 0.686 \times 555 = 380.9 \text{ mm}$$

$$x < \xi_{cy} h_0 = 1.056 \times 555 = 586 \text{ mm}$$

由式 $(6-22)$ 求 e 值:

$$e = \frac{\alpha_1 f_c bx\left(h_0 - \dfrac{x}{2}\right) + f_y'A_s'(h_0 - a')}{N}$$

$$= \frac{1.0 \times 19.1 \times 400 \times 380.9 \times (555 - 380.9/2) + 360 \times 1\,964 \times (555 - 45)}{3\,500\,000}$$

$$= 406 \text{ mm}$$

$$e_i = e - \frac{h}{2} + a = 406 - \frac{600}{2} + 45 = 151 \text{ mm}$$

由于 $\dfrac{l_c}{h} = \dfrac{7\,200}{600} = 12 > 6$,$C_m = 0.7 + 0.3\dfrac{M_1}{M_2} = 1$

求 η_{ns} 值:

$$\zeta_c = \frac{0.5 f_c A}{N} = 0.655$$

$$\eta_{ns} = 1 + \frac{1}{1\,300\,\dfrac{\left(\dfrac{M_2}{N} + e_a\right)}{h_0}} \left(\frac{l_c}{h}\right)^2 \zeta_c = 1 + \frac{1}{1\,300 \times \dfrac{\left(\dfrac{M_2}{N} + e_a\right)}{555}} \left(\frac{7\,200}{600}\right)^2 \times 0.655$$

将 η_{ns} 代入 e_i 表达式,求解关于 M_2/N 的一元二次方程:

$$e_i = M/N + e_a = C_m \eta_{ns} M_2/N + e_a$$

$$= 1 \times \left[1 + \frac{1}{1\,300 \times \dfrac{\left(\dfrac{M_2}{N} + 20\right)}{555}} \left(\frac{7\,200}{600}\right)^2 \times 0.655 \right] \times M_2/N + 20 = 151 \text{ mm}$$

解得 $M_2 \approx 341.56$ kN·m, $\eta_{ns} = 1.342$,则该截面在 h 方向能承受的弯矩设计值

$$M = C_m \eta_{ns} M_2 = 458.5 \text{ kN·m}。$$

6.7 对称配筋矩形截面偏心受压构件正截面受压承载力

实际工程中,偏心受压构件在不同内力组合下,常承受变号弯矩的作用,当其数值相差不大时,或即使弯矩数值相差较大,但按对称配筋设计求得的纵向钢筋的总量比按不对称配筋设计所得纵向钢筋的总量增加不多时,均应采用对称配筋。装配式构件(工字形截面柱等)为了保证吊装不会出错,一般也采用对称配筋。

6.7.1 截面设计

对称配筋时,截面两侧的配筋相同,即取 $A_s = A_s'$, $f_y = f_y'$。

1. 大偏心受压构件的计算

由式(6-15)可得

$$x = \frac{N}{\alpha_1 f_c b} \tag{6-32}$$

代入式(6-16),可以求得

$$A_s = A_s' = \frac{Ne - \alpha_1 f_c b x \left(h_0 - \dfrac{x}{2}\right)}{f_y'(h_0 - a')} \tag{6-33}$$

当 $x < 2a'$ 时,可按不对称配筋计算方法一样处理。若 $x > x_b (\xi > \xi_b)$ 时,则认为受拉钢筋 A_s 达不到受拉屈服强度,属于"受压破坏"的情况,此时可按小偏心受压公式进行计算。

2. 小偏心受压构件的计算

由于是对称配筋,$A_s = A_s'$,可以由式(6-21)、式(6-22)和式(6-24)直接计算 x 和 $A_s = A_s'$。取 $f_y = f_y'$,由式(6-24)代入式(6-21),并取 $x = \xi h_0$,得

$$N = \alpha_1 f_c b h_0^2 \xi + (f_y' - \sigma_s) A_s' = \alpha_1 f_c b h_0 \xi + f_y' \left(1 - \frac{\xi - \beta_1}{\xi_b - \beta_1}\right) A_s'$$

也即

$$f_y' A_s' = \frac{N - \alpha_1 f_c b h_0 \xi}{1 - \dfrac{\xi - \beta_1}{\xi_b - \beta_1}} = \frac{N - \alpha_1 f_c b h_0 \xi}{\dfrac{\xi_b - \xi}{\xi_b - \beta_1}}$$

代入式(6-22),得

$$Ne = \alpha_1 f_c b h_0^2 \xi \left(1 - \frac{\xi}{2}\right) + \frac{N - \alpha_1 f_c b h_0 \xi}{\dfrac{\xi_b - \xi}{\xi_b - \beta_1}} (h_0 - a')$$

也即

$$Ne\left(\frac{\xi_b - \xi}{\xi_b - \beta_1}\right) = \alpha_1 f_c b h_0^2 \xi (1 - 0.5\xi) \left(\frac{\xi_b - \xi}{\xi_b - \beta_1}\right) + (N - \alpha_1 f_c b h_0 \xi) \cdot (h_0 - a') \quad (6-34)$$

由式(6-34)可知,求 $x(x = \xi h_0)$ 需要求解三次方程,计算十分不便,可采用下列两种简化方法。

1)迭代法

(1)用式(6-32)求得 x 值,判别大小偏心,若 $x > x_b (x_b = \xi_b h_0)$ 时,即按小偏心受压计算。

(2)令 $x_1 = (x + \xi_b h_0)/2$,代入式(6-22),该式中的 x 值用 x_1 代入,求解得 A_s'。

(3)以 A_s' 代入式(6-21),并利用式(6-24)再求 x 值,再代入式(6-22)求解得 A_s'。

(4)当两次求得的 A_s' 相差不大(不大于 5%),认为合格,计算结束。否则以第二次求得的 A_s' 值代入式(6-21)重求 x 值,和代入式(6-22)重求 A_s' 值,直至满足精度为止。

2)近似公式法

令

$$\bar{y} = \xi (1 - 0.5\xi) \frac{\xi - \xi_b}{\beta_1 - \xi_b} \quad (6-35)$$

则式(6-34)化成

$$\frac{Ne}{\alpha_1 f_c b h_0^2} \left(\frac{\xi_b - \xi}{\xi_b - \beta_1}\right) - \left(\frac{N}{\alpha_1 f_c b h_0^2} - \frac{\xi}{h_0}\right)(h_0 - a') = \bar{y} \quad (6-36)$$

对于给定的钢筋级别和混凝土强度等级,ξ_b、β_1 为已知,则由式(6-35)可画出 $\bar{y}$ 与 ξ 的关系曲线,在小偏心受压($\xi_b \leqslant \xi \leqslant \xi_{cy}$)的区段内,$\bar{y} - \xi$ 逼近于直线关系。对于 HPB300、HRB400 或 RRB400 级钢筋,$\bar{y}$ 与 ξ 的线性方程可近似取为

$$\bar{y} = 0.43 \frac{\xi - \xi_b}{\beta_1 - \xi_b} \quad (6-37)$$

将式(6-37)代入式(6-36),整理得出 ξ 的近似公式

$$\xi = \frac{N - \xi_b \alpha_1 f_c b h_0}{\dfrac{Ne - 0.43 \alpha_1 f_c b h_0^2}{(\beta_1 - \xi_b)(h_0 - a')} + \alpha_1 f_c b h_0} + \xi_b \quad (6-38)$$

代入式(6-33)即可求得钢筋面积

$$A_s = A'_s = \frac{Ne - \alpha_1 f_c bx\left(h_0 - \dfrac{x}{2}\right)}{f'_y(h_0 - a')}$$

$$= \frac{Ne - \alpha_1 f_c bh_0^2 \xi(1 - 0.5\xi)}{f'_y(h_0 - a')} \qquad (6-39)$$

上述近似方法与精确解的误差很小,可以满足工程设计的精度要求。对于对称配筋小偏压构件,不必验算是否反向破坏。

6.7.2 截面复核

可按不对称配筋的截面复核方法进行验算。这时取 $A_s = A'_s$,$f_y = f'_y$。

【例题 6-12】 已知:同例题 6-4,设计成对称配筋。

求:钢筋截面面积 $A'_s = A_s$。

【解】 由例题 6-4 的已知条件,可求得 $e_i = 520$ mm $> 0.3h_0$,属于大偏心受压情况。由式(6-32)和式(6-33)得

$$x = \frac{N}{\alpha_1 f_c b} = \frac{55 \times 10^4}{1.0 \times 19.1 \times 300} = 96 \text{ mm},即 2a' < x < 0.518h_0$$

$$A_s = A'_s = \frac{Ne - \alpha_1 f_c bx(h_0 - x/2)}{f'_y(h_0 - a')}$$

$$= \frac{55 \times 10^4 \times 675 - 1.0 \times 19.1 \times 300 \times 96 \times (355 - 96/2)}{360 \times (355 - 45)}$$

$$= 1\,814 \text{ mm}^2$$

每边配置 3Φ28,$A_s = A'_s = 1\,847$ mm²。

与例题 6-4 比较可以看出,当采用对称配筋时,钢筋用量需要多一些。

例题 6-4 中,$A_s + A'_s = 2\,243 + 843 = 3\,086$ mm²

本题中,$A_s + A'_s = 1\,814 \times 2 = 3\,628$ mm²

【例题 6-13】 已知:轴向力设计值 $N = 3\,500$ kN,弯矩 $M_1 = 330$ kN·m,$M_2 = 350$ kN·m,截面尺寸 $b = 400$ mm,$h = 700$ mm,$a = a' = 45$ mm;混凝土强度等级为 C40,钢筋用 HRB400 级钢筋,构件计算长度 $l_c = l_0 = 3.3$ m。

求:钢筋截面面积 $A_s = A'_s$ 的数值。

【解】 由于 $\dfrac{M_1}{M_2} = \dfrac{330}{350} = 0.943 > 0.9$,应考虑杆件自身挠曲变形的影响

$$e_a = 700/30 = 23.33 \text{ mm} > 20 \text{ mm}$$

$$C_m = 0.7 + 0.3\frac{M_1}{M_2} = 0.7 + 0.3 \times \frac{330}{350} = 0.983$$

$$\zeta_c = \frac{0.5 f_c A}{N} = \frac{0.5 \times 19.1 \times 400 \times 700}{3\,500 \times 10^3} = 0.764 < 1$$

$$\eta_{ns} = 1 + \frac{1}{1\,300(M_2/N + e_a)/h_0}\left(\frac{l_c}{h}\right)^2 \zeta_c$$

$$= 1 + \frac{1}{1\,300\left(\dfrac{350 \times 10^3}{3\,500} + 23.33\right)/655} \times 4.71^2 \times 0.764 = 1.069$$

$$C_{m}\eta_{ns} = 0.983 \times 1.069 = 1.051 > 1.0$$

$$e_i = M/N + e_a = C_m\eta_{ns}M_2/N + e_a = 1.051 \times 350/3.5 + 23.33 = 128.43 \text{ mm}$$

$$e_i = M/N + e_a = 128.43 \text{ mm} < 0.3h_0 = 0.3 \times 665 = 196.5 \text{ mm}$$

$$e = e_i + h/2 - a = 128.43 + 700/2 - 35 = 443.43 \text{ mm}$$

$$x = \frac{N}{\alpha_1 f_c b} = \frac{350 \times 10^4}{1.0 \times 19.1 \times 400} = 458\,(\text{mm}) > x_b = 0.518 \times 655 = 339.29 \text{ mm}$$

属于小偏心受压。

按简化计算方法(近似公式法)计算。

由 $\beta_1 = 0.8$ 和式(6-38),求 ξ:

$$\xi = \frac{N - \xi_b \alpha_1 f_c b h_0}{\dfrac{Ne - 0.43\alpha_1 f_c b h_0^2}{(\beta_1 - \xi_b)(h_0 - a')} + \alpha_1 f_c b h_0} + \xi_b$$

$$= \frac{3\,500\,000 - 0.518 \times 1.0 \times 19.1 \times 400 \times 655}{\dfrac{3\,500\,000 \times 443.43 - 0.43 \times 1.0 \times 19.1 \times 400 \times 655^2}{(0.8 - 0.518)(655 - 45)} + 1.0 \times 19.1 \times 400 \times 655} + 0.518$$

$$= 0.674$$

$$x = \xi h_0 = 0.674 \times 655 = 441.5 \text{ mm}$$

$$A_s = A_s' = \frac{Ne - \alpha_1 f_c b x \left(h_0 - \dfrac{x}{2}\right)}{f_y'(h_0 - a')}$$

$$= \frac{3\,500\,000 \times 443.43 - 1.0 \times 19.1 \times 400 \times 441.5 \times \left(655 - \dfrac{441.5}{2}\right)}{360 \times (655 - 45)}$$

$$= 397 \text{ mm}^2 < \rho_{min}' bh = 560 \text{ mm}^2$$

取 $A_s' = A_s = 560 \text{ mm}^2$ 配筋。同时满足整体配筋率不小于 0.55% 的要求,每边选用 2Φ14 + 2Φ18,$A_s' = A_s = 817 \text{ mm}^2$。

对于小偏心构件,还需以轴心受压验算垂直于弯矩作用方向的承载能力。

由 $\dfrac{l_0}{b} = \dfrac{3\,300}{400} = 8.25$,查表 6-1 得 $\varphi = 0.998$

按式(6-4)得

$$N = 0.9\varphi[f_c bh + f_y'(A_s' + A_s)]$$

$$= 0.9 \times 0.998 \times [19.1 \times 400 \times 700 + 360 \times (817 + 817)]$$

$$= 5\,331\,930 \text{ N} > 3\,500\,000 \text{ N}$$

验算结果安全。

6.8 对称配筋工形截面和 T 形截面偏心受压构件

单层工业厂房中为节省混凝土和减轻柱的自身重力,对于较大尺寸的装配式柱采用工形截面柱。工形截面柱的翼缘厚度不宜小于 120 mm,腹板厚度不宜小于 100 mm。T 形截面常用于现浇刚架和拱中。工形截面、T 形截面柱的正截面破坏形态、计算方法与矩形截面类似,分大偏心受压和小偏心受压两种情况。

6.8.1 大偏心受压

当 $\xi \leqslant \xi_b$ 时,为大偏心受压构件。

1. 计算公式

(1) 当 $x > h'_f$ 时,受压区高度进入腹板,见图 6-22(a),按下式计算:

$$N = \alpha_1 f_c [bx + (b'_f - b) h'_f] + f'_y A'_s - f_y A_s \qquad (6-40)$$

$$Ne = \alpha_1 f_c \left[bx \left(h_0 - \frac{x}{2} \right) + (b'_f - b) h'_f \left(h_0 - \frac{h'_f}{2} \right) \right] + f'_y A'_s (h_0 - a') \qquad (6-41)$$

(2) 当 $x \leqslant h'_f$ 时,受压区高度在翼缘内,则按宽度 b'_f 的矩形截面计算,见图 6-22(b),

$$N = \alpha_1 f_c b'_f x + f'_y A'_s - f_y A_s \qquad (6-15a)$$

$$Ne = \alpha_1 f_c b'_f x \left(h_0 - \frac{x}{2} \right) + f'_y A'_s (h_0 - a') \qquad (6-16a)$$

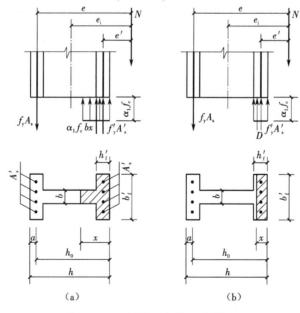

图 6-22 工形截面大偏心计算图形

(a) $x > h'_f$; (b) $x \leqslant h'_f$

2. 适用条件

为了保证计算公式中的受拉钢筋 A_s 及受压钢筋 A'_s 都能达到屈服,应满足下列条件:

$$x \leqslant x_b \text{ 及 } x \geqslant 2a'$$

3. 计算方法

将工形截面假想为宽度是 b_f' 的矩形截面,由于对称配筋,$f_y'A_s' = f_yA_s$,由式(6-15a)得

$$x = \frac{N}{\alpha_1 f_c b_f'} \qquad (6-42)$$

按 x 值的不同,分成三种情况:

(1)当 $x > h_f'$ 时,用式(6-41)、式(6-42)及式 $f_y'A_s' = f_yA_s$,可求得钢筋截面面积。此时必须验算 x,满足条件 $x \le x_b$ 的条件。

(2)当 $2a' \le x \le h_f'$ 时,用式(6-15a)、式(6-16a)及式 $f_y'A_s' = f_yA_s$,可求得钢筋截面面积。

(3)当 $x < 2a'$ 时,则如同双筋受弯构件一样,取 $x = 2a'$,用公式(6-30)配筋:

$$A_s' = A_s = \frac{N(e_i - h/2 + a')}{f_y(h_0 - a')}$$

另外,再按不考虑受压钢筋 A_s',即取 $A_s' = 0$,按非对称配筋构件计算 A_s 值;然后与用式(6-30)计算出来的 A_s 值作比较,取用较小值配筋(具体配筋时,仍取用 $A_s' = A_s$,但此 A_s 值是上面所求得的小的数值)。

不对称配筋工形截面的计算方法与前述矩形截面的计算方法基本相同,计算时需注意翼缘的作用。本章从略。

6.8.2　小偏心受压

当 $\xi > \xi_b$ 时,为小偏心受压构件(图6-23)。

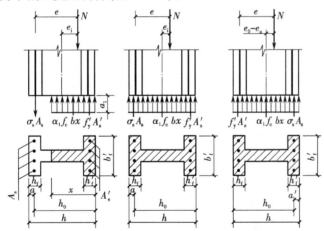

图6-23　工形截面小偏压计算图形

1. 计算公式

小偏心受压工形截面,一般不会发生 $x < h_f'$ 的情况,仅列出 $x > h_f'$ 的计算公式:

$$N = \alpha_1 f_c [bx + (b_f' - b)h_f'] + f_y'A_s' - \sigma_s A_s \qquad (6-43)$$

$$Ne = \alpha_1 f_c \left[bx\left(h_0 - \frac{x}{2}\right) + (b_f' - b)h_f'\left(h_0 - \frac{h_f'}{2}\right) \right] + f_y'A_s'(h_0 - a') \qquad (6-44)$$

当 $x > h - h_f$ 时,在计算中应考虑翼缘 h_f 的作用,可改用下二式计算:

$$N = \alpha_1 f_c [bx + (b_f' - b)h_f' + (b_f - b)(h_f + x - h)] + f_y'A_s' - \sigma_s A_s \qquad (6-45)$$

$$Ne = \alpha_1 f_c \left[bx\left(h_0 - \frac{x}{2} \right) + (b_f' - b)h_f'\left(h_0 - \frac{h_f'}{2} \right) \right.$$

$$\left. + (b_f - b)(h_f + x - h)\left(h_f - \frac{h_f + x - h}{2} - a \right) \right] + f_y'A_s'(h_0 - a') \quad (6-46)$$

当 $x > h$ 时,取 $x = h$ 计算;σ_s 仍可近似用式(6-24)计算。

对于小偏心受压构件,尚应满足下列条件

$$N\left[\frac{h}{2} - a' - (e_0 - e_a) \right] \leqslant \alpha_1 f_c \left[bh\left(h_0' - \frac{h}{2} \right) + (b_f - b)h_f\left(h_0' - \frac{h_f}{2} \right) \right.$$

$$\left. + (b_f' - b)h_f'(h_f'/2 - a') \right] + f_y'A_s(h_0' - a) \quad (6-47)$$

式中 h_0'——受压钢筋 A_s' 合力点至纵向力 N 远侧边缘的距离,即 $h_0' = h - a$。

2. 适用条件

$$x > x_b$$

3. 计算方法

对称配筋的工形截面计算方法一般可采用迭代法和近似公式计算法。采用迭代法时,σ_s 仍用式(6-24)计算;而式(6-21)和式(6-22)分别用式(6-43)、式(6-44)或式(6-45)和式(6-46)来替代。

【例题 6-14】 已知:工形截面柱,$l_c = l_0 = 6.7$ m,柱截面控制内力 $N = 853.5$ kN,$M_1 = M_2 = 352.5$ kN·m,截面尺寸如图 6-24 所示;混凝土强度等级为 C40,采用 HRB400 级钢筋,对称配筋。

求:所需钢筋截面面积 $A_s = A_s'$。

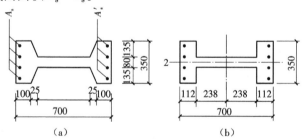

图 6-24 截面尺寸和配筋布置

【解】 在计算时,可近似地把图 6-24(a)简化成图 6-24(b)。

由于 $l_c/h = \dfrac{6\,700}{700} = 9.57 > 6$,要考虑挠度的二阶效应对偏心距的影响,即需要计算 η_{ns}。

取 $a = a' = 50$ mm,$C_m = 0.7 + 0.3\dfrac{M_1}{M_2} = 1$,则 $h_0 = 700 - 50 = 650$ mm。

$e_a = 700/30 = 23$ mm > 20 mm,$\zeta_c = \dfrac{0.5f_cA}{N} > 1$,取 $\zeta_c = 1$

$$\eta_{ns} = 1 + \frac{1}{1\,300\dfrac{\left(\dfrac{M_2}{N} + e_a \right)}{h_0}}\left(\frac{l_c}{h} \right)^2 \zeta_c = 1 + \frac{1}{1\,300 \times \dfrac{\dfrac{35.25 \times 10^4}{85.35 \times 10^4} + 23}{650}} \times 9.57^2 \times 1 = 1.105$$

$$e_i = M/N + e_a = C_m \eta_{ns} M_2/N + e_a = 479.40 \text{ mm}$$

先按大偏心受压计算。用式(6-42)求得受压区计算高度

$$x = \frac{N}{\alpha_1 f_c b_f'} = \frac{853\ 500}{1.0 \times 19.1 \times 350} = 128 \text{ mm} > h_f' = 112 \text{ mm}$$

此时中和轴在腹板内,应由式(6-40)及 $f_y' A_s' = f_y A_s$ 重新求算 x 值:

$$x = \frac{N - \alpha_1 f_c h_f' (b_f' - b)}{\alpha_1 f_c b} = \frac{853\ 500 - 19.1 \times 112 \times (350 - 80)}{19.1 \times 80}$$

$$= 180.57 (\text{mm}) < x_b = 0.518 \times 650 = 336.7 \text{ mm}$$

可用大偏心受压公式计算钢筋:

$$e = e_i + h/2 - a = 479.40 + 700/2 - 50 = 779.40 \text{ mm}$$

由式(6-41)及 $f_y' A_s' = f_y A_s$,求得

$$A_s = A_s' = \frac{Ne - \alpha_1 f_c \left[bx \left(h_0 - \frac{x}{2} \right) + (b_f' - b) h_f' \left(h_0 - \frac{h_f'}{2} \right) \right]}{f_y' (h_0 - a')}$$

$$= \frac{853\ 500 \times 779.40 - 19.1 \times 80 \times 180.57 \times \left(650 - \frac{180.57}{2} \right)}{360 \times (650 - 50)}$$

$$- \frac{19.1 \times (350 - 80) \times 112 \times \left(650 - \frac{112}{2} \right)}{360 \times (650 - 50)}$$

$$= 777 \text{ mm}^2 > \rho_{min}' bh = 0.002 \times 80 \times 700 = 112 \text{ mm}^2$$

每边选用 4Φ16,$A_s = A_s' = 804 \text{ mm}^2$

【例题 6-15】　已知:同例题 6-14 的柱,柱的截面控制内力为 $N_{max} = 1\ 510 \text{ kN}, M = 248 \text{ kN} \cdot \text{m}$。

求:所需钢筋截面面积。(采用对称配筋)

【解】　(1)先按大偏心受压考虑。

$$x = \frac{N}{\alpha_1 f_c b_f'} = \frac{1\ 510\ 000}{19.1 \times 350} = 226 \text{ mm}$$

中和轴进入腹板,应由式(6-40)及 $f_y' A_s' = f_y A_s$ 重新计算 x 值:

$$x = \frac{N - \alpha_1 f_c h_f' (b_f' - b)}{\alpha_1 f_c b} = \frac{1\ 510\ 000 - 19.1 \times 112 \times (350 - 80)}{1.0 \times 19.1 \times 80}$$

$$= 610 \text{ mm} > x_b = 0.518 \times 650 = 336.7 \text{ mm}$$

(2)应按小偏心受压公式计算钢筋。

由 $l_c/h = \frac{6\ 700}{700} = 9.57 > 6$,要考虑挠度的二阶效应对偏心距的影响,即需要计算 η_{ns},取

$a = a' = 50 \text{ mm}, C_m = 0.7 + 0.3 \dfrac{M_1}{M_2} = 1$,则 $h_0 = 700 - 50 = 650 \text{ mm}$

$$e_a = 700/30 = 23 \text{ mm} > 20 \text{ mm}, \zeta_c = \frac{0.5 f_c A}{N} = 0.738$$

$$\eta_{ns} = 1 + \cfrac{1}{1\ 300\ \cfrac{\left(\cfrac{M_2}{N} + e_a\right)}{h_0}}\left(\cfrac{l_c}{h}\right)^2 \xi_c = 1 + \cfrac{1}{1\ 300 \times \cfrac{\cfrac{248}{1.51} + 23}{650}}(9.57)^2 \times 0.738$$

$$= 1.181$$

$$e_i = M/N + e_a = C_m\eta_{ns}M_2/N + e_a = 216.89 \text{ mm}$$

$$e = e_i + h/2 - a = 216.89 + 700/2 - 50 = 516.89 \text{ mm}$$

用近似公式法计算。

对于工形小偏心受压,如果采用近似公式时,求 ξ 的公式(6-38)可改写成下式:

$$\xi = \cfrac{N - \alpha_1 f_c(b'_f - b)h'_f - \xi_b\alpha_1 f_c b h_0}{\cfrac{Ne - \alpha_1 f_c(b'_f - b)h'_f(h_0 - h'_f/2) - 0.43\alpha_1 f_c b h_0^2}{(0.8 - \xi_b)(h_0 - a')} + \alpha_1 f_c b h_0} + \xi_b \quad (6-38a)$$

把本题的数据代入求得

$$\xi = 0.734$$

$$x = \xi h_0 = 0.734 \times 650 = 477.10 \text{ mm}$$

代入式(6-44)得

$$A_s = A'_s = 637 \text{ mm}^2, \text{每边实取 } 3\underline{\Phi}18, A_s = A'_s = 763 \text{ mm}^2$$

(3)垂直于弯矩平面方向需要以轴心受压进行验算。由图6-24计算得

$$I_{2-2} = 817 \times 10^6 \text{ mm}^4$$

$$A = 116\ 700 \text{ mm}^2$$

$$i_{2-2} = \sqrt{\cfrac{I_{2-2}}{A}} = \sqrt{\cfrac{817 \times 10^6}{116\ 700}} = 83.7 \text{ mm}$$

式中 i_{2-2}——截面最小回转半径。

得

$$\cfrac{l_0}{i_{2-2}} = \cfrac{6\ 700}{83.7} = 80.05$$

查表6-1得

$$\varphi = 0.672$$

按式(6-4)计算,得

$$N = 0.9\varphi[f_c A + f'_y(A'_s + A_s)]$$

$$= 0.9 \times 0.672 \times [19.1 \times 116\ 700 + 360 \times (763 + 763)]$$

$$= 1\ 680 \text{ kN} > 1\ 510 \text{ kN}$$

验算结果安全。

6.9 正截面承载力 N_u—M_u 相关曲线

对给定的一个偏心受压构件,受压承载力 N_u 与受弯承载力 M_u 是相互关联的。试验表明,小偏心受压的情况,随着轴向力的增加,正截面的受弯承载力随之减小;大偏心受压情况,轴向压力的存在会使正截面受弯承载力提高。界限状态时,构件的受弯承载力达到最大值。图6-25是 N_u 与 M_u 之间试验关系曲线。

这表明,对给定截面尺寸、配筋和材料强度的偏心受压构件,有无数组不同的 N_u 与 M_u 的组合,都可以达到承载能力极限状态。或者说当给定轴力 N 时就有唯一的 M;且 N_u 与 M_u 是一一对应的。

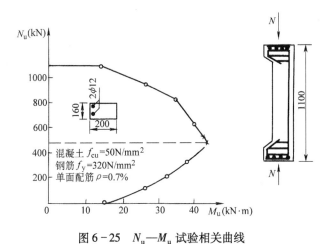

图 6-25 N_u—M_u 试验相关曲线

6.9.1 对称配筋矩形截面大偏心受压构件的 N—M 相关曲线

将 N、$A_s = A_s'$、$f_y = f_y'$ 代入式(6-15),得

$$N = \alpha_1 f_c bx \tag{6-48}$$

$$x = \frac{N}{\alpha_1 f_c b} \tag{6-49}$$

将式(6-49)、式(6-17)代入式(6-16)得

$$N\left(e_i + \frac{h}{2} - a\right) = \alpha_1 f_c b \frac{N}{\alpha_1 f_c b}\left(h_0 - \frac{N}{2\alpha_1 f_c b}\right) + f_y' A_s'(h_0 - a') \tag{6-50}$$

考虑二阶效应,$e_i = \eta_{ns} e_0 + e_a$,经整理得

$$Ne_i = -\frac{N^2}{2\alpha_1 f_c b} + \frac{Nh}{2} + f_y' A_s'(h_0 - a') \tag{6-51}$$

令 $Ne_i = M$,则

$$M = -\frac{N^2}{2\alpha_1 f_c b} + \frac{Nh}{2} + f_y' A_s'(h_0 - a') \tag{6-52}$$

上式为矩形截面大偏心受压构件对称配筋条件下的 N—M 相关曲线方程。从式(6-52)可看出 M 是 N 的二次函数,并且随着 N 的增大 M 也增大,如图 6-26 中水平虚线以下的曲线所示。

6.9.2 对称配筋矩形截面小偏心受压构件的 N—M 的相关曲线

假定截面为局部受压,将 N、σ_s、$x = \xi h_0$ 代入式(6-21),将 N、$x = \xi h_0$ 代入式(6-22)可得

$$N = \alpha_1 f_c b h_0 \xi + f_y' A_s' - \left(\frac{\xi - \beta_1}{\xi_b - \beta_1}\right) f_y A_s \tag{6-53}$$

$$Ne = \alpha_1 f_c bh_0^2 \xi(1 - 0.5\xi) + f_y' A_s'(h_0 - a') \qquad (6-54)$$

将 $A_s = A_s'$, $f_y = f_y'$ 代入式(6-54)得

$$N = \frac{\alpha_1 f_c bh_0(\xi_b - \beta_1) - f_y' A_s'}{\xi_b - \beta_1}\xi - \left(\frac{\xi_b}{\xi_b - \beta_1}\right)f_y' A_s'$$

由上式解得

$$\xi = \frac{\beta_1 - \xi_b}{\alpha_1 f_c bh_0(\beta_1 - \xi_b) + f_y' A_s'}N + \frac{\xi_b f_y' A_s'}{\alpha_1 f_c bh_0(\beta_1 - \xi_b) + f_y' A_s'} \qquad (6-55)$$

令

$$\lambda_1 = \frac{\beta_1 - \xi_b}{\alpha_1 f_c bh_0(\beta_1 - \xi_b) + f_y' A_s'}, \lambda_2 = \frac{\xi_b f_y' A_s'}{\alpha_1 f_c bh_0(\beta_1 - \xi_b) + f_y' A_s'} \qquad (6-55a)$$

则

$$\xi = \lambda_1 N + \lambda_2$$

将式(6-55a)、式(6-17)代入式(6-55)可得

$$N\left(e_i + \frac{h}{2} - a\right) = \alpha_1 f_c bh_0^2(\lambda_1 N + \lambda_2)\left(1 - \frac{\lambda_1 N + \lambda_2}{2}\right) + f_y' A_s'(h_0 - a')$$

由于 $Ne_i = M$ 则

$$M = \alpha_1 f_c bh_0^2[(\lambda_1 N + \lambda_2) - 0.5(\lambda_1 N + \lambda_2)^2] - \left(\frac{h}{2} - a\right)N + f_y' A_s'(h_0 - a') \qquad (6-56)$$

　　上式为矩形截面小偏心受压构件对称配筋条件下的 N—M 的相关方程。从式(6-56)可看出 M 也是 N 的二次函数,但随着 N 的增大而 M 将减小,如图6-26中水平虚线以上的曲线所示。

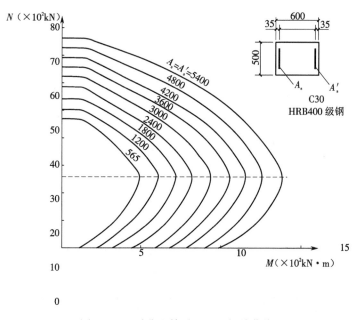

图6-26　对称配筋时 N—M 相关曲线

6.9.3　N—M 相关曲线的特点和应用

　　N—M 相关曲线可以分为大偏心受压破坏和小偏心受压破坏两个曲线段,由曲线可以

看出有如下特点。

(1)$M = 0$ 时,N 最大;$N = 0$ 时,M 不是最大;界限破坏时,M 最大。

(2)小偏心受压时,N 随 M 的增大而减小;大偏心受压时,N 随 M 的增大而增大。

(3)对称配筋时,若截面形状和尺寸相同,混凝土的强度等级和钢筋级别也相同,但配筋数量不同时,在界限破坏时 N_b 是相同的($N_b = \alpha_1 f_c b x_b$),因此,各条 N—M 曲线的界限破坏点在同一水平处。

应用 N—M 的相关方程,可以对给定截面尺寸、混凝土强度等级和钢筋类别的偏心受压构件,绘制出相关曲线图表,设计时可方便地由图求得所需的配筋面积。

6.10　双向偏心受压构件的正截面承载力

当压力 N 对截面的两个主轴方向都有偏心(e_{ix} 和 e_{iy},$e_{ix} = M_x/N + e_a$,$e_{iy} = M_y/N + e_a$)时,或者构件同时承受纵向压力 N 及两个方向的弯矩(M_x 和 M_y)时,称为双向偏心受压,见图 $6 - 27$。

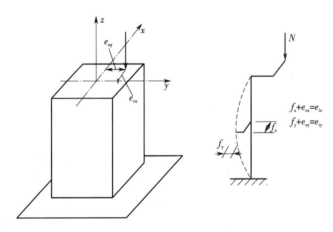

图 6 - 27　双向偏心受压示意图

钢筋混凝土结构工程中,地震区的多层或高层框架柱、纵向柱列较少的房屋、管道支架和水塔的支柱等常常会受到双向偏心受压。

6.10.1　正截面承载力的一般计算公式

计算的假定同 4.3.1 节。

双向偏心受压构件在斜向偏心压力 N 的作用下,中和轴是倾斜的,与截面形心主轴成 ψ 值的夹角。根据偏心距大小的不同,受压区面积的形状变化,对于矩形截面可能呈三角形、四边形或五边形,见图 $6 - 28(a)$;对于 L 形、T 形截面可能出现更复杂的形状,见图 $6 - 28(b)$。

在图 $6 - 29$ 中,矩形截面的尺寸为 $b \times h$,截面主轴为 $x - y$ 轴,受压区用阴影线来表示。受压区的最高点 O 定为新坐标轴 $x' - y'$ 的原点,x' 轴平行于中和轴,承受纵向压力 N 及两个方向的弯矩 M_x 和 M_y。每根钢筋的应变和应力分别用 ε_{si} 和 σ_{si} 表示。每根钢筋的面积用 A_{si} 表示。受压区混凝土用 A_{cj}、σ_{cj} 和 $\varepsilon_{cj}(j = 1, \cdots, m)$ 分别表示第 j 单元的面积、应力和应变。

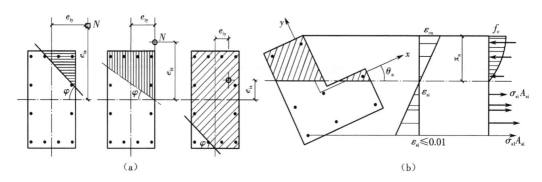

图 6-28 双向偏压的受压区形状(阴影部分为受压区面积)

(a)矩形截面;(b)L形截面

中和轴与 x 主轴的夹角为 ψ。

从图 6-29 坐标轴之间关系得

$$
\left\{
\begin{array}{l}
x' = y\sin\psi - x\cos\psi + \dfrac{b}{2}\cos\psi - \dfrac{h}{2}\sin\psi \quad\quad (6-57)\\[2mm]
y' = -y\cos\psi - x\sin\psi + \dfrac{h}{2}\cos\psi + \dfrac{b}{2}\sin\psi \quad\quad (6-58)
\end{array}
\right.
$$

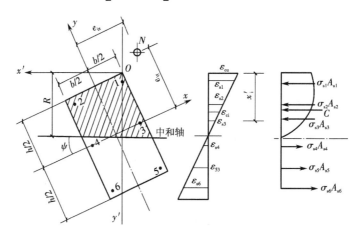

图 6-29 双向偏心受压截面计算图形

取 $\varepsilon_{cu} = 0.0033$,得各根钢筋和各混凝土单元的应变如下:

$$\varepsilon_{si} = 0.0033(1 - y'_{si}/R)(i = 1, \cdots, n) \quad\quad (6-59)$$

$$\varepsilon_{cj} = 0.0033(1 - y'_{cj}/R)(j = 1, \cdots, m) \quad\quad (6-60)$$

将各根钢筋和各混凝土单元的应变分别代入各自的应力—应变关系,即可得到各根钢筋和各混凝土单元的应力 σ_{si} 和 σ_{cj}。

由平衡方程得

$$\begin{cases} N = \sum_{j=1}^{m} A_{cj}\sigma_{cj} + \sum_{i=1}^{n} A_{si}\sigma_{si} & (6-61) \\[3mm] M_y = \sum_{j=1}^{m} A_{cj}\sigma_{cj}x_{cj} + \sum_{i=1}^{n} A_{si}\sigma_{si}x_{si} & (6-62) \\[3mm] M_x = \sum_{j=1}^{m} A_{cj}\sigma_{cj}y_{cj} + \sum_{i=1}^{n} A_{si}\sigma_{si}y_{si} & (6-63) \end{cases}$$

式中　N——轴向压力设计值,取正号;

M_x、M_y——考虑了结构侧移、构件挠曲和附加偏心距引起的附加弯矩后对截面形心轴 x 和 y 的弯矩设计值;

σ_{si}——第 i 根钢筋的应力($i=1,\cdots,n$),受压为正,受拉为负;

A_{si}——第 i 根钢筋的面积;

x_{si}、y_{si}——第 i 根钢筋形心到截面形心轴 y 和 x 的距离,x_{si} 在 y 轴的右侧及 y_{si} 在 x 轴上侧时取正号;

n——钢筋的根数;

σ_{cj}——第 j 个混凝土单元的应力;

A_{cj}——第 j 个混凝土单元的面积;

x_{cj}、y_{cj}——第 j 个混凝土单元形心到截面形心轴 y 和 x 的距离,x_{cj} 在 y 轴的右侧及 y_{cj} 在 x 轴上侧时取正号;

m——混凝土单元数。

利用上述公式进行双向偏心受压计算借助于计算机迭代求解,比较复杂。

图 6-30 为矩形截面双向偏心受压轴力和弯矩之间的相关曲面,称为破坏曲面。曲面上的等轴力线是一条接近椭圆的曲线,当轴力作用于矩形截面对角线上时,曲线与椭圆的偏离最大。

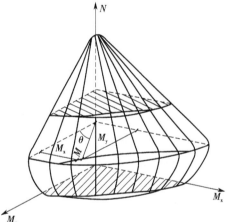

图 6-30　双向偏压 N—M 相关曲面

6.10.2　简化计算方法

我国《混凝土结构设计标准》采用弹性阶段应力迭加的近似方法推导求得两个相互垂直的对称轴的双向偏心受压构件的正截面承载力。设计时,先拟定构件的截面尺寸和钢筋布置方案,然后按下列公式复核所能承受的轴向压力设计值 N:

$$N \leqslant \frac{1}{\dfrac{1}{N_{ux}} + \dfrac{1}{N_{uy}} - \dfrac{1}{N_{u0}}} \qquad (6-64)$$

式中　N_{u0}——构件截面轴心受压承载力设计值,此时考虑全部纵筋,但不考虑稳定系数;

N_{ux},N_{uy}——轴向力作用于 x 轴及 y 轴,考虑相应的计算偏心距及偏心距增大系数后,按全部纵向钢筋计算的构件偏心受压承载力设计值。

式(6-64)的推导如下。

假定材料处于弹性阶段,在荷载 N_{u0}、N_{ux}、N_{uy} 及 N 作用下,截面内的应力都达到材料所受的容许应力$[\sigma]$,根据材料力学原理,则可得

$$
\left.
\begin{aligned}
[\sigma] &= \frac{N_{u0}}{A_0} \\
[\sigma] &= \left(\frac{1}{A_0} + \frac{e_{ix}}{W_{0x}}\right) N_{ux} \\
[\sigma] &= \left(\frac{1}{A_0} + \frac{e_{iy}}{W_{0y}}\right) N_{uy} \\
[\sigma] &= \left(\frac{1}{A_0} + \frac{e_{ix}}{W_{0x}} + \frac{e_{iy}}{W_{0y}}\right) N
\end{aligned}
\right\}
\tag{6-65}
$$

式中　A_0、W_{0x}、W_{0y}——考虑全部纵筋的换算截面面积和两个方向的换算截面抵抗矩。

合并以上各式,即可得公式(6-64)。

6.11　偏心受压构件斜截面受剪承载力

6.11.1　轴压力对斜截面受剪承载力的影响

偏心受压构件,一般情况下剪力相对较小,可不进行斜截面受剪承载力的计算。但对于有较大水平力作用的框架柱、有横向力作用下的桁架上弦压杆,剪力影响相对较大,而应考虑斜截面的受剪承载力。

试验表明,轴压力的存在,能推迟垂直裂缝的出现,并使裂缝宽度减小,使受压区高度增大,斜裂缝倾角变小,纵筋的拉力降低,从而使构件斜截面承载力提高,见图 6-31。但是,这个提高有一定限度,当轴压比 $N/(f_c bh) = 0.3 \sim 0.5$ 时,再增加轴压力将转变为带有斜裂缝的小偏心受压的破坏情况,斜截面承载力达到最大值。当 $N/(f_c bh)$ 大于 0.4 后斜截面受剪承载力随着 $N/(f_c bh)$ 的增加反而减小。当 $N < 0.3(f_c bh)$ 时,不同剪跨比构件的轴压力影响差别不大,见图 6-32。

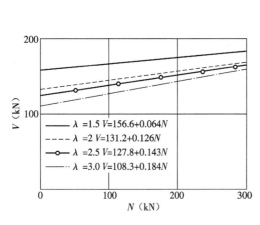

图 6-31　相对轴压力和剪力关系

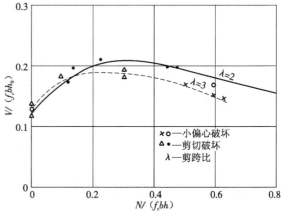

图 6-32　不同剪跨比时 V 和 N 的回归公式对比

6.11.2 斜截面受剪承载力的计算

《混凝土结构设计标准》对矩形截面偏心受压构件的斜截面受剪承载力采用下列公式计算：

$$V \leqslant \frac{1.75}{\lambda + 1.0} f_t b h_0 + f_{yv} \frac{A_{sv}}{s} h_0 + 0.07N \qquad (6-66)$$

式中 λ——偏心受压构件计算截面的剪跨比,取为 $M/(Vh_0)$。对框架结构中的框架柱,当反弯点在层高范围内时,可取 $\lambda = H_n/(2h_0)$(H_n 为柱的净高);当 $\lambda < 1$ 时,取 $\lambda = 1$;当 $\lambda > 3$ 时,取 $\lambda = 3$。对其他偏心受压构件,当承受均布荷载时,取 $\lambda = 1.5$;当承受集中荷载时(包括作用有多种荷载,且集中荷载对支座截面或节点边缘所产生的剪力值占总剪力的 75% 以上的情况),取 $\lambda = a/h_0$;当 $\lambda < 1.5$ 时,取 $\lambda = 1.5$;当 $\lambda > 3$ 时,取 $\lambda = 3$。

N——与剪力设计值 V 相应的轴向压力设计值,当 $N > 0.3 f_c A$ 时,取 $N = 0.3 f_c A$,A 为构件的截面面积。

当符合下列要求时：

$$V \leqslant \frac{1.75}{\lambda + 1.0} f_t b h_0 + 0.07N \qquad (6-67)$$

可不进行斜截面受剪承载力的计算,仅需根据构造要求配置箍筋。

*6.12 双向受剪承载力计算

6.12.1 双向受剪承载力分析

钢筋混凝土框架结构矩形截面柱常受到斜向水平荷载的作用,需要进行双向受剪承载力计算,见图 6-33。

试验表明:钢筋混凝土矩形截面或正方形截面柱在两个主轴方向同时承受水平剪力作用,且配箍量不相等时,沿两个方向的剪力设计值 V_x、V_y 和抗剪强度 V_{ux}、V_{uy} 的关系服从椭圆规律,即符合如下的椭圆相关方程:(见图 6-34)

$$\left(\frac{V_x}{V_{ux}}\right)^2 + \left(\frac{V_y}{V_{uy}}\right)^2 = 1 \qquad (6-68)$$

在进行斜向抗剪强度计算时,如图 6-35(a)所示,如果仅仅在两个主轴方向分别按正向进行受剪承载力计算,则过高地估计了受剪承载力,斜方向的计算受剪承载力往往大于同方向上的试验抗剪强度,是不安全的。为了保证计算受剪承载力偏于安全,需要在两个方向进行超强设计,即增大两个主轴方向的剪力设计值,或减小两个主轴方向的受剪承载力 V_{ux}、V_{uy},见图 6-35(b)。

计算受剪承载力大于试验值的原因是,在分别计算两个主轴方向的受剪承载力时,混凝土既在 x 向全部用来抵抗 x 向剪力,又在 y 向全部用来抵抗 y 向剪力,重复计算了混凝土在两个主轴方向上抗剪强度,过高地估计了混凝土的抗剪作用,因此设计是不安全的。为了设

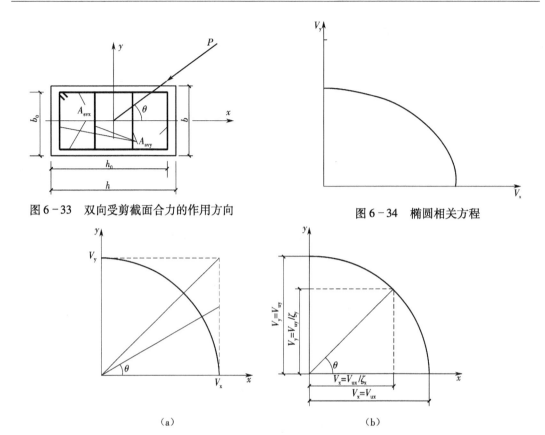

图 6-33　双向受剪截面合力的作用方向　　　　　图 6-34　椭圆相关方程

（a）　　　　　　　　　　　　　　（b）

图 6-35　超强设计的概念

计安全,应只对混凝土项的受剪承载力进行折减,而两个主轴方向上的箍筋是分别抵抗各自方向上的剪力,则不必折减。

6.12.2　混凝土框架柱双向受剪承载力分析

对混凝土项受剪承载力进行折减的原理,通过试验和分析,偏于安全地用以下椭圆方程表示矩形截面无腹筋混凝土框架柱双向受剪承载力的相关关系:

$$\left(\frac{V_x}{V_{ux}}\right)^{2.0} + \left(\frac{V_y}{V_{uy}}\right)^{2.0} = 1.0$$

混凝土项的两个方向的受剪承载力设计值分别记作 V_{ux}、V_{uy},ζ_x、ζ_y 分别为混凝土项的两个方向上的计算承载力折减系数,且令 $\zeta_x V_x = V_{ux}$、$\zeta_y V_y = V_{uy}$,代入椭圆方程可得

$$\frac{1}{\zeta_x^2} + \frac{1}{\zeta_y^2} = 1 \tag{6-69}$$

取 $V_y/V_x = \tan \theta$,由公式(6-69)得

$$\zeta_x = \sqrt{1 + \left(\frac{V_{ux}}{V_{uy}}\frac{V_y}{V_x}\right)^2} = \sqrt{1 + \left(\frac{V_{ux}}{V_{uy}}\tan \theta\right)^2} \tag{6-70}$$

$$\zeta_y = \sqrt{1 + \left(\frac{V_{uy}}{V_{ux}}\frac{V_x}{V_y}\right)^2} = \sqrt{1 + \left(\frac{V_{uy}}{V_{ux}}\frac{1}{\tan \theta}\right)^2} \tag{6-71}$$

对等肢配箍混凝土框架柱,由于 $bh_0 \approx hb_0$,$V_{ux} \approx V_{uy}$,代入式(6-70)、(6-71)整理可得

$$\zeta_x = \frac{1}{\cos \theta} \qquad (6-72)$$

$$\zeta_y = \frac{1}{\sin \theta} \qquad (6-73)$$

6.12.3 有腹筋混凝土框架柱双向受剪承载力计算公式

基于上述分析,矩形截面有腹筋混凝土框架柱双向受剪承载力计算公式如下:

$$V_x \leq V'_{ux} = \left(\frac{1.75}{\lambda_x + 1} f_t bh_0 + f_{yv} \frac{A_{svx}}{s_x} h_0 + 0.07N \right) / \zeta_x \qquad (6-74)$$

$$V_y \leq V'_{uy} = \left(\frac{1.75}{\lambda_y + 1} f_t hb_0 + f_{yv} \frac{A_{svy}}{s_y} b_0 + 0.07N \right) / \zeta_y \qquad (6-75)$$

式中 λ_x、λ_y——框架柱的计算剪跨比;

A_{svx}、A_{svy}——配置在同一截面内平行于 x 轴、y 轴的箍筋各肢截面面积的总和;

N——与斜向剪力设计值 V 相应的轴向压力设计值,当 $N > 0.3f_cA$ 时,取 $N = 0.3f_cA$,此处,A 为构件的截面面积;

θ——斜向外荷载与截面长边形成的夹角,当斜方向角度为 $0° \sim 10°$ 及 $80° \sim 90°$ 时,可按正向受剪承载力计算,即近似取 $0°$ 和 $90°$ 进行计算。

6.12.4 斜截面受剪承载力的截面限制条件

矩形截面钢筋混凝土框架柱双向受剪的截面限制条件为

$$V_x \leq 0.25\beta_c f_c bh_0 \cos \theta \qquad (6-76)$$
$$V_y \leq 0.25\beta_c f_c hb_0 \sin \theta \qquad (6-77)$$

通过与单向加载和反复加载的试验结果比较分析,双向受剪承载力计算公式和截面限制条件用于矩形截面双向受剪钢筋混凝土框架柱的设计是偏安全的。

思考题

1. 什么是轴心受力构件?

2. 混凝土受压柱中还要配置一定数量的纵向钢筋对轴心受压构件起什么作用? 为什么对纵向受力钢筋要有最小配筋率的规定?

3. 配有普通箍筋的钢筋混凝土轴心受压柱中,箍筋的作用是什么? 其纵向钢筋和箍筋有哪些构造要求?

4. 轴心受压短柱的破坏特征是什么? 长柱和短柱的破坏特点有何不同? 长柱和短柱轴心受压时的承载力有何不同? 计算中如何考虑长柱的初始偏心和纵向弯曲影响?

5. 轴心受压柱中在什么情况下混凝土压应力能达到 f_c,钢筋压应力也能达到 f_y'? 而在什么情况下混凝土压应力能达到 f_c 时钢筋压应力却达不到 f_y'? 轴心受压构件中采用高强度钢筋是否合适? 为什么?

6. 普通箍筋轴心受压柱和螺旋箍筋轴心受压柱在计算方面有何不同? 为什么?

7. 螺旋箍筋轴心受压柱计算公式中为什么没有 φ 值? 使用螺旋箍筋柱时要受到哪些限制?

8. 配有螺旋箍筋的混凝土轴心受压柱中,螺旋箍筋的作用是什么?

9. 大偏心受压构件和小偏心受压构件的破坏形态有何不同? 它们的根本区别是什么?

10. 判别大小偏心受压的条件: $e_i = M/N + e_a$ 大于或小于 $0.3h_0$,在什么情况下可以使用这个判别条件?

11. 非对称配筋和对称配筋方式各有何优缺点? 设计非对称配筋和对称配筋矩形截面时,怎样判别大小偏心受压?

12. 说明偏心受压构件中系数 η_{ns} 的意义。η_{ns} 与哪些因素有关?

13. 由弯矩增大系数 η_{ns} 说明二阶效应对偏心受压构件承载力的影响。弯矩增大系数 η_{ns} 中如何反映长细比对承载力的影响?

14. 附加偏心距 e_a 的物理意义是什么?

15. 简述非对称配筋和对称配筋矩形截面偏心受压构件正截面承载力的计算方法。

16. 小偏心受压构件远离偏心力一侧纵向钢筋中的应力 σ_s 如何进行计算?

17. 根据 $N—M$ 曲线说明大偏心受压和小偏心受压时轴向力和弯矩的关系。

18. 如何考虑偏心受压构件斜截面受剪承载力计算? 它与受弯构件抗剪承载力计算有何异同点?

19. 偏心受压构件的构造要求有哪些? 箍筋的作用是什么?

第7章 受拉构件的承载力

钢筋混凝土受拉构件分为轴心受拉构件和偏心受拉构件两种受力构件。钢筋混凝土拱的拉杆、桁架以及受内压力作用的环形管壁和贮液池筒壁等一般按轴心受拉构件计算。矩形水池池壁、料仓或煤仓的壁板以及受拉柱等按偏心受拉构件计算。一般受拉构件除受轴向拉力作用外往往还受弯矩和剪力作用。

7.1 轴心受拉构件的承载力

轴心受拉构件从加载开始到破坏的受力过程也可分为三个受力阶段。第Ⅰ阶段为从加载到混凝土受拉开裂前;第Ⅱ阶段为混凝土开裂后至钢筋屈服;第Ⅲ阶段为受拉钢筋开始屈服到全部受拉钢筋达到屈服,此时,混凝土裂缝开展很大,认为构件达到了破坏状态。

轴心受拉构件破坏时,混凝土早已被拉裂,全部拉力由钢筋来承担,直到钢筋屈服。轴心受拉构件正截面受拉承载力按下式计算:

$$N \leqslant f_y A_s \qquad (7-1)$$

式中 N——轴向拉力设计值;

f_y——钢筋的抗拉强度设计值;

A_s——受拉钢筋的全部截面面积,且应 $A_s \geqslant (0.9f_t/f_y)A$,$A$ 为构件截面面积。

【例题 7-1】 已知:某钢筋混凝土屋架下弦,截面尺寸 $b \times h = 200 \text{ mm} \times 150 \text{ mm}$,其所受的轴心拉力设计值为 420 kN,混凝土强度等级 C30,采用 HRB400 级钢筋。

求:截面配筋。

【解】 HRB400 级钢筋,$f_y = 360 \text{ N/mm}^2$,代入式(7-1)得

$$A_s = N/f_y = 420\ 000 \div 360 = 1\ 167 \text{ mm}^2$$

选用 4$\underline{\Phi}$20,$A_s = 1\ 256 \text{ mm}^2$,且

$$A_s \geqslant (0.9f_t/f_y)A = (0.9 \times 1.43/360) \times 200 \times 150 = 107.25 \text{ mm}^2$$

7.2 偏心受拉构件正截面受拉承载力

与偏心受压构件类似,偏心受拉构件按轴向拉力 N 的作用位置不同,可分为大偏心受拉构件与小偏心受拉构件,距轴向拉力 N 较近一侧的纵向钢筋为 A_s,较远一侧的为 A_s'。当轴向拉力 N 作用在钢筋 A_s 合力点及 A_s' 合力点范围以外时,为大偏心受拉;当轴向拉力 N 作用在钢筋 A_s 合力点及 A_s' 合力点范围以内时,为小偏心受拉。

1. 大偏心受拉构件正截面的承载力

大偏心受拉破坏的特点是轴向拉力 N 作用在 A_s 合力点及 A_s' 合力点以外,达到极限承载力时,截面虽开裂,但还有受压区,截面不会通裂。

构件破坏时,钢筋 A_s 及 A_s' 的应力都达到屈服强度,受压区混凝土强度达到 $\alpha_1 f_c$。图7-1 表示矩形截面大偏心受拉构件的受力情况。根据平衡条件,可以得到如下基本公式:

$$N = N_u = f_y A_s - f_y' A_s' - \alpha_1 f_c bx \qquad (7-2)$$

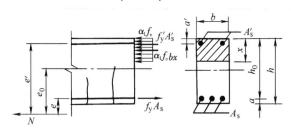

图7-1　大偏心受拉计算简图

$$Ne = \alpha_1 f_c bx \left(h_0 - \frac{x}{2} \right) + f_y' A_s' (h_0 - a') \qquad (7-3)$$

式中　e 为轴向拉力 N 至受拉钢筋 A_s 合力点的距离,

$$e = e_0 - \frac{h}{2} + a \qquad (7-4)$$

为保证受拉钢筋 A_s 达到屈服,应满足 $\xi < \xi_b$ 的条件;为保证受压钢筋 A_s' 达到屈服,应满足 $x \geqslant 2a'$ 的条件。

设计时为了使钢筋总用量($A_s + A_s'$)最少,同偏心受压构件一样,取 $x = x_b$,代入式(7-3)和式(7-2),可得

$$A_s' = \frac{Ne - \alpha_1 f_c bx_b (h_0 - x_b/2)}{f_y (h_0 - a')} \qquad (7-5)$$

$$A_s = \frac{\alpha_1 f_c bx_b + N}{f_y} + \frac{f_y'}{f_y} A_s' \qquad (7-6)$$

式中　x_b——大偏心受拉界限破坏时受压区高度,$x_b = \xi_b h_0$,ξ_b 的计算见式(4-21)。

当 $\xi > \xi_b$ 时,受拉钢筋不屈服,类似于受弯构件的超筋梁,应避免采用。当 $x < 2a'$ 时,可取 $x = 2a'$,对 A_s' 形心取矩则有 $A_s = \dfrac{Ne'}{f_y (h_0 - a')}$。同时,$A_s$ 应不小于 $\rho_{\min} bh$。

对称配筋时,由于 $A_s = A_s'$ 和 $f_y = f_y'$,将其代入基本式(7-2)后,必然会求得 x 为负值,即属于 $x < 2a'$ 的情况。这时候,可按偏心受压的相应情况类似处理,即取 $x = 2a'$。

其他情况的设计题和复核题的计算与大偏心受压构件相似,所不同者是轴向力 N 为拉力。

2. 小偏心受拉构件正截面承载力计算

在小偏心拉力作用下,(图7-2)临破坏前,一般情况截面全部裂通,拉力完全由钢筋承担。

这种情况下,不考虑混凝土的受拉工作。设计时,可假定构件破坏时钢筋 A_s 及 A_s' 的应力都达到屈服强度。由钢筋 A_s 及 A_s' 的合力点取矩的平衡条件,可得

$$Ne = f_y A_s' (h_0 - a') \qquad (7-7)$$

$$Ne' = f_y A_s (h_0' - a) \qquad (7-8)$$

式中

$$e = \frac{h}{2} - e_0 - a \qquad (7-9)$$

$$e' = \frac{h}{2} + e_0 - a' \qquad (7-10)$$

对称配筋时可取

$$A'_s = A_s = \frac{Ne'}{f_y(h_0 - a')} \qquad (7-11)$$

式中

$$e' = e_0 + \frac{h}{2} - a' \qquad (7-12)$$

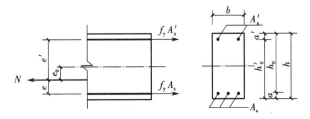

图 7-2　小偏心受拉计算简图

【例题 7-2】　已知:某矩形水池(图 7-3),壁厚为 300 mm,通过内力分析,求得跨中水平方向每 m 宽度上最大弯矩设计值 $M = 120$ kN·m,相应的每 m 宽度上的轴向拉力设计值 $N = 240$ kN,该水池的混凝土强度等级为 C25,采用 HRB400 级钢筋。

求:水池在该处需要的 A_s 及 A'_s 值。

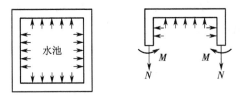

图 7-3　矩形水泥池壁弯矩 M 和拉力 N 的示意图

【解】　$b \times h = 1\,000$ mm $\times 300$ mm;取 $a = a' = 45$ mm

$$e_0 = \frac{M}{N} = \frac{120 \times 1\,000}{240} = 500 \text{ mm}$$

为大偏心受拉。

$$e = e_0 - \frac{h}{2} + a = 500 - 150 + 45 = 395 \text{ mm}$$

为满足 $(A_s + A'_s)$ 的用量为最少,先假定 $x = x_b = 0.518 h_0 = 0.518 \times 255 = 132$ mm 来计算 A'_s 值。

$$A'_s = \frac{Ne - \alpha_1 f_c b x_b \left(h_0 - \dfrac{x_b}{2}\right)}{f'_y(h_0 - a')}$$

$$= \frac{240\,000 \times 395 - 1.0 \times 11.9 \times 1\,000 \times 132 \times (255 - 132/2)}{360 \times (255 - 45)} < 0$$

取 $A_s' = \rho_{\min}' bh = 0.002 \times 1\,000 \times 300 = 600\ \text{mm}^2$，选用 $\Phi 14@200$，$A_s' = 615\ \text{mm}^2$。

该题由求算 A_s' 及 A_s 的问题转化为已知 A_s' 求 A_s 的问题。此时 x 不再是界限值 x_b，必须重新计算 x 值，计算方法和偏心受压构件计算类同。由式(7-3)计算 x 值。

式(7-3)转化为下式：

$$\alpha_1 f_c b x^2/2 - \alpha_1 f_c b h_0 x + Ne - f_y' A_s'(h_0 - a') = 0$$

代入数据得

$$1.0 \times 11.9 \times 1\,000 \times x^2/2 - 1.0 \times 11.9 \times 1\,000 \times 255 \times x + 240\,000 \times 395 - 360 \times 615 \times (255 - 45) = 0$$

$$5\,950x^2 - 3\,034\,500x + 48\,306\,000 = 0$$

$$x = \frac{3\,034\,500 - \sqrt{3\,034\,500^2 - 4 \times 5\,950 \times 48\,306\,000}}{2 \times 5\,950} = 16.45\ \text{mm}$$

$x = 16.45 < 2a'$ 取 $x = 2a'$，并对 A_s' 合力点取矩，可求得

$$A_s = \frac{Ne'}{f_y(h_0 - a')} = \frac{240\,000 \times (500 + 150 - 45)}{360 \times (255 - 45)} = 1\,920.6\ \text{mm}^2$$

取 $A_s = 1\,921\ \text{mm}^2$ 来配筋，选用 $\Phi 16@100\ \text{mm}$，$A_s = 2\,011\ \text{mm}^2$。

7.3　偏心受拉构件斜截面受剪承载力

一般偏心受拉构件，在承受弯矩和拉力的同时，也存在着剪力，当剪力较大时，不能忽视斜截面承载力的计算。

试验表明，拉力 N 的存在会使斜裂缝提前出现，甚至形成斜裂缝贯穿全截面，构件的斜截面承载力比无轴向拉力时要降低，降低的程度与轴向拉力的数值有关。

偏心受拉构件的斜截面受剪承载力可按下式计算：

$$V \leqslant \frac{1.75}{\lambda + 1.0} f_t b h_0 + f_{yv} \frac{A_{sv}}{s} h_0 - 0.2N \tag{7-13}$$

式中　λ——计算截面的剪跨比，按式(6-66)中要求取值；

　　　N——轴向拉力设计值。

式(7-13)右侧的计算值小于 $f_{yv} \dfrac{A_{sv}}{s} h_0$ 时，应取等于 $f_{yv} \dfrac{A_{sv}}{s} h_0$，且 $f_{yv} \dfrac{A_{sv}}{s} h_0$ 值不得小于 $0.36 f_t b h_0$。

与偏心受压构件相同，受剪截面尚应符合《混凝土结构设计标准》的要求。

思考题

1. 轴心受拉构件受力特征和影响承载力的主要因素有哪些?

2. 钢筋混凝土偏心受拉构件区别大小偏心受拉的界限条件是什么? 它们的受力特点和破坏特征有何不同? 大、小偏心受拉构件的区分与哪些因素有关?

3. 表述大偏心受拉构件和小偏心受拉构件正截面承载力计算方法。为什么对称配筋的矩形截面偏心受拉构件,无论大、小偏心,均可按 $Ne' \leqslant f_y A_s (h_0' - a)$ 计算?

第8章　受扭构件的扭曲截面承载力

8.1　概述

纯扭矩作用的钢筋混凝土结构是很少的,绝大多数钢筋混凝土结构都是处于弯矩、剪力、扭矩共同作用下的复合受力情况,有时还有轴向力作用。例如吊车梁、现浇框架的边梁(图8-1)、雨篷梁、曲梁、槽形墙板等,都属弯、剪、扭复合受力构件。

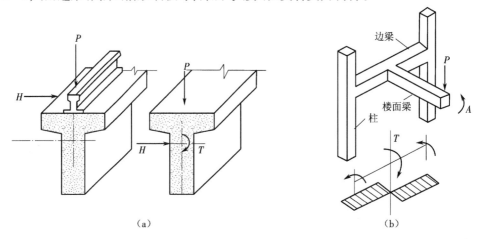

（a）　　　　　　　　　　　　　　　　　（b）

图8-1　平衡扭转与协调扭转图例

（a）吊车梁;（b）边梁

在扭矩作用下的钢筋混凝土构件,荷载对受扭构件产生的扭矩是由构件的静力平衡条件确定,并与受扭构件的扭转刚度无关的,称为平衡扭转。例如图8-1(a)所示的吊车梁,在吊车横向水平制动力和轮压的偏心产生的外扭矩作用下必须配置足够数量的抵抗扭矩的受扭钢筋,否则平衡不能维持时会发生受扭破坏。对于超静定受扭构件,若作用在构件上的扭矩除了静力平衡条件以外,还必须由相邻构件的变形协调条件才能确定的,称为协调扭转。例如图8-1(b)所示的现浇框架边梁。作用在边梁的扭矩为作用在楼面梁的支座负弯矩,并由楼面梁支承点处的转角与该处边梁扭转角的变形协调条件所决定。当边梁和楼面梁开裂后,由于楼面梁的弯曲刚度,特别是边梁的扭转刚度发生了显著变化,楼面梁和边梁都产生内力重分布,此时边梁的扭转角急剧增大,从而作用于边梁的扭矩会迅速减小。

8.2　纯扭构件的承载力

8.2.1　裂缝出现前的性能

裂缝出现前,钢筋混凝土纯扭构件的受力性能,大体上符合圣维南弹性扭转理论。如图

8-2 所示,在扭矩较小时,其扭矩—扭转角曲线为直线,扭转刚度与按弹性理论的计算值十分接近,纵筋和箍筋的应力都很小。当扭矩稍大接近开裂扭矩 T_{cr} 时,扭矩—扭转角曲线偏离了原直线。

8.2.2　裂缝出现后的性能

裂缝出现时,由于部分混凝土退出工作,钢筋应力明显增大,特别是扭转角开始显著增大。此时,带有裂缝的混凝土和钢筋共同组成新的受力体系以抵抗扭矩,其扭转刚度有较大的降低,并且受扭钢筋用量愈少时,构件截面的扭转刚度降低愈多,如图 8-3 所示。试验研究表明,裂缝出现后新的受力体系中,混凝土受压,受扭纵筋和箍筋均受拉。钢筋混凝土构件截面的开裂扭矩较相应的素混凝土构件略高,为后者的 1.1 ~ 1.3 倍。

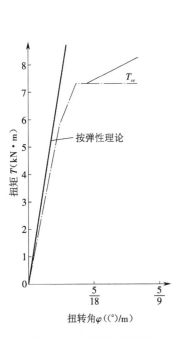

图 8-2　开裂前的性能

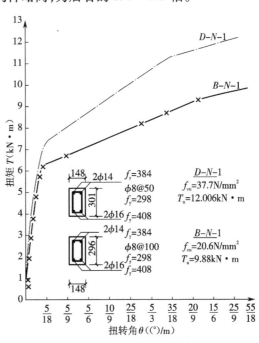

图 8-3　扭矩—扭转角曲线

试验表明,矩形截面钢筋混凝土构件的初始裂缝一般发生在截面长边的中点附近且与构件轴线约呈 45°角。此后,这条初始裂缝逐渐向两边延伸并相继出现许多新的螺旋形裂缝,如图 8-4 所示。此后,在扭矩作用下,混凝土和钢筋应力不断增长,直至构件破坏,如图 8-5 所示。

8.2.3　破坏特征

受扭构件的破坏形态与受扭纵筋和受扭箍筋配筋率的大小有关,大致可分为适筋破坏、部分超筋破坏、超筋破坏和少筋破坏四类。

对于正常配筋条件下的钢筋混凝土构件,在扭矩作用下,纵筋和箍筋首先到达屈服强度,然后混凝土压碎而破坏。这种破坏与受弯构件适筋梁类似,属延性破坏。此类受扭构件称为适筋受扭构件。

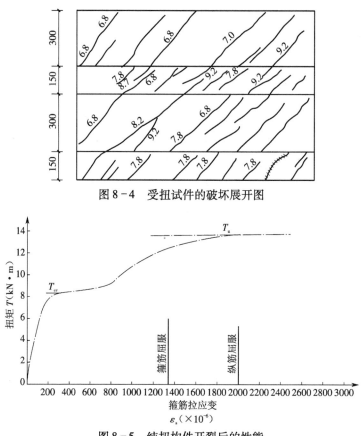

图 8-4 受扭试件的破坏展开图

图 8-5 纯扭构件开裂后的性能

若纵筋和箍筋不匹配,两者配筋比率相差较大,例如纵筋的配筋率比箍筋的配筋率小得多,则破坏时仅配筋率较小的纵筋屈服,而箍筋不屈服;反之,则箍筋屈服,纵筋不屈服,此类构件称为部分超筋受扭构件。部分超筋受扭构件破坏时,亦具有一定的延性,但比适筋受扭构件的截面延性小。

当纵筋和箍筋配筋率都过高,致使纵筋和箍筋都没有达到屈服强度,而混凝土先行压坏,这种破坏和受弯构件超筋梁类似,属脆性破坏类型。这种受扭构件称为超筋受扭构件。

若纵筋和箍筋配置过少,一旦裂缝出现,构件会立即发生破坏。此时,纵筋和箍筋应力不仅能达到屈服强度而且可能进入强化阶段,其破坏特性类似于受弯构件的少筋梁。这种破坏以及上述超筋受扭构件的破坏,均属脆性破坏,应在设计中避免。

8.3 纯扭构件的扭曲截面承载力

纯扭构件的承载力计算中,首先需要计算构件的开裂扭矩。如果扭矩大于构件的开裂扭矩,则要按计算配置受扭纵筋和箍筋,以满足构件的承载力要求。否则,应按构造要求配置受扭钢筋。

8.3.1 开裂扭矩

钢筋混凝土纯扭构件在裂缝出现前,钢筋应力很小,并且钢筋对开裂扭矩的影响也不大,所以可以忽略钢筋的作用。

图 8-6 所示为一在扭矩 T 作用下的矩形截面构件,扭矩使截面上产生扭剪应力 τ。由于扭剪应力作用,在与构件轴线呈 45°和 135°角的方向,相应地产生主拉应力 σ_{tp} 和主压应力 σ_{cp},并且有

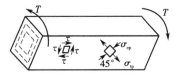

图 8-6 矩形截面受扭构件

$$|\sigma_{tp}| = |\sigma_{cp}| = |\tau|$$

若将混凝土视为理想弹塑性材料,则在弹性阶段,构件截面上的剪应力分布如图 8-7(a)所示。最大扭剪应力 τ_{max} 及最大主应力均发生在长边中点。当最大扭剪应力值或最大主应力达到混凝土抗拉强度值时,截面并未发生破坏,荷载还可继续增加,直到截面边缘的拉应变达到混凝土的极限拉应变,截面上各点的应力全部达到混凝土的抗拉强度后,截面开裂。此时,截面承受的扭矩称为开裂扭矩,记作 T_{cr}。此情况见图 8-7(b)。

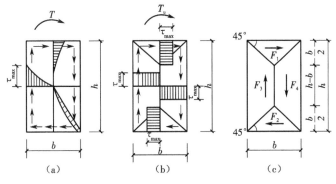

图 8-7 扭剪应力分布

按照塑性力学理论,可以将截面上的扭剪应力划分成四个部分,如图 8-7(c)。计算各部分扭剪应力的合力及相应组成的力偶,其总和则为 T_{cr},即可求得塑性极限扭矩

$$T_{cr} = \tau_{max}\frac{b^2}{6}(3h - b) = f_t\frac{b^2}{6}(3h - b) = f_t W_t \qquad (8-1)$$

式中 h、b——矩形截面的长边和短边尺寸;

   W_t——受扭构件的截面受扭塑性抵抗矩,对于矩形截面,$W_t = \dfrac{b^2}{6}(3h - b)$。

若将混凝土视为弹性材料,则当最大扭剪应力或最大主拉应力达到混凝土抗拉强度时,构件开裂,从而开裂扭矩

$$T_{cr} = f_t \cdot \alpha \cdot b^2 h \qquad (8-2)$$

式中 α——与比值 $\dfrac{b}{h}$ 有关的系数,当 $\dfrac{b}{h} = 1 \sim 10$ 时,$\alpha = 0.208 \sim 0.313$。

实际上,混凝土既不是弹性材料又不是理想弹塑性材料,而是介于两者之间的弹塑性材料。分析表明,当按式(8-1)计算开裂扭矩时,计算值较试验值高;而按式(8-2)计算时,则计算值较试验值低。

为实用方便,开裂扭矩可近似采用理想弹塑性材料的应力分布图形进行计算,但混凝土抗拉强度要适当降低。试验表明,对高强度混凝土,其降低系数约为 0.7;对低强度混凝土,降低系数接近 0.8。

《混凝土结构设计标准》给出的计算方法取混凝土抗拉强度降低系数为 0.7,开裂扭矩计算公式为

$$T_{cr} = 0.7f_t \cdot W_t \tag{8-3}$$

8.3.2　极限扭矩分析——变角度空间桁架模型

试验表明,无筋素混凝土构件,在扭矩作用下,一旦出现斜裂缝就立即发生破坏。若配置适量的受扭纵筋和箍筋,则不但其强度有较显著的提高,且构件破坏时,具有较好的延性。

P. Lampert 和 B. Thürlimann 1968 年提出变角度空间桁架模型,如图 8-8 所示。

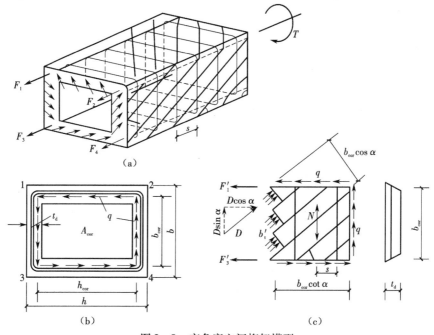

图 8-8　变角度空间桁架模型

变角度空间桁架模型的基本分析思路是裂缝充分发展且钢筋应力接近屈服强度时,截面核心混凝土退出工作,从而实心截面的钢筋混凝土受扭构件可以假想为一个箱形截面构件,具有螺旋形裂缝的混凝土外壳、纵筋和箍筋共同组成空间桁架以抵抗扭矩,在此基础上,建立变角度空间桁架模型的基本假定:

(1)混凝土只承受压力,具有螺旋形裂缝的混凝土外壳组成桁架的斜压杆,其倾角为 α;

(2)纵筋和箍筋只承受拉力,分别为桁架的弦杆和腹杆;

(3)忽略核心混凝土的受扭作用及钢筋的销栓作用。

依据薄壁管理论,在扭矩 T 作用下,沿箱形截面侧壁中将产生大小相等的环向剪力流 q,如图 8-8(b),且

$$q = \tau \cdot t_d = \frac{T}{2A_{cor}} \tag{8-4}$$

式中　A_{cor}——箍筋内表面范围内截面核心部分的面积,$A_{cor} = b_{cor} \cdot h_{cor}$;

　　　　τ——扭剪应力;

　　　　t_d——箱形截面侧壁厚度。

　　作用于侧壁的剪力流 q 所引起的桁架力如图 8-8(c)所示。图中,斜压杆倾角为 α,其平均压应力为 σ_c,斜压杆的总压力为 D。由静力平衡条件,得出下列关系式:

　　斜压力

$$D = \frac{q \cdot b_{cor}}{\sin \alpha} = \frac{\tau \cdot t_d \cdot b_{cor}}{\sin \alpha} \qquad (8-5)$$

　　混凝土平均压应力

$$\sigma_c = \frac{D}{t_d b_{cor} \cos \alpha} = \frac{q}{t_d \sin \alpha \cdot \cos \alpha} = \frac{\tau}{\sin \alpha \cdot \cos \alpha} \qquad (8-6)$$

　　纵筋拉力

$$F_1 = F_3 = F$$

$$F = \frac{1}{2} D \cos \alpha = \frac{1}{2} q \cdot b_{cor} \cdot \cot \alpha = \frac{1}{2} \tau \cdot t_d \cdot b_{cor} \cdot \cot \alpha \qquad (8-7)$$

　　箍筋拉力

$$\frac{N \cdot b_{cor} \cdot \cot\alpha}{s} = q \cdot b_{cor}$$

$$N = q \cdot s \cdot \tan \alpha = \tau \cdot t_d \cdot s \cdot \tan \alpha \qquad (8-8)$$

　　若各侧壁的箍筋面积 A_{st1} 相同,则沿截面周边桁架斜压杆倾角 α 亦相同。代入式(8-4),可得到下列表达式:

　　全部纵筋拉力 F 的合力

$$R = \sum F = q \cdot \cot \alpha \cdot u_{cor} = \frac{T \cdot u_{cor}}{2A_{cor}} \cdot \cot \alpha \qquad (8-9)$$

式中　u_{cor}——截面核心部分的周长,$u_{cor} = 2(b_{cor} + h_{cor})$。

　　箍筋拉力

$$N = \frac{T}{2A_{cor}} s \cdot \tan \alpha \qquad (8-10)$$

　　混凝土平均压应力

$$\sigma_c = \frac{T}{2A_{cor} \cdot t_d \cdot \sin \alpha \cdot \cos \alpha} \qquad (8-11)$$

　　式(8-4)、式(8-9)、式(8-10)和式(8-11)是按变角度空间桁架模型得出的四个基本的静力平衡方程。若属低配筋受扭构件,即混凝土压坏前纵筋和箍筋应力先达到屈服强度 f_y 和 f_{yv},则 R 和 N 分别为

$$R = R_y = f_y A_{st l} \qquad (8-12)$$

$$N = N_y = f_{yv} A_{st1} \qquad (8-13)$$

　　从而由式(8-9)和式(8-10)可得出低配筋受扭构件扭曲截面受扭承载力计算公式:

$$T_u = 2R_y \frac{A_{cor}}{u_{cor}} \tan \alpha = 2f_y A_{st l} \frac{A_{cor}}{u_{cor}} \tan \alpha \qquad (8-14)$$

$$T_u = 2N_y \frac{A_{cor}}{s} \cot \alpha = 2f_{yv} A_{st1} \frac{A_{cor}}{s} \cot \alpha \qquad (8-15)$$

分别消去 T_u 或 α,得到

$$\tan \alpha = \sqrt{\frac{f_{yv}A_{st1} \cdot u_{cor}}{f_y A_{stl} \cdot s}} = \sqrt{\frac{1}{\zeta}} \qquad (8-16)$$

$$T_u = 2A_{cor}\sqrt{\frac{f_y A_{stl} f_{yv} A_{st1}}{u_{cor} \cdot s}} = 2\sqrt{\zeta}\frac{f_{yv}A_{st1}A_{cor}}{s} \qquad (8-17)$$

式中　ζ——受扭构件纵筋与箍筋的配筋强度比,

$$\zeta = \frac{f_y \cdot A_{stl} \cdot s}{f_{yv} \cdot A_{st1} \cdot u_{cor}} \qquad (8-18)$$

　　纵筋为不对称配筋截面时,按较少一侧配筋的对称配筋截面计算。对于纵筋与箍筋的配筋强度比 $\zeta=1$ 的特殊情况,由式(8-16)可知,斜压杆倾角为 $45°$,此时,式(8-14)、式(8-15)分别简化为

$$T_u = 2f_y A_{stl}\frac{A_{cor}}{u_{cor}} \qquad (8-19)$$

$$T_u = 2f_{yv} A_{st1}\frac{A_{cor}}{s} \qquad (8-20)$$

　　式(8-19)及式(8-20)则为按 E. Raüsch $45°$ 空间桁架模型的计算公式。当 $\zeta\neq1$ 时,在纵筋(或箍筋)屈服后产生内力重分布,斜压杆倾角也会改变。试验研究说明,若斜压杆倾角 α 介于 $30°$ 和 $60°$ 之间(相应的 $\zeta=3\sim0.333$),构件破坏时,若纵筋和箍筋用量适当,则两种钢筋应力均能到达屈服强度。为了进一步限制构件在使用荷载作用下的裂缝宽度,一般取 α 角的限制范围为

$$\frac{3}{5} \leqslant \tan \alpha \leqslant \frac{5}{3} \qquad (8-21)$$

或

$$0.36 \leqslant \zeta \leqslant 2.778 \qquad (8-22)$$

　　由式(8-18)可以看出,构件扭曲截面的受扭承载力主要取决于钢筋骨架尺寸、纵筋和箍筋用量及其屈服强度。为了避免发生超配筋构件的脆性破坏,必须限制钢筋的最大用量或者限制斜压杆平均压应力 σ_c 的大小。

8.3.3　按《混凝土结构设计标准》的受扭承载力计算方法

　　《混凝土结构设计标准》基于变角度空间桁架模型分析和试验资料的统计分析并考虑可靠性的要求给出以下计算公式。

　　1. 矩形截面纯扭构件受扭承载力计算公式

$$T \leqslant 0.35f_t W_t + 1.2\sqrt{\zeta}\frac{f_{yv}A_{stl}A_{cor}}{s} \qquad (8-23)$$

$$\zeta = \frac{f_y A_{stl} \cdot s}{f_{yv} A_{st1} \cdot u_{cor}} \qquad (8-24)$$

式(8-23)右侧的第一项为混凝土的受扭作用,第二项为钢筋的受扭作用。
式中　ζ——受扭构件纵向钢筋与箍筋的配筋强度比值;
　　　A_{stl}——受扭计算中取对称布置的全部纵向钢筋截面面积;

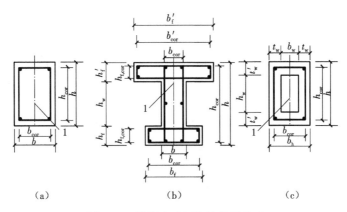

图 8-9　混凝土受扭构件截面尺寸

1—弯矩作用平面

(a)矩形截面($h \geqslant b$);(b)T 形、工形截面;(c)箱形截面($t_w \leqslant t'_w$)

A_{st1}——受扭计算中沿截面周边所配置箍筋的单肢截面面积;

f_{yv}——箍筋的抗拉强度设计值,按附表 10 采用,但取值不应大于 360 N/mm²:

A_{cor}——截面核心部分的面积,$A_{cor}=b_{cor}h_{cor}$,此处 b_{cor}、h_{cor} 分别为从箍筋内表面计算的截面核心部分的短边和长边的尺寸;

u_{cor}——截面核心部分的周长,$u_{cor}=2(b_{cor}+h_{cor})$;

s——受扭箍筋间距。

对于式(8-23)中钢筋的受扭作用项,对比公式(8-17)可以看出,除系数小于 2 外,其表达式完全相同。系数小于理论值 2 的主要原因是:《混凝土结构设计标准》的公式考虑了混凝土的抗扭作用,A_{cor} 为箍筋内表面计算的截面核心面积,建立公式时包括了少量部分超配筋构件的试验点。此外,如图 8-10 所示,式(8-23)中系数 1.2 及 0.35,是在试验结果

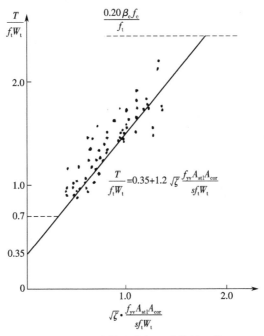

图 8-10　计算公式与试验值的比值

的基础上,考虑了可靠指标 β 值的要求,由试验点偏下限得出的。

试验研究表明,截面尺寸及配筋完全相同的受扭构件,其极限扭矩受混凝土强度等级的影响,混凝土强度等级高的,受扭承载力亦较大。对于带有裂缝的钢筋混凝土纯扭构件,《混凝土结构设计标准》取混凝土提供的受扭承载力,即式(8-23)中的第一项为开裂扭矩的 50%。

试验表明,若 ζ 在 0.5~2.0 范围内变化,构件破坏时,其受扭纵筋和箍筋应力均可到达屈服强度。为了稳妥,《混凝土结构设计标准》取 ζ 的限制条件为 $0.6 \leq \zeta \leq 1.7$,当 $\zeta > 1.7$ 时,按 $\zeta = 1.7$ 计算。

对于在轴向压力和扭矩共同作用下的构件,其受扭承载力应按下式计算:

$$T \leq 0.35 \times f_t W_t + 1.2\sqrt{\zeta} \cdot f_{yv} \frac{A_{st1}A_{cor}}{s} + 0.07 \times \frac{N}{A}W_t \qquad (8-25)$$

此处,ζ 应按式(8-24)计算,且应符合 $0.6 \leq \zeta \leq 1.7$ 的要求,当 $\zeta > 1.7$ 时,取 $\zeta = 1.7$。

式中　N——与扭矩设计值 T 相应的轴向压力设计值,当 $N > 0.3f_c A$ 时,取 $N = 0.3f_c A$;

　　　A——构件截面面积。

在轴向拉力和扭矩共同作用下的构件,其受扭承载力可按下列规定验算:

$$T \leq 0.35 f_t W_t + 1.2\sqrt{\zeta} f_{yv} \frac{A_{st1}A_{cor}}{s} - 0.2 \frac{N}{A}W_t \qquad (8-26)$$

$$\zeta = \frac{f_y A_{stl} \cdot s}{f_{yv} \cdot A_{st1} \cdot u_{cor}} \qquad (8-27)$$

式中　N——与抗扭设计值相应的轴向拉力设计值,当 N 大于 $1.75f_t A$ 时,取 $1.75f_t A$。

2. 箱形截面纯扭构件受扭承载力计算公式

试验和理论研究表明,一定壁厚箱形截面的受扭承载力与实心截面是相同的,《混凝土结构设计标准》将式(8-23)中的混凝土项乘以与截面相对壁厚有关的折减系数,得出下列计算公式:

$$T \leq 0.35 \times f_t \left(\frac{2.5 \cdot t_w}{b_h}\right) W_t + 1.2\sqrt{\zeta} \cdot f_{yv} \frac{A_{st1} \cdot A_{cor}}{s} \qquad (8-28)$$

式中　t_w——箱形截面壁厚,其值不应小于 $b_h/7$;

　　　b_h——箱形截面的宽度。

当 $(2.5t_w/b_h)$ 计算值大于 1 时,应取为 1;ζ 值应按式(8-24)计算,且应符合 $0.6 \leq \zeta \leq 1.7$ 的要求,当 $\zeta < 0.6$ 时,取 $\zeta = 0.6$,当 $\zeta > 1.7$ 时,取 $\zeta = 1.7$。

箱形截面纯扭构件的受扭塑性截面抵抗矩

$$W_t = \frac{b_h^2}{6}(3h - b_h) - \frac{(b_h - 2t_w)^2}{6}[3h_w - (b_h - 2t_w)] \qquad (8-29)$$

式中　b_h、h——箱形截面的宽度和高度;

　　　h_w——截面的腹板高度,矩形截面取有效高度 h_0,T 形截面取有效高度减去翼缘高度,工形和箱形截面取腹板净高;

　　　b_w——矩形截面为截面宽度 b,T 形或工形截面为腹板宽度,箱形截面为壁厚。

注:当 $h_w/b_w \geq 6$ 或 $h_w/t_w \geq 6$ 时,混凝土构件的扭曲截面承载力计算应符合专门规定。

3. T 形和工形截面纯扭构件受扭承载力计算

可将其截面划分为几个矩形截面进行配筋计算,矩形截面划分的原则是首先满足腹板截面的完整性,然后再划分受压翼缘和受拉翼缘的面积,如图 8-11 所示。划分的各矩形截面所承担的扭矩值,按各矩形截面的受扭塑性抵抗矩与截面总的受扭塑性抵抗矩的比值进行分配的原则确定,并分别按式(8-23)计算受扭钢筋。每个矩形截面的扭矩设计值可按下列规定计算。

1)腹板

$$T_{\mathrm{w}} = \frac{W_{\mathrm{tw}}}{W_{\mathrm{t}}} \cdot T \tag{8-30}$$

2)受压翼缘

$$T'_{\mathrm{f}} = \frac{W'_{\mathrm{tf}}}{W_{\mathrm{t}}} \cdot T \tag{8-31}$$

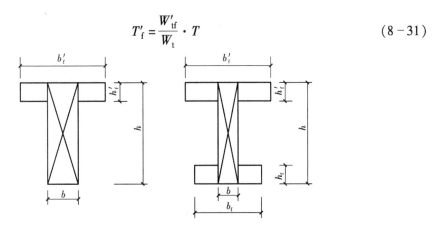

图 8-11　T 形和工形截面的矩形划分方法

3)受拉翼缘

$$T_{\mathrm{f}} = \frac{W_{\mathrm{tf}}}{W_{\mathrm{t}}} \cdot T \tag{8-32}$$

式中　T_{w}——腹板所承受的扭矩设计值;

　　　　T——作用于构件的扭矩设计值;

　　　　T'_{f}、T_{f}——受压翼缘、受拉翼缘所承受的扭矩设计值;

　W_{tw},W'_{tf},W_{tf},W_{t}——腹板、受压翼缘、受拉翼缘的受扭塑性抵抗矩和截面总的受扭塑性抵抗矩。

《混凝土结构设计标准》规定:T 形和工形截面的腹板、受压和受拉翼缘部分的矩形截面受扭塑性抵抗矩 W_{tw}、W'_{tf}、W_{tf},可分别按下列公式计算:

$$W_{\mathrm{tw}} = \frac{b^2}{6}(3h - b) \tag{8-33}$$

$$W'_{\mathrm{tf}} = \frac{h'^2_{\mathrm{f}}}{2}(b'_{\mathrm{f}} - b) \tag{8-34}$$

$$W_{\mathrm{tf}} = \frac{h^2_{\mathrm{f}}}{2}(b_{\mathrm{f}} - b) \tag{8-35}$$

截面总的受扭塑性抵抗矩

$$W_{\mathrm{t}} = W_{\mathrm{tw}} + W'_{\mathrm{tf}} + W_{\mathrm{tf}} \tag{8-36}$$

计算受扭塑性抵抗矩时取用的翼缘宽度尚应符合 $b'_{\mathrm{f}} \leqslant b + 6h'_{\mathrm{f}}$ 及 $b_{\mathrm{f}} \leqslant b + 6h_{\mathrm{f}}$ 的要求。

为了避免少筋破坏,保证构件具有一定的延性,受扭构件的配筋应有最小配筋量的要求。受扭构件的最小纵筋和箍筋配筋量,可根据钢筋混凝土构件所能承受的扭矩 T 不低于相同截面素混凝土构件的开裂扭矩 T_{cr} 的原则确定。

受扭箍筋和纵筋应分别满足以下最小配筋率的要求:

$$\rho_{st} = \frac{2A_{st1}}{bs} \geqslant \rho_{st,min} = 0.28\frac{f_t}{f_{yv}} \tag{8-37}$$

$$\rho_{tl} = \frac{A_{stl}}{bh} \geqslant \rho_{tl,min} = 0.6\sqrt{\frac{T}{Vb} \cdot \frac{f_t}{f_y}} = 0.85\frac{f_t}{f_y} \tag{8-38}$$

当满足条件:$T \leqslant 0.7f_t W_t$ 时可按受扭钢筋的最小配筋率、箍筋最大间距和最小直径的要求按构造配置钢筋。

当纵筋、箍筋配置过多,或截面尺寸太小或混凝土强度等级过低时,钢筋的作用不能充分发挥。如前所述,这类构件在受扭纵筋和箍筋屈服前,往往发生混凝土压碎的超筋破坏。此时破坏扭矩值主要取决于混凝土强度等级及构件的截面尺寸。为了避免发生超筋破坏,构件的截面尺寸应满足以下要求:

$$T \leqslant 0.20\beta_c f_c W_t \tag{8-39}$$

式中 β_c——高强混凝土的强度折减系数。

8.4 弯剪扭构件的扭曲截面承载力计算

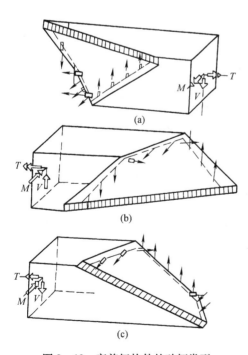

图 8-12 弯剪扭构件的破坏类型
(a)弯型破坏(b)扭型破坏(c)剪扭型破坏

8.4.1 弯剪扭构件的破坏形式

弯矩、剪力和扭矩共同作用下的钢筋混凝土构件,其破坏特征和承载力,与作用的外部荷载和构件的内在因素有关。对于外部荷载条件,通常以扭弯比 $\varphi\left(=\frac{T}{M}\right)$ 和扭剪比 $\chi\left(=\frac{T}{Vb}\right)$ 表示。所谓构件的内在因素,是指构件的截面尺寸、配筋及材料强度等。

试验表明,在配筋适当条件下若弯矩作用显著,即扭弯比 φ 较小时,裂缝首先在弯曲受拉底面出现,然后发展到两侧面。三个面上的螺旋形裂缝形成一个扭曲破坏面,而第四面即弯曲受压顶面无裂缝。构件破坏时与螺旋形裂缝相交的纵筋及箍筋均受拉并到达屈服强度,构件顶部受压,形成如图 8-12(a)所示的弯型破坏。若扭矩作用显著即扭弯比 φ 及扭剪比 χ 均较大而构件顶部纵筋少于底部纵筋时,可能形成如图 8-12(b)受压区在构件底部的扭型破坏。破坏的原因是,虽然弯矩作用使顶部纵筋受压,但由于弯矩较小,从而其压应力亦较小,由于顶部纵筋少于底部纵筋,所以扭矩产生的拉应力有可能抵消弯矩产生的压应力并使顶部纵筋先期到达屈服,最后促使构件底部受压而破坏。若剪力和扭矩起控制作用,则裂缝首先在侧面(在这个侧面,剪力和扭矩产生的主应力方向是相同的)出现,然后向顶面和底面扩展,这三个面上的螺旋形成扭曲破坏面,破坏时与螺旋形裂缝相交的纵筋和箍筋受拉并到达屈服,而受压区则靠近另一侧面(在这个侧面,剪力和扭矩产生的主应力方向是相反的),形成如图 8-12(c)的剪扭型破坏。

无扭矩的弯剪作用构件截面会发生剪压破坏。有扭矩的弯剪扭共同作用下的构件,除了上述三种破坏型外,若剪力作用十分显著而扭矩较小即扭剪比 χ 较小时,还会发生与剪压破坏十分相近的剪切型破坏形态。

关于弯剪扭共同作用下构件的扭曲截面承载力计算,与纯扭构件相同,主要有以变角度空间桁架模型和以斜弯理论(扭曲破坏面极限平衡理论)为基础的两种计算方法。

8.4.2　按《混凝土结构设计标准》的配筋计算方法

对于弯扭及弯剪扭共同作用下的构件,当采用变角度空间桁架模型推导的计算公式进行配筋计算是十分烦琐的。《混凝土结构设计标准》在大量试验研究和变角度空间桁架模型分析的基础上给出了弯扭及弯剪扭构件扭曲截面的实用配筋计算方法。

对于矩形截面、T 形截面、工形截面和箱形截面的弯剪扭共同作用的构件,分别按纯弯曲、纯扭转和纯剪切计算纯弯所需的纵筋、纯扭所需的纵筋和箍筋以及纯剪所需的箍筋,并在相应的位置叠加配置。由于剪扭构件截面受剪承载力计算公式和受扭承载力计算公式中都考虑了混凝土的作用,因此剪扭构件的受剪和受扭承载力计算公式分别考虑了扭矩对混凝土受剪承载力和剪力对混凝土受扭承载力的影响。根据截面形式的不同,采用不同的计算公式。

(1)对于剪力和扭矩共同作用下的矩形截面一般剪扭构件。受剪承载力和受扭承载力设计计算公式如下

①一般剪扭构件的受剪承载力

$$V \leqslant 0.7(1.5 - \beta_t)f_t bh_0 + f_{yv}\frac{A_{sv}}{s}h_0 \qquad (8-40)$$

②剪扭构件的受扭承载力

$$T \leqslant 0.35\beta_t f_t W_t + 1.2\sqrt{\zeta} \cdot f_{yv}\frac{A_{st1} \cdot A_{cor}}{s} \qquad (8-41)$$

式中　β_t——剪扭构件混凝土受扭承载力降低系数,一般剪扭构件的 β_t 值按下式计算:

$$\beta_t = \frac{1.5}{1 + 0.5\dfrac{V}{T}\dfrac{W_t}{bh_0}} \qquad (8-42)$$

集中荷载作用下受剪扭构件的受剪承载力

$$V \leqslant \frac{1.75}{\lambda + 1}(1.5 - \beta_t)f_t bh_0 + f_{yv}\frac{A_{sv}}{s}h_0 \qquad (8-43)$$

集中荷载下剪扭构件 β_t 按下式计算:

$$\beta_t = \frac{1.5}{1 + 0.2(\lambda + 1)\dfrac{V}{T}\dfrac{W_t}{bh_0}} \tag{8-44}$$

计算出的剪扭构件混凝土受扭承载力降低系数 β_t 值,若小于 0.5,则不考虑扭矩对混凝土受剪承载力的影响,取 $\beta_t = 0.5$;若大于 1.0,则不考虑剪力对混凝土受扭承载力的影响,取 $\beta_t = 1.0$ 计算。λ 为计算截面的剪跨比。

(2)箱形截面剪扭构件的承载力按下列公式计算:

①一般剪扭构件的受剪承载力

$$V \leqslant 0.7(1.5 - \beta_t)f_t bh_0 + f_{yv}\frac{A_{sv}}{s}h_0 \tag{8-45}$$

②剪扭构件的受扭承载力

$$T \leqslant 0.35\alpha_h\beta_t f_t W_t + 1.2\sqrt{\zeta} \cdot f_{yv}\frac{A_{st1} \cdot A_{cor}}{s} \tag{8-46}$$

此处,α_h 为箱形截面壁厚影响系数,$\alpha_h = \dfrac{2.5t_w}{b_h}$,当 α_h 大于 1.0 时,取 1.0。

箱形截面剪扭构件混凝土受扭承载力降低系数 β_t 按下列公式计算:

$$\beta_t = \frac{1.5}{1 + 0.5\dfrac{V\alpha_h W_t}{Tb_h h_0}} \tag{8-47}$$

当 $\beta_t < 0.5$ 时,取 $\beta_t = 0.5$;当 $\beta_t > 1$ 时,取 $\beta_t = 1$。

集中荷载作用下独立的剪扭构件 $V \leqslant (1.5 - \beta_t)\dfrac{1.75}{\lambda + 1}f_t bh_0 + f_{yv}\dfrac{A_{sv}}{s}h_0$,其 β_t 按下列公式计算:

$$\beta_t = \frac{1.5}{1 + 0.2(\lambda + 1)\dfrac{V\alpha_h W_t}{Tb_h h_0}} \tag{8-48}$$

(3)T 形和工形截面剪扭构件的剪扭承载力应按下列规定计算。

①剪扭构件的受剪承载力,按式(8-40)与式(8-42)或式(8-43)及式(8-44)进行计算,但计算时应将 T 及 W_t 分别以 T_w 及 W_{tw} 代替。

②剪扭构件的受扭承载力,可按纯扭构件的计算方法,将截面划分为几个矩形截面分别进行计算:腹板可按式(8-41)与式(8-42)或与式(8-44)进行计算,但计算时应将 T 及 W_t 分别以 T_w 及 W_{tw} 代替;受压翼缘及受拉翼缘可按矩形截面纯扭构件的规定进行计算,但计算时应将 T 及 W_t 分别以 T'_f 及 W'_{tf} 和 T_f 及 W_{tf} 代替。

矩形、T 形、工形和箱形截面弯扭构件的配筋计算,《混凝土结构设计标准》采用按纯弯矩和纯扭矩计算所需的纵筋和箍筋,然后将相应的钢筋截面面积叠加的计算方法。由此,弯扭构件的纵筋用量为受弯所需的纵筋和受扭所需的纵筋截面面积之和,而箍筋用量则由受扭箍筋决定。

弯剪扭构件配筋的一般原则是:纵向钢筋应按受弯构件的正截面受弯承载力和剪扭构件的受扭承载力分别计算所需的纵筋截面面积并在相应的位置配置纵筋;箍筋应按受剪承载力和受扭承载力分别计算所需的箍筋截面面积并在相应位置进行配置箍筋。

为进一步简化计算,《混凝土结构设计标准》还规定:在弯矩、剪力和扭矩共同作用下但剪力或扭矩较小的矩形、T 形、工形和箱形钢筋截面混凝土弯剪扭构件,当符合下列条件时,可按下列规定进行承载力计算:

①当 $V \leqslant 0.35 f_t b h_0$ 或 $V \leqslant 0.875 f_t b h_0 / (\lambda + 1)$ 时,可仅按受弯构件的正截面受弯承载力和纯扭构件扭曲截面受扭承载力分别进行计算;

②当 $T \leqslant 0.175 f_t W_t$ 时,可仅按受弯构件的正截面受弯承载力和斜截面受剪承载力分别进行计算。

4. 剪扭相关的配筋计算

试验表明,弯剪扭共同作用下矩形截面无腹筋构件剪扭承载力相关曲线基本上符合1/4圆曲线规律,如图 8 - 13(a),图中 T_c、T_{c0} 分别为剪扭、纯扭构件的扭曲截面受扭承载力,V_c、V_{c0} 分别为剪扭及扭矩为零的受剪构件的截面受剪承载力。若假定配有箍筋的有腹筋构件混凝土的剪扭承载力相关曲线与无腹筋构件相同即亦符合1/4 圆曲线规律,并将其简化为如图 8 - 13(b)的三折线,有

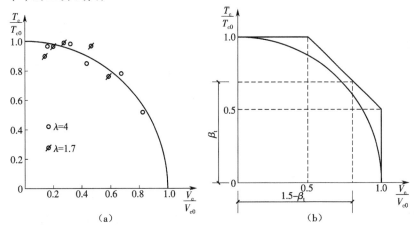

图 8 - 13　剪扭承载力相关曲线

(a)无腹筋构件混凝土承载力计算曲线;(b)有腹筋构件混凝土承载力计算曲线

$$\frac{V_c}{V_{c0}} \leqslant 0.5 \text{ 时}, \frac{T_c}{T_{c0}} = 1.0; \quad (8-49)$$

$$\frac{T_c}{T_{c0}} \leqslant 0.5 \text{ 时}, \frac{V_c}{V_{c0}} = 1.0; \quad (8-50)$$

$$\frac{T_c}{T_{c0}}, \frac{V_c}{V_{c0}} > 0.5 \text{ 时}, \frac{T_c}{T_{c0}} + \frac{V_c}{V_{c0}} = 1.5 \quad (8-51)$$

对于式(8 - 51),若令　　　　　　　　　　$$\frac{T_c}{T_{c0}} = \beta_t$$

则有

$$\frac{V_c}{V_{c0}} = 1.5 - \beta_t$$

从而得到

$$\beta_{\mathrm{t}} = \frac{1.5}{1 + \dfrac{V_{\mathrm{c}}/V_{c0}}{T_{\mathrm{c}}/T_{c0}}} \qquad (8-52)$$

式(8-49)~式(8-52)中，T_{c}、V_{c} 为有腹筋剪扭构件混凝土的受扭承载力和受剪承载力；T_{c0} 和 V_{c0} 分别为有腹筋纯扭构件混凝土的受扭承载力及扭矩为零的受剪构件混凝土的受剪承载力。在式(8-52)中，若以剪力和扭矩设计值之比 $\dfrac{V}{T}$ 代替 $\dfrac{V_{\mathrm{c}}}{T_{\mathrm{c}}}$，并取 $T_{c0} = 0.35f_{\mathrm{t}}W_{\mathrm{t}}$，$V_{c0} = 0.7f_{\mathrm{c}}bh_0$ 则可得出式(8-42)。

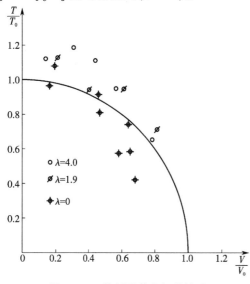

图 8-14　剪扭承载力相关关系

有腹筋构件的试验表明，弯剪扭共同作用下矩形截面构件剪扭承载力相关曲线一般可近似以 1/4 圆曲线表示，如图 8-14 所示。图中 T_0、V_0 分别代表纯扭构件的受扭承载力及扭矩为零、不同剪跨比的构件的受剪承载力。按前述变角度空间桁架模型的计算分析，虽然构件的剪扭承载力相关关系相当复杂，但一般情况下，构件的剪扭承载力相关关系亦可近似用 1/4 圆曲线描述。

对于弯剪扭及剪扭矩形截面构件，《混凝土结构设计标准》采用的受剪和受扭承载力设计计算公式是根据有腹筋构件的剪扭承载力相关关系为 1/4 圆曲线作为校正线，采用混凝土部分相关，钢筋部分不相关的近似拟合公式。虽然，按式(8-42)或式(8-44)计算的混凝土受扭承载力降低系数 β_{t}，如图8-13(b)所示，较按 1/4 圆曲线的计算值稍大，但采用此 β_{t} 值后，构件的剪扭承载力相关曲线与 1/4 圆曲线较为接近。

8.5　轴向力、弯矩、剪力和扭矩共同作用下矩形截面框架柱受扭承载力

在轴向压力、弯矩、剪力和扭矩共同作用下的钢筋混凝土矩形截面框架柱受扭承载力应按下列公式计算。

1. 剪扭构件的受剪承载力

$$V \le (1.5 - \beta_{\mathrm{t}}) \left(\frac{1.75}{\lambda + 1} f_{\mathrm{t}} b h_0 + 0.07N \right) + f_{yv} \frac{A_{\mathrm{sv}}}{s} h_0 \qquad (8-53)$$

2. 剪扭构件的受扭承载力

$$T \le \beta_{\mathrm{t}} \left(0.35 f_{\mathrm{t}} W_{\mathrm{t}} + 0.07 \frac{N}{A} W_{\mathrm{t}} \right) + 1.2\sqrt{\zeta} \cdot f_{yv} \frac{A_{\mathrm{st1}} \cdot A_{\mathrm{cor}}}{s} \qquad (8-54)$$

此处，β_{t} 应按式(8-44)计算，ζ 值应符合式(8-24)的规定。式中 λ 为计算截面的剪

跨比,按 6.11.2 节规定取用。

　　在轴向压力、弯矩、剪力和扭矩共同作用下的钢筋混凝土矩形截面框架柱,其纵向钢筋应按偏心受压构件正截面承载力和剪扭构件的受扭承载力分别计算,并按所需的纵筋截面面积和相应的位置进行配置;箍筋应按剪扭构件的受剪承载力和受扭承载力分别计算,并按所需的箍筋截面面积和相应位置进行配置。

　　在轴向压力、弯矩、剪力和扭矩共同作用下的钢筋混凝土矩形截面框架柱,当 $T \leqslant$ $\left(0.175 f_\mathrm{t} + 0.035 \dfrac{N}{A}\right) W_\mathrm{t}$ 时,可仅按偏心受压构件的正截面承载力和框架柱斜截面受剪承载力分别进行计算。

　　在轴向拉力、弯矩、剪力和扭矩共同作用下的钢筋混凝土矩形截面框架柱的剪、扭承载力设计计算公式如下:

　　(1)受剪承载力

$$V \leqslant (1.5 - \beta_\mathrm{t})\left(\frac{1.75}{\lambda + 1} f_\mathrm{t} b h_0 - 0.2 N\right) + f_\mathrm{yv} \frac{A_\mathrm{sv}}{s} h_0 \qquad (8-55)$$

　　(2)受扭承载力

$$T \leqslant \beta_\mathrm{t}\left(0.35 f_\mathrm{t} - 0.2 \frac{N}{A}\right) W_\mathrm{t} + 1.2 \sqrt{\zeta} f_\mathrm{yv} \frac{A_\mathrm{st1} \cdot A_\mathrm{cor}}{s} \qquad (8-56)$$

式中:A_sv——受剪承载力所需的箍筋截面面积;

　　　　N——与剪力、扭矩设计值 V、T 相应的轴向拉力设计值。

　　公式(8-55)右边的计算值小于 $f_\mathrm{yv} \dfrac{A_\mathrm{sv}}{s} h_0$ 时,取 $f_\mathrm{yv} \dfrac{A_\mathrm{sv}}{s} h_0$;当公式(8-56)右边的计算值小于 $1.2 \sqrt{\zeta} f_\mathrm{yv} \dfrac{A_\mathrm{st1} \cdot A_\mathrm{cor}}{s}$ 时,取 $1.2 \sqrt{\zeta} f_\mathrm{yv} \dfrac{A_\mathrm{st1} \cdot A_\mathrm{cor}}{s}$。

8.6　协调扭转构件的受扭承载力

　　受扭构件开裂以后,由于内力重分布将导致作用于构件的受扭刚度降低,扭矩减小。一般情况下,为简化计算,对协调扭转的构件,可取扭转刚度为零,即忽略扭矩的作用,但应按构造要求配置受扭纵向钢筋和箍筋,以保证构件有足够的延性和满足正常使用时裂缝宽度的要求,此称为零刚度设计法。我国《混凝土结构设计标准》没有采用上述简化计算法,而是考虑内力重分布,将作用扭矩 T 降低,按弯剪扭构件进行承载力计算。对于独立支承梁,给出了扭矩调幅系数取不大于 0.4 的规定。协调扭转构件通常均为弯剪扭构件。

8.7　配筋构造要求

　　1. 弯剪扭构件受扭纵向受力钢筋的最小配筋率

$$\rho_{tl,\min} = \frac{A_{stl,\min}}{bh} = 0.6 \sqrt{\frac{T}{Vb}} \cdot \frac{f_\mathrm{t}}{f_y} \qquad (8-57)$$

　　其中,当 $\dfrac{T}{Vb} > 2$ 时,取 $\dfrac{T}{Vb} = 2$。受扭纵向受力钢筋的间距不应大于 200 mm 和梁的截面宽度;

在截面四角必须设置受扭纵向钢筋,其余受扭纵向钢筋宜沿截面周边均匀对称布置。受扭纵向钢筋应按受拉钢筋锚固在支座内。

在弯剪扭构件中,弯曲受拉边纵向受拉钢筋的最小配筋量不应小于按弯曲受拉钢筋最小配筋率计算出的钢筋截面面积与按受扭纵向受力钢筋最小配筋率计算并分配到弯曲受拉边钢筋截面面积之和。

2. 箍筋的构造

在弯剪扭构件中,剪扭箍筋的配筋率不应小于 $0.28f_t/f_{yv}$,即

$$\rho_{sv} = \frac{nA_{sv1}}{bs} \geqslant 0.28\frac{f_t}{f_{yv}} \tag{8-58}$$

箍筋必须作成封闭式,且应沿截面周边布置;当采用复合箍筋时,位于截面内部的箍筋不应计入受扭所需的箍筋面积;当采用绑扎骨架时,受扭所需箍筋的末端应做成135°弯钩,弯钩端头平直段长度不应小于 $10d(d$ 为箍筋直径)。

3. 构件的截面尺寸

为了保证弯剪扭构件在破坏时混凝土不首先被压碎,对于在弯矩、剪力和扭矩共同作用下,且 $h_w/b < 6$ 的矩形、T形、工形和 $h_w/t_w \leqslant 6$ 的箱形截面混凝土构件,其截面尺寸应符合下列要求:

当 $h_w/b \leqslant 4$(或 $h_w/t_w \leqslant 4$)时

$$\frac{V}{bh_0} + \frac{T}{0.8W_t} \leqslant 0.25\beta_c f_c \tag{8-59}$$

当 $h_w/b = 6$(或 $h_w/t_w = 6$)时

$$\frac{V}{bh_0} + \frac{T}{0.8W_t} \leqslant 0.20\beta_c f_c \tag{8-60}$$

当 $4 < h_w/b < 6$(或 $4 < h_w/t_w < 6$)时,按线性内插法确定。

当截面尺寸符合下列要求时:

$$\frac{V}{bh_0} + \frac{T}{W_t} \leqslant 0.7f_t \tag{8-61}$$

或

$$\frac{V}{bh_0} + \frac{T}{W_t} \leqslant 0.7f_t + 0.07\frac{N}{bh_0} \tag{8-62}$$

则可不进行构件截面受剪扭承载力计算,但为了防止构件脆断和保证构件破坏时具有一定的延性,《混凝土结构设计标准》规定应按构造要求配筋。

上述规定中,h_w 为截面的腹板高度,对于矩形截面取有效高度 h_0,T形截面取有效高度减去翼缘高度,工形和箱形截面取腹板净高;b 为矩形截面的宽度、T形或工形截面的腹板宽度、箱形截面的侧壁总厚度 $2t_w$。N 为与剪力、扭矩设计值 V 及 T 相应的轴向压力设计值,当 $N > 0.3f_cA$ 时,取 $N = 0.3f_cA$。

【例题 8-1】 已知:均布荷载作用下 T 形截面构件,其截面尺寸为 $b \cdot h = 250 \text{ mm} \times 500 \text{ mm}$,$b'_f = 400 \text{ mm}$,$h'_f = 100 \text{ mm}$;弯矩设计值 $M = 70 \text{ kN} \cdot \text{m}$,剪力设计值 $V = 95 \text{ kN}$,扭矩设计值 $T = 10 \text{ kN} \cdot \text{m}$;混凝土等级为 C20,纵筋采用 HRB400 级钢筋,箍筋采用 HPB300 级钢

筋,环境类别为二类。

求:受弯、受剪及受扭所需的钢筋。

【解】　$f_c = 9.6$ N/mm^2,$f_t = 1.10$ N/mm^2,$f_y = 360$ N/mm^2,$f_{yv} = 270$ N/mm^2

(1)验算构件截面尺寸。

$h_0 = h - a = 500 - 50 = 450$ mm

$$W_{tw} = \frac{b^2}{6}(3h - b) = \frac{250^2}{6}(3 \times 500 - 250) = 1\ 302.1 \times 10^4 \text{ mm}^2$$

$$W'_{tf} = \frac{h'^2_f}{2}(b'_f - b) = \frac{100^2}{2}(400 - 250) = 75 \times 10^4 \text{ mm}^2$$

$$W_t = W_{tw} + W'_{tf} = (1\ 302.1 + 75) \times 10^4 = 1\ 377.1 \times 10^4 \text{ mm}^2$$

按 $\dfrac{V}{bh_0} + \dfrac{T}{0.8W_t} \leqslant 0.25\beta_c f_c$ 和 $\dfrac{V}{bh_0} + \dfrac{T}{W_t} \leqslant 0.7f_t$ 有

$$\frac{V}{bh_0} + \frac{T}{0.8W_t} = \frac{95 \times 10^3}{250 \times 450} + \frac{10 \times 10^6}{0.8 \times 1\ 377.1 \times 10^4}$$

$$= 1.752 \text{ N/mm}^2 \leqslant 0.25\beta_c f_c = 0.25 \times 1.0 \times 9.6 = 2.4 \text{ N/mm}^2$$

截面尺寸满足要求。

$$\frac{V}{bh_0} + \frac{T}{W_t} = \frac{95 \times 10^3}{250 \times 450} + \frac{10 \times 10^6}{1\ 377.1 \times 10^4}$$

$$= 1.571 \text{ N/mm}^2 > 0.7f_t = 0.7 \times 1.1 = 0.77 \text{ N/mm}^2$$

需按计算配置钢筋。

(2)确定计算方法。

$T = 10$ kN·m $> 0.175f_t W_t = 0.175 \times 1.1 \times 1\ 377.1 \times 10^4 = 2.651$ kN·m

$V = 95$ kN $> 0.35f_t bh_0 = 0.35 \times 1.1 \times 250 \times 450 = 43.313$ kN

须考虑扭矩及剪力对构件受扭和受剪承载力的影响。

(3)计算受弯纵筋。

由于　　　　　$\alpha_1 f_c b'_f h'_f \left(h_0 - \dfrac{h'_f}{2} \right) = 1.0 \times 9.6 \times 400 \times 100 \times \left(450 - \dfrac{100}{2} \right)$

$$= 153.6 \text{ kN·m} > 70 \text{ kN·m}$$

故属于第一种类型的 T 形梁。

求 α_s:　　　$\alpha_s = \dfrac{M}{\alpha_1 f_c b'_f h_0^2} = \dfrac{70 \times 10^6}{1.0 \times 9.6 \times 400 \times 450^2} = 0.090$

得出　　　$\gamma_s = 0.5(1 + \sqrt{1 - 2\alpha_s}) = 0.5 \times (1 + \sqrt{1 - 2 \times 0.090}) = 0.952$

$$A_s = \frac{M}{f_y \gamma_s h_0} = \frac{70 \times 10^6}{360 \times 0.952 \times 450} = 454 \text{ mm}^2$$

(4)计算受剪及受扭钢筋。

(a)腹板和受压翼缘承受的扭矩:

腹板　　　　　$T_w = \dfrac{W_{tw}}{W_t}T = \dfrac{1\ 302.1 \times 10^4}{1\ 377.1 \times 10^4} \times 10 \times 10^6 = 9.46$ kN·m

受压翼缘 $T'_f = \dfrac{W'_{tf}}{W_t} \cdot T = \dfrac{75 \times 10^4}{1\,377.1 \times 10^4} \times 10 \times 10^6 = 0.54\ \text{kN} \cdot \text{m}$

(b)腹板配筋计算

$$A_{cor} = b_{cor} \times h_{cor} = 190 \times 440 = 83\,600\ \text{mm}^2$$

$$U_{cor} = 2(b_{cor} + h_{cor}) = 2(190 + 440) = 1\,260\ \text{mm}$$

- 受扭箍筋计算

由式(8-42),有

$$\beta_t = \frac{1.5}{1 + 0.5\dfrac{V}{T_w}\dfrac{W_t}{bh_0}} = \frac{1.5}{1 + 0.5 \times \dfrac{95 \times 10^3}{9.46 \times 10^6} \times \dfrac{1\,302.1 \times 10^4}{250 \times 450}} = 0.949$$

取 $\zeta = 1.2$,按式(8-41)求得

$$\frac{A_{st1}}{s} = \frac{T_w - 0.35\beta_t f_t W_t}{1.2\sqrt{\zeta} f_{yv} A_{cor}} = \frac{9.46 \times 10^6 - 0.35 \times 0.949 \times 1.1 \times 1\,302.1 \times 10^4}{1.2 \times \sqrt{1.2} \times 270 \times 83\,600}$$

$$= 0.158\ \text{mm}^2/\text{mm}$$

- 受剪箍筋计算

由式(8-40)得

$$\frac{A_{sv}}{s} = \frac{V - 0.7(1.5 - \beta_t)f_t bh_0}{f_{yv} h_0} = \frac{95 \times 10^3 - 0.7 \times (1.5 - 0.949) \times 1.1 \times 250 \times 450}{270 \times 450}$$

$$= 0.389\ \text{mm}^2/\text{mm}$$

腹板所需单肢箍筋总面积

$$\frac{A_{st1}}{s} + \frac{A_{sv}}{2s} = 0.158 + \frac{0.389}{2} = 0.353\ \text{mm}^2/\text{mm}$$

取箍筋直径为 $\phi 8$ 的 HPB300 级钢筋,其截面面积为 50.3 mm^2,得箍筋间距

$$s = \frac{50.3}{0.353} = 142\ \text{mm} \ \text{取}\ s = 140\ \text{mm}$$

- 受扭纵筋计算

由式(8-24),求得

$$A_{stl} = \frac{\zeta f_{yv} A_{st1} u_{cor}}{f_y s} = \frac{1.2 \times 270 \times 0.158 \times 1\,260}{360} = 179\ \text{mm}^2$$

梁底所需受弯和受扭纵筋截面面积

$$A_s + A_{stl}\frac{b_{cor}}{u_{cor}} = 454 + 179 \times \frac{190}{1\,260} = 481\ \text{mm}^2$$

选用 3 根直径 16 mm 的 HRB400 级钢筋,其截面面积为 603 mm^2。

梁侧边所需受扭纵筋截面面积

$$A_{stl}\frac{h_{cor}}{u_{cor}} = 179 \times \frac{440}{1\,260} = 63\ \text{mm}^2$$

选用 1 根直径为 10 mm 的 HRB400 级钢筋,其截面面积为 78.5 mm^2。

梁顶面所需受扭纵筋的截面面积

$$A_{stl}\frac{b_{cor}}{u_{cor}} = 179 \times \frac{190}{1\,260} = 27\ mm^2$$

选用 2 根直径为 8 mm 的 HRB400 级钢筋,其截面面积为 101 mm²。

（c）受压翼缘配筋计算

$$A'_{cor} = b'_{cor} \times h'_{cor} = 90 \times 40 = 3\,600\ mm^2$$

$$u_{cor} = 2(b'_{cor} + h'_{cor}) = 2(90 + 40) = 260\ mm$$

● 受扭箍筋计算

取 $\zeta = 1.0$,按式(8–23)求得

$$\frac{A'_{stl}}{s} = \frac{T'_f - 0.35f_t W'_{tf}}{1.2\sqrt{\zeta}f_{yv}A'_{cor}} = \frac{5.4 \times 10^5 - 0.35 \times 1.1 \times 75 \times 10^4}{1.2 \times \sqrt{1.0} \times 270 \times 3\,600}$$

$$= 0.215\ mm^2/mm$$

取箍筋直径为 8mm 的双肢箍 HPB300 级钢筋,单肢 $A_{sv} = 50.3\ mm^2$,则箍筋间距

$$s = \frac{50.3}{0.215} = 234\ mm,取\ s = 200\ mm$$

● 受扭纵筋计算

由式(8–24),求得

$$A_{stl} = \frac{\zeta f_{yv}A'_{stl}u'_{cor}}{f_y s} = \frac{1.0 \times 270 \times 0.215 \times 260}{360} = 42\ mm^2$$

选用 4 根直径为 8 mm 的 HRB400 级钢筋,其截面面积为 201.2 mm²。

（5）验算腹板最小配筋率。

$$\rho_{yv,min} = 0.28\frac{f_t}{f_{vy}} = 0.28 \times \frac{1.1}{270} = 0.001\,1$$

实有配箍率

$$\rho_{st} = \frac{nA_{st1}}{bs} = \frac{2 \times 50.3}{250 \times 140} = 0.002\,9 > 0.001\,1$$

满足要求。

（6）验算腹板最小纵筋配筋率。

$$\rho_{stl,min} = \frac{A_{stl,min}}{bh} = 0.6\sqrt{\frac{T_w}{Vb}} \cdot \frac{f_t}{f_y} = 0.6 \times \sqrt{\frac{9.46 \times 10^6}{95 \times 10^3 \times 250}} \times \frac{1.1}{360}$$

$$= 0.001\,2$$

受弯构件纵筋最小配筋率

$$\rho_{s,min} = 0.45\frac{f_t}{f_y} = 0.45 \times \frac{1.1}{360}$$

$$= 0.138\% < 0.2\% 取 \rho_{s,min} = 0.2\%$$

实有纵筋配筋

$$\rho + \rho_{stl} = \frac{A_s}{bh_0} + \frac{A_{stl}}{bh}$$

$$= \frac{603 - 101}{250 \times 450} + \frac{2 \times 78.5 + 2 \times 101}{250 \times 500}$$

$$= 0.004\ 5 + 0.002\ 9$$

$$= 0.007\ 4 > 0.001\ 2 + 0.002\ 0 = 0.003\ 2$$

满足要求。

（7）翼缘受扭钢筋最小配箍率和最小纵筋配筋率的验算：（均已满足，验算过程略）。

最后，梁截面配筋见图8－15。

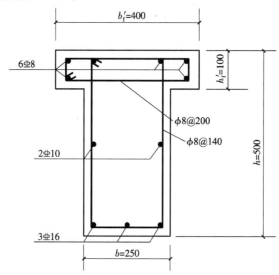

图8－15　例题8－1梁截面配筋图

思考题

1. 实际工程中哪些构件中有扭矩作用？什么是平衡扭转？什么是协调扭转？

2. 简述矩形截面素混凝土构件及钢筋混凝土构件在扭矩作用下的裂缝形成和破坏机理。

3. 矩形截面纯扭构件的裂缝和同一构件的剪切裂缝有哪些相同点和不同点？

4. 变角度桁架模型有哪些基本假定？变角度空间桁架模型与《混凝土结构设计标准》的方法比较有何异同？

5. 说明受扭构件计算公式中 ζ 的物理含义及 ζ 的合理取值范围。

6. 说明 T 形截面纯扭构件的计算方法。

7. 剪扭构件的计算公式中为什么要引入系数 β_t？β_t 的表达式表示什么关系？说明其取值范围和考虑的因素。

8. 什么是配筋强度比？配筋强度比的范围为什么要加以限制？不同的配筋强度比对破坏形式有何影响？

9. 抗扭纵筋的配置有何要求？其与抗弯纵筋的布置有何不同？

10.《混凝土结构设计标准》中是如何考虑弯剪扭构件的相关作用的？怎样计算在弯矩、剪力和扭矩共同作用下钢筋混凝土构件的承载力？

第9章 混凝土构件的变形和裂缝宽度

在建筑结构设计时,一般针对结构在施工和使用环境条件下的不同而将结构设计分为三种设计状况。第一种是持久设计状况,在结构使用过程中一定出现,其持续时间很长的状况称为持久状况。持久状况持续时间一般与设计使用年限为同一数量,例如结构使用中永久荷载作用的状况等。第二种是短暂设计状况,在结构施工和使用过程中出现概率较大,而与设计使用年限相比持续期很短的状况称为短暂状况,如施工和维修等。第三种是偶然设计状况,在结构施工和使用过程中出现概率较小,且持续期很短的状况称为偶然状况,如火灾、爆炸、撞击等。

按照混凝土结构的极限状态设计原则,除对上述三种设计状况应进行承载能力极限状态设计外,同时还要对持久设计状况进行正常使用极限状态设计,而对短暂设计状况可根据需要进行正常使用极限状态设计。

混凝土结构和构件的正常使用极限状态设计是指通过合理的设计和计算,控制结构构件的变形及裂缝宽度不超过影响正常使用或耐久性的某项限值;在设计使用年限期间,使结构保持满足结构功能要求的能力,也就是具有可靠的适用性和耐久性。

9.1 混凝土构件裂缝控制验算

9.1.1 裂缝形成的原因及其控制

1. 裂缝的成因

混凝土构件在施工中和正常使用阶段常会出现因为荷载和非荷载(混凝土收缩、温度变化、结构不均匀沉降、混凝土凝结硬化的影响等)因素的裂缝。引起混凝土结构构件开裂的原因很多,本节主要讨论荷载引起的裂缝。这里的裂缝主要针对轴心受拉、受弯、偏心受力等与混凝土构件的计算轴线相垂直的垂直裂缝。裂缝宽度验算采用内力准永久组合值和材料强度的标准值。

在混凝土构件受到弯矩、轴心拉力、偏心拉力或偏心压力时,当构件受拉区的应变值超过混凝土的极限拉应变值,构件就会出现开裂。对于受弯、大偏心受拉和大偏心受压构件,由于构件正截面上有受压区的存在,因此裂缝不会贯通整个截面;而对于轴心受拉和小偏心受拉构件,裂缝会沿截面高度贯通整个截面。

混凝土的抗压性能优于抗拉性能,其极限拉伸变形很小,因而很容易开裂。裂缝对结构功能的影响程度随结构所处的环境和结构的使用要求而不同。使用要求不出现渗漏的贮液(气)容器或输送管道,裂缝的存在会直接影响其使用功能,所以要求不允许出现裂缝。对于一般建筑结构要求不出现裂缝是较难实现的,也是不现实的,所以通常允许构件带裂缝工作。但是当裂缝宽度较大时会导致钢筋锈蚀及损害结构的外观,因此,从耐久性和建筑外观考虑,需要根据结构所处的环境对构件裂缝宽度进行控制。

2. 裂缝控制标准

对正截面开裂的混凝土构件,《混凝土结构设计标准》的裂缝控制主要是按荷载准永久组合并考虑长期作用影响,来控制构件中最大裂缝宽度不超过最大裂缝宽度限值,从而使结构构件满足耐久性和正常使用的功能要求。

《混凝土结构设计标准》根据结构的使用要求,将混凝土构件的裂缝控制划分为三级,分别用应力及裂缝宽度进行控制。

一级:严格要求不出现受力裂缝的构件,按荷载效应的标准组合计算时,构件受拉边缘混凝土不应产生拉应力。

二级:一般要求不出现受力裂缝的构件,按荷载效应的标准组合进行计算时,构件受拉边缘混凝土的拉应力不应大于混凝土的抗拉强度标准值。

三级:允许出现受力裂缝的构件,按荷载效应准永久组合并考虑长期作用影响计算时,构件的最大裂缝宽度不应超过规定的最大裂缝宽度限值,即应符合下列规定:

$$w_{max} \leqslant w_{lim} \tag{9-1}$$

式中　w_{max}——荷载效应的准永久组合并考虑长期作用影响计算得到的最大裂缝宽度;

　　　w_{lim}——最大裂缝宽度限值,设计时应根据结构构件的具体情况按附表 19 选用,对普通钢筋混凝土构件一般按三级控制裂缝宽度。

在设计中对构件进行裂缝控制设计,是指对于使用上不要求出现裂缝的构件,进行混凝土拉应力验算;对使用上允许出现裂缝的构件,进行裂缝宽度的验算。

9.1.2　裂缝宽度验算

1. 构件裂缝的分布

在受弯构件的纯弯段内,未出现裂缝以前,各截面受拉区混凝土应力 σ_{ct} 大致相同。当受拉区边缘混凝土达到混凝土的极限拉应变值时,在混凝土抗拉最薄弱的截面将首先出现第一条(或第一批)裂缝,如图 9-1 中的 a—a 截面。在开裂的瞬间,裂缝截面处的混凝土拉应力降低至零,混凝土与钢筋之间无粘结力,拉力全部由钢筋承担。混凝土开裂后,开裂截面 a—a 两侧的受拉混凝土分别回缩,在离开 a—a 截面的受拉区混凝土中,由于混凝土和钢筋的粘结,混凝土回缩将受到钢筋的约束,随着离 a—a 截面的距离增大,混凝土的回缩减小,直到被阻止,当达到离 a—a 截面某一距离 l 处,混凝土和钢筋又具有了相同的拉伸变形,此处的 l 即为粘结应力的传递长度,在 l 以外区域的混凝土仍处于受拉张紧状态。当荷载继续增大,在离 a—a 截面的距离大于 l 的另一薄弱截面处又将会产生第二条(批)裂缝,如图 9-1 中的 b—b 截面处。

如此,随荷载的继续增大,裂缝将会不断地出现,直到裂缝间距小于 l(粘结应力传递长度)为止,此时通过粘结力传给混凝土的拉应力不足以使混凝土开裂,设这时裂缝截面间的距离为 l_0(如图 9-1 的 a—a 和 c—c 截面间),如果 $l_0 \geqslant 2l$,则在 a—a 和 c—c 截面间有可能会形成新的裂缝;如果,$l_0 < 2l$ 则在 a—a 和 c—c 截面间将不可能形成新的裂缝,裂缝出齐。因此,裂缝的间距将介于 l 和 $2l$ 之间,裂缝间距的平均值 l_m 为 $1.5l$。由于混凝土的离散性较大,因此裂缝间距在 $0.67 \sim 1.33$ 倍平均裂缝间距的范围内变化。

综上所述,钢筋混凝土受弯构件裂缝的发生、分布是不均匀的,且影响裂缝的因素极为复杂,其机理尚不十分清楚。但是通过大量试验资料的统计分析表明,受弯构件上的平均裂缝间距和平均裂缝宽度具有一定的规律,同时平均裂缝宽度和最大裂缝宽度也具有紧密关

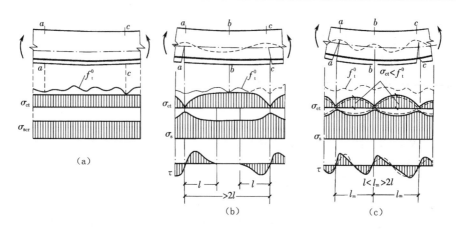

图 9-1 构件受弯区段裂缝发展和应力分布

系。《混凝土结构设计标准》采取的计算原理是先计算平均裂缝间距和平均裂缝宽度,然后依据统计得到的"扩大系数"计算构件的最大裂缝宽度,最后使最大裂缝宽度小于规定的裂缝宽度限值来进行裂缝宽度的验算和控制。

2. 平均裂缝间距

平均裂缝间距是计算平均裂缝宽度的基础。通过试验和理论分析,认为裂缝开展宽度主要是由裂缝间混凝土的回缩和钢筋的拉伸而形成,即平均裂缝宽度等于平均裂缝间距(l_m)范围内的钢筋的拉伸长度与混凝土回缩的差值。此时平均裂缝间距(l_m)主要和受拉钢筋直径与配筋率的比值(d/ρ)成正比。另外,考虑混凝土保护层 c_s 和钢筋表面形状(v_i)对裂缝开展宽度的影响,通过回归分析给出了平均裂缝间距 l_{cr} 的计算公式如下:

$$l_{cr} = 1.9c_s + 0.08d_{eq}/\rho_{te} \qquad (9-2)$$

式中 c_s ——最外层纵向受拉钢筋外边缘至受拉区底边的距离(mm),当 $c_s < 20$ 时,取 $c_s = 20$,当 $c_s > 65$ 时,取 $c_s = 65$。

       d_{eq} ——受拉区纵向受拉钢筋的等效直径(mm),$d_{eq} = \sum n_i d_i^2 / \sum (v_i n_i d_i)$。

       d_i ——受拉区第 i 种纵向受拉钢筋的公称直径(mm)。

       n_i ——受拉区第 i 种纵向受拉钢筋的根数。

       v_i ——受拉区第 i 种纵向受拉钢筋的相对粘结特征系数,如表 9-1 所示。

       ρ_{te} ——按有效受拉混凝土截面面积计算的纵向受拉钢筋配筋率,$\rho_{te} = A_s/A_{te}$,在最大裂缝宽度计算中,当 $\rho_{te} < 0.01$ 时,取 $\rho_{te} = 0.01$。

       A_s ——受拉区纵向受拉钢筋的截面面积。

       A_{te} ——有效受拉混凝土截面面积,按下列规定采用:对轴心受拉构件,取构件截面面积;对受弯、偏心受压和偏心受拉构件,取 $A_{te} = 0.5bh + (b_f - b)h_f$,此处,$b_f$、$h_f$ 为受拉翼缘宽度、高度。

表 9-1   钢筋的相对粘结特性系数

钢筋 类别	非预应力钢筋		先张法预应力筋			后张法预应力筋		
	光面钢筋	带肋钢筋	螺旋肋钢丝	带肋钢筋	钢绞线	带肋钢筋	钢绞线	光面钢丝
v_i	0.7	1.0	0.8	1.0	0.6	0.8	0.5	0.4

3. 平均裂缝宽度计算

平均裂缝宽度为在裂缝间的一段范围内钢筋平均伸长和混凝土平均伸长之差（见图 9-1），即

$$w_{cr} = \varepsilon_{sm} l_{cr} - \varepsilon_{ctm} l_{cr} = \varepsilon_{sm} l_{cr} (1 - \varepsilon_{ctm}/\varepsilon_{sm}) \tag{9-3}$$

式中　　w_{cr}——平均裂缝宽度；

　　　　ε_{sm}——纵向受拉钢筋的平均拉应变；

　　　　ε_{ctm}——与纵向受拉钢筋相同水平处表面混凝土的平均拉应变。

令 $\alpha_c = (1 - \varepsilon_{ctm}/\varepsilon_{sm})$，$\alpha_c$ 称为考虑裂缝间混凝土伸长对裂缝开展宽度影响系数，研究表明 α_c 与配筋率、截面形状和混凝土保护层等有关，根据试验资料综合分析对受弯和偏心受压构件取 $\alpha_c = 0.77$，其他构件取 $\alpha_c = 0.85$。

由图 9-1 可见，裂缝截面处受拉钢筋应变（或应力）最大。由于受拉区混凝土参加工作，裂缝间受拉钢筋应变（或应力）将减小。因此，受拉钢筋的平均应变 ε_{sm} 可由裂缝截面处钢筋应变乘以裂缝间纵向受拉钢筋不均匀系数 ψ 求得，即

$$\varepsilon_{sm} = \psi \sigma_s / E_s \tag{9-4}$$

式中　　σ_s——裂缝截面处纵向受拉钢筋应力；

　　　　E_s——钢筋弹性模量。

将 $\alpha_c = (1 - \varepsilon_{ctm}/\varepsilon_{sm})$ 和 $\varepsilon_{sm} = \psi \sigma_s / E_s$ 代入式（9-3），则得

$$w_{cr} = \alpha_c \psi (\sigma_s / E_s) l_{cr} \tag{9-5}$$

式中　　ψ——裂缝间钢筋应变不均匀系数，采用如下方法计算。

（1）钢筋混凝土构件应力 σ_s 的计算。在荷载准永久组合下的钢筋混凝土构件开裂截面处受压边缘混凝土压应力、不同位置处钢筋的拉应力宜按下列假定计算：

①截面应变保持平面；

②受压区混凝土的法向应力图取为三角形；

③不考虑受拉区混凝土的抗拉强度；

④采用换算截面。

在荷载准永久组合下钢筋混凝土构件受拉区纵向普通钢筋的应力也可按下列公式计算：

对受弯构件：

$$\sigma_{sq} = M_q / (\eta h_0 A_s) \tag{9-6}$$

为了简化计算，近似取 $\eta = 0.87$，则

$$\sigma_{sq} = M_q / (0.87 h_0 A_s) \tag{9-7}$$

式中　　M_q——按荷载效应准永久组合计算的弯矩；

　　　　A_s——受拉区纵向钢筋截面面积；

　　　　h_0——截面有效高度。

对轴心受拉构件：

$$\sigma_{sq} = N_q / A_s \tag{9-8}$$

式中　　N_q——按荷载效应准永久组合计算的轴心拉力；

　　　　A_s——全部纵向钢筋截面面积。

对偏心受拉构件，计算裂缝截面处的 σ_{sq} 时，将大偏心受拉构件的截面内力臂近似取为

$h_0 - a'$,则大小偏心受拉构件的 σ_{sq} 均可按式(9-9)计算,裂缝处截面计算简图,见图9-2和图9-3。

$$\sigma_{sq} = N_q e'/A_s(h_0 - a') \qquad (9-9)$$

式中 N_q ——按荷载效应准永久组合计算的轴向偏心拉力;

$\quad\quad A_s$ ——受拉较大边的纵向钢筋截面面积;

$\quad\quad e'$ —— N_q 作用点到受压区或受拉较小边纵向钢筋合力点的距离。

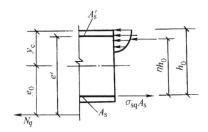

图9-2　大偏心受拉构件应力

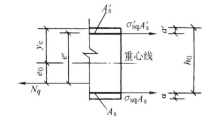

图9-3　小偏心受拉构件钢筋应力

对于偏心受压构件,裂缝处截面计算简图如图9-4所示。计算裂缝截面处的 σ_{sq} 时,截面上的力对受压区合力点取矩可得下式:

$$\sigma_{sq} = \frac{N_q(e-z)}{A_s z} \qquad (9-10)$$

$$e = \eta_s e_0 + y_s \qquad (9-11)$$

$$\eta_s = 1 + \frac{1}{4000e_0/h_0}\left(\frac{l_0}{h}\right)^2 \qquad (9-12)$$

$$z = \left[0.87 - 0.12(1-\gamma'_f)(h_0/e)^2\right]h_0 \qquad (9-13)$$

$$\gamma'_f = (b'_f - b)h'_f/bh_0 \qquad (9-14)$$

式中　N_q ——按荷载效应准永久组合计算的轴向力值;

$\quad\quad A_s$ ——受拉区纵向钢筋截面面积;

$\quad\quad e$ —— N_q 作用点到纵向受拉钢筋合力点的距离;

$\quad\quad y_s$ ——截面重心到纵向受拉钢筋合力点的距离;

$\quad\quad \eta_s$ ——使用阶段的轴向压力偏心距增大系数,当 $l_0/h \leqslant 14$ 时,取 $\eta_s = 1.0$;

$\quad\quad l_0$ ——构件计算长度,在计算轴心受压框架柱稳定系数以及偏心受压构件裂缝宽度的偏心距增大系数时采用,附表25和附表26给出了其取值;

$\quad\quad z$ ——纵向受拉钢筋合力点到受压区合力点之间的距离,且 $z \leqslant 0.87h_0$;

$\quad\quad \gamma'_f$ ——受压翼缘加强系数,γ'_f 的物理含义是受压翼缘截面面积与腹板有效截面面积的比值;

$\quad\quad b'_f \cdot h'_f$ ——受压区翼缘的宽度、高度,当 $h'_f > 0.2h_0$ 时取 $h'_f = 0.2h_0$。

(2)裂缝间纵向受拉钢筋应变不均匀系数的计算。受弯构件中钢筋的实测应力分布如图9-5。由图可知在纯弯段内,钢筋的应力也是不均匀的,钢筋应力在裂缝之间最小,而在裂缝截面处最大,这与受拉区混凝土完全脱离工作时的计算应力图形有很大差异。因此,应考虑裂缝间受拉混凝土参加工作的影响,该影响可以通过对裂缝截面处钢筋应变 ε_s 乘以应变不均匀系数 ψ 反映,因此 ψ 又可称为考虑裂缝间受拉混凝土参加受拉工作的影响程度系

数。系数 ψ 可按下列公式计算:

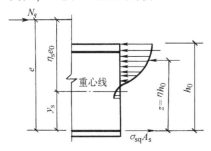

图 9-4 偏心受压构件钢筋应力计算图

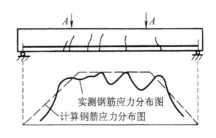

图 9-5 钢筋的应力

$$\psi = 1.1 - \frac{0.65 f_{tk}}{\rho_{te} \sigma_s} \qquad (9-15)$$

式中　ψ——裂缝间钢筋应变不均匀系数(当 $\psi < 0.2$ 时,取 $\psi = 0.2$;当 $\psi > 1.0$ 时,取 $\psi = 1.0$;直接承受重复荷载的构件,如吊车梁,取 $\psi = 1.0$);

　　　ρ_{te}——纵向受拉钢筋配筋率;

　　　f_{tk}——混凝土抗拉强度标准值;

　　　σ_s——钢筋混凝土构件按荷载效应准永久组合(或预应力混凝土构件按荷载标准组合)计算的裂缝截面处纵向受拉钢筋应力。

4. 最大裂缝宽度 w_{max}

由于材料质量的不均匀性,裂缝的出现是随机的,且裂缝间距和裂缝宽度的离散性比较大,因此,在平均裂缝宽度基础上确定构件的最大裂缝宽度 w_{max} 时,应考虑裂缝分布和开展的不均匀性。

另外,上述的平均裂缝宽度计算公式是在短期荷载作用下得到的,而构件在长期荷载作用下,由于混凝土的收缩,构件的裂缝宽度将随时间增长而增大,在加荷载初期,裂缝宽度增长较快,以后逐渐减缓,大约 3 年后,裂缝宽度趋于稳定。因此,在计算最大裂缝宽度 w_{max} 时还应考虑其影响。《混凝土结构设计标准》采用"扩大系数" τ_s 和 τ_l 来分别考虑裂缝分布和开展的不均匀性以及长期荷载作用的影响。

1)"扩大系数" τ_s

扩大系数 τ_s 可按裂缝宽度的概率分布规律确定。根据试验的裂缝量测资料,求得各试件纯弯段上各条裂缝的宽度 w_i 与同一试件纯弯段的平均裂缝宽度 w_{cr} 的比值 τ_i,并以 τ_i 为横坐标,绘制直方图,如图 9-6。其分布规律为正态分布,离散系数 $\sigma = 0.398$。若按 95% 的保证率考虑,对受弯构件和偏心受压构件,取 $\tau_s = 1.66$;对偏心受拉和轴心受拉构件取 $\tau_s = 1.9$。

2)"扩大系数" τ_l

根据长期荷载作用下的试验结果考虑

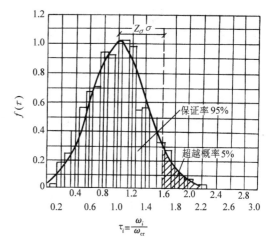

图 9-6 裂缝扩大系数概率分布图

长期作用的影响,扩大系数τ_l取为1.5。考虑在加荷初期宽度最大的裂缝,在荷载长期作用下不一定仍然是宽度最大的裂缝,故而在确定τ_l时,考虑折减系数0.9,即取$\tau_l' = 1.5$。

综上所述,当考虑裂缝分布和开展的不均匀性以及长期荷载作用的影响,构件最大裂缝宽度w_{max}按下列公式计算:

$$w_{max} = \tau_s \tau_l w_{cr} \tag{9-16}$$

将$w_{cr} = \alpha_c \psi (\sigma_s / E_s) l_{cr}$代入得

$$w_{max} = \alpha_c \tau_s \tau_l \psi (\sigma_s / E_s) l_{cr} \tag{9-17}$$

令$\alpha_{cr} = \alpha_c \tau_s \tau_l$,并将$l_{cr} = 1.9 c_s + 0.08 d_{eq}/\rho_{te}$代入,即得《混凝土结构设计标准》对于矩形、T形、倒T形和工形截面的钢筋混凝土受拉、受弯和偏心受压构件中,考虑裂缝宽度分布不均匀系数和长期作用影响的最大裂缝宽度的计算公式:

$$w_{max} = \alpha_{cr} \psi \frac{\sigma_s}{E_s} \left(1.9 c_s + 0.08 \frac{d_{eq}}{\rho_{te}} \right) (mm) \tag{9-18}$$

式中 α_{cr}——构件受力特征系数,可按表$9-2$采用;

σ_s——裂缝截面处按荷载准永久组合计算的钢筋混凝土构件纵向受拉钢筋的等效应力(此时σ_s用σ_{sq}表示),或者按荷载标准组合计算的三级裂缝控制的预应力混凝土构件受拉钢筋的等效应力(此时σ_s用σ_{sk}表示)。这时的裂缝最大宽度的超越概率为5%。

表$9-2$ 构件受力特征系数α_{cr}

类　　型	钢筋混凝土构件	预应力混凝土构件
受弯、偏心受压	1.9	1.5
偏心受拉	2.4	—
轴心受拉	2.7	2.2

对于承受吊车荷载但不需作疲劳验算的受弯构件,可将计算求得的最大裂缝宽度乘以系数0.85;对$e_0/h_0 \leqslant 0.55$的偏心受压构件,可不验算裂缝宽度。

【例题$9-1$】　矩形截面轴心受拉构件的截面尺寸$b \times h = 160\ mm \times 200\ mm$,配置$4$根直径$16\ mm$的带肋钢筋($A_s = 804\ mm^2$),混凝土强度等级C25($f_{tk} = 1.78\ N/mm^2$),设$c_s = 35\ mm$,按荷载效应准永久组合计算的轴心拉力$N_q = 145\ kN$,最大裂缝宽度限值$w_{lim} = 0.3\ mm$。

试验算其最大裂缝宽度是否符合要求。

【解】　$\rho_{te} = A_s / bh = 804 / (160 \times 200) = 0.0251$

$\sigma_{sq} = N_q / A_s = 145\,000 / 804 = 180.3\ N/mm^2$

$\alpha_{cr} = 2.7, \psi = 1.1 - \dfrac{0.65 f_{tk}}{\rho_{te} \sigma_{sq}} = 1.1 - \dfrac{0.65 \times 1.78}{0.0251 \times 180.3} = 0.844$

$w_{max} = 2.7 \psi \dfrac{\sigma_{sq}}{E_s} \left(1.9 c_s + 0.08 \dfrac{d_{eq}}{\rho_{te}} \right)$

$\qquad\quad = 2.7 \times 0.844 \times \dfrac{180.3}{200 \times 10^3} \left(1.9 \times 35 + 0.08 \times \dfrac{16}{0.0251} \right)$

$\qquad\quad = 0.241\ mm < 0.3\ mm(符合要求)$

【例题 9 - 2】　已知:矩形截面偏心受拉构件的截面尺寸、配筋和混凝土强度等级均与例题 9 - 1 相同。按荷载效应准永久组合计算的轴心拉力 $N_q = 145$ kN,偏心距 $e_0 = 30$ mm,$w_{lim} = 0.3$ mm。

试验算其最大裂缝宽度是否符合要求。

【解】　$a = a' = 35 + \dfrac{16}{2} = 43$ mm

$h_0 = h - a = 200 - 43 = 157$ mm

$A_s = A'_s = 402$ mm^2

$\rho_{te} = \dfrac{A_s}{0.5bh} = \dfrac{402}{0.5 \times 160 \times 200} = 0.025\ 1$

$\sigma_{sq} = \dfrac{N_q}{A_s} \cdot \dfrac{e_0 + y_c - a'}{h_0 - a'} = \dfrac{145\ 000}{402} \times \dfrac{30 + 0.5 \times 200 - 43}{157 - 43} = 275$ N/mm^2

$\psi = 1.1 - \dfrac{0.65 f_{tk}}{\rho_{te} \sigma_{sq}} = 1.1 - \dfrac{0.65 \times 1.78}{0.0251 \times 275} = 0.932$,

$\alpha_{cr} = 2.4$

$w_{max} = 2.4 \psi \dfrac{\sigma_{sq}}{E_s} \left(1.9 c_s + 0.08 \dfrac{d_{eq}}{\rho_{te}} \right) = 2.4 \times 0.932 \times \dfrac{275}{200 \times 10^3} \left(1.9 \times 35 + 0.08 \times \dfrac{16}{0.025\ 1} \right)$

$\quad = 0.361$ mm > 0.3 mm(不符合要求)

【例题 9 - 3】　已知:矩形截面偏心受压柱的截面尺寸 $b \times h = 400$ mm $\times 600$ mm,受压钢筋和受拉钢筋均为 4 根直径 20 mm($A_s = A'_s = 1\ 256$ mm^2),混凝土强度等级 C30($f_{tk} = 2.01$ N/mm^2),环境类别为二类,混凝土保护层厚度取 35 mm,按荷载效应准永久组合计算的轴心拉力 $N_q = 360$ kN,弯矩 $M_q = 180$ kN · m,柱的计算长度 $l_0 = 4$ m,最大裂缝宽度限值 $w_{lim} = 0.3$ mm。

试验算其最大裂缝宽度是否符合要求。

【解】　$\dfrac{l_0}{h} = \dfrac{4\ 000}{600} = 6.67 < 14$,取 $\eta_s = 1.0$

$a = 35 + 20/2 + 10 = 55$ mm, $h_0 = h - a = 600 - 55 = 545$ mm

$e_0 = \dfrac{M_q}{N_q} = \dfrac{180 \times 10^6}{360 \times 10^3} = 500$ mm

$e = e_0 + \dfrac{h}{2} - a = 500 + \dfrac{600}{2} - 55 = 745$ mm

$z = \left[0.87 - 0.12 \left(\dfrac{h_0}{e} \right)^2 \right] h_0 = \left[0.87 - 0.12 \left(\dfrac{545}{745} \right)^2 \right] \times 545$

$\quad = 0.806 \times 545 = 439$ mm

$\sigma_{sq} = \dfrac{N_q(e - z)}{A_s z} = \dfrac{360\ 000 \times (745 - 439)}{1\ 256 \times 439} = 200$ N/mm^2

$\rho_{te} = \dfrac{A_s}{0.5bh} = \dfrac{1\ 256}{0.5 \times 400 \times 600} = 0.0105$

$\psi = 1.1 - \dfrac{0.65 f_{tk}}{\rho_{te} \sigma_{sq}} = 1.1 - \dfrac{0.65 \times 2.01}{0.010\ 5 \times 200} = 0.478, \alpha_{cr} = 1.9$

$$w_{\max} = 1.9\psi\frac{\sigma_{sq}}{E_s}\left(1.9c_s + 0.08\frac{d_{eq}}{\rho_{te}}\right)$$

$$= 1.9 \times 0.478 \times \frac{200}{200 \times 10^3}\left(1.9 \times 45 + 0.08 \times \frac{20}{0.0105}\right)$$

$$= 0.216 \text{ mm} < 0.3 \text{ mm}(符合要求)$$

9.2　受弯构件的挠度验算

结构使用过程中,如果构件挠度过大,将会影响结构的正常使用。例如:楼板挠度过大,会影响板上仪器、设备的正常使用;构件刚度过小,则在使用中可能发生振动,产生惯性力增大结构内力;梁、板挠度过大,会使非结构构件如隔墙、天花板等出现开裂、压碎等损坏,影响门、窗的正常开关等。另外,构件挠度过大也会引起人的不安。

9.2.1　钢筋混凝土构件受弯变形的特点

在材料力学中,对于匀质线弹性材料梁,在忽略剪切变形影响时,按平截面假定梁跨中挠度计算公式为

$$f = S(M/EI)l_0^2 \text{ 或 } f = S\phi l_0^2 \tag{9-19}$$

式中　ϕ ——截面曲率,即单位长度上的转角,$\phi = M/EI$;

　　　S ——与荷载形式、支承条件有关的系数,例如承受集中荷载的简支梁 $S = 1/48$;

　　　l_0 ——梁的计算跨度;

　　　EI ——梁截面的弯曲刚度。

当梁的截面尺寸和材料确定后,梁的截面的弯曲刚度 EI 是一个常数,因此弯矩与挠度或者弯矩与曲率之间是线性关系,如图 9-7 中的虚线 OA 所示,EI 为直线 OA 的斜率。可以看出,截面弯曲刚度 EI 的确定是计算受弯构件挠度的关键。对于钢筋混凝土,它是不均质的非弹性材料,与匀质弹性材料不同,混凝土材料的非线性性能和钢筋混凝土受弯构件的带裂缝工作,使得构件截面的弯曲刚度是一个变量,而非常数。从钢筋混凝土适筋梁的试验全过程看,从开始加载到破坏的 M—ϕ 曲线,则如图 9-7 所示。由截面弯曲

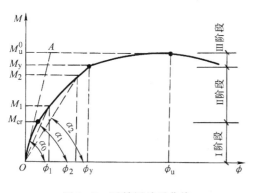

图 9-7　适筋梁关系曲线

刚度定义,M—ϕ 曲线上任一点与原点 O 的连线倾斜角的 $\tan\alpha$ 就是相应的截面弯曲刚度。在裂缝出现以前,M—ϕ 曲线与 OA 几乎重合,因而截面弯曲刚度可视为常数,并可近似取为 $0.85E_cI_0$,I_0 为换算截面惯性矩。

当裂缝即将出现时,进入第 Ⅰ 阶段末时,M—ϕ 曲线已偏离直线,逐渐弯曲,截面弯曲刚度有所降低。出现裂缝后,进入第 Ⅱ 阶段,M—ϕ 曲线发生转折,ϕ 增加较快,截面弯曲刚度明显降低。钢筋屈服后进入第 Ⅲ 阶段,在此阶段 M 增加很少,而 ϕ 增大很多,截面弯曲刚度急剧降低。应注意,即使在第 Ⅱ 阶段的 M—ϕ 曲线接近直线,但截面的弯曲刚度也不是常

数,而是不断地在减小,如图中 $\tan \alpha_1 > \tan \alpha_2$ 所示。

在正常使用极限状态验算构件变形时,采用的截面弯曲刚度,通常取在 M—ϕ 曲线的第 Ⅱ 阶段中当弯矩为 $(0.5 \sim 0.7)M_u^0$ 的区段内,M_u^0 是受弯承载力试验值。在该区段内的截面弯曲刚度仍然随弯矩的增大而变小。受弯构件正常使用时,正截面承受的最大弯矩大致是受弯承载力的 50% ~ 70%。

此外,构件在长期荷载作用下由于混凝土徐变等影响,会使截面的弯曲刚度随时间的增长而减小。因此,需要确定钢筋混凝土受弯构件的截面弯曲刚度,只要得到截面的弯曲刚度,就可以按照材料力学的计算公式计算出构件的挠度。这里,用 B 来表示钢筋混凝土受弯构件的截面弯曲刚度,即长期刚度,用 B_s 表示受弯构件的短期刚度。由上述分析可知,受弯构件截面弯曲刚度是在 M—ϕ 曲线 $0.5M_u \sim 0.7M_u$ 区段内曲线上任一点与坐标原点连线的斜率。

9.2.2　短期刚度

在使用荷载下钢筋混凝土受弯构件是带裂缝工作的。即使在纯弯段内,钢筋和混凝土沿构件轴向的应变(或应力)分布也是不均匀的。但是,由于构件的挠度反映的是沿构件跨长变形的综合效应,因此,可以用沿构件长度的平均曲率和平均刚度来近似表示截面曲率和截面刚度。

在构件纯弯段,钢筋屈服前,沿构件截面高度量测的平均应变基本呈直线分布,因此,可以认为沿构件截面高度平均应变符合平截面假定。这样就可以采用与材料力学相类似的方法计算截面的平均曲率和平均刚度。

钢筋混凝土受弯构件的短期刚度,考虑荷载准永久组合的长期作用对挠度增大的影响,根据平均应变的平截面假定,可求得平均曲率

$$\phi = 1/r_m = M_q/B_s = (\varepsilon_{sm} + \varepsilon_{cm})/h_0 \tag{9-20}$$

式中　r_m ——平均曲率半径;

　　M_q ——荷载效应准永久组合计算的弯矩,取计算区段内的最大弯矩值;

　　B_s ——荷载效应准永久组合下的截面刚度;

　　ε_{sm} ——受拉钢筋的平均应变;

　　ε_{cm} ——受压区边缘混凝土的平均应变。

受拉钢筋的平均应变 ε_{sm} 由式(9-4)和式(9-6)求得

$$\varepsilon_{sm} = \psi \frac{M_q}{\eta h_0 A_s E_s} \tag{9-21}$$

受压区边缘混凝土的平均应变 ε_{cm} 可按下列公式计算:

$$\varepsilon_{cm} = \frac{\sigma_{cq}}{E_c'} = \frac{\sigma_{cq}}{v E_c} \tag{9-22}$$

式中　σ_{cq} ——荷载效应准永久组合计算的受压区边缘混凝土的压应力;

　　E_c'、E_c ——混凝土的变形模量和弹性模量,$E_c' = v E_c$;

　　v ——混凝土受压时的弹性系数。

σ_{cq} 可按裂缝截面处的计算应力图形(如图 9-8 所示)求得。对工形(或 T 形)截面,受压区面积为 $(b_f' - b)h' + bx_0 = (\gamma' + \xi_0)bh_0$,将曲线分布的压应力换算成平均压应力 $\omega \sigma_{cq}$,

再对纵向受拉钢筋取矩,得

$$\sigma_{cq} = \frac{M_q}{\omega(\gamma'_f + \xi_0)\eta b h_0^2} \qquad (9-23)$$

式中　ω ——应力图形丰满度系数;

　　　γ'_f ——受压翼缘加强系数(相对于腹板有效面积),即 $\gamma'_f = (b'_f - b)h'_f/bh_0$;

　　　ξ_0 ——裂缝截面处受压区高度系数,$\xi_0 = x_0/h_0$;

　　　η ——裂缝截面处内力臂长度系数。

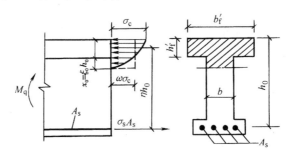

图 9-8　裂缝截面处的计算应力图形

引入受压区边缘混凝土压应变不均匀系数 ψ_c,则

$$\varepsilon_{cm} = \psi_c \frac{M_q}{\omega(\gamma'_f + \xi_0)\eta b h_0^2 v E_c} \qquad (9-24)$$

令

$$\zeta = \omega v(\gamma'_f + \xi_0)\eta/\psi_c \qquad (9-25)$$

则

$$\varepsilon_{cm} = \frac{M_q}{\zeta b h_0^2 E_c} \qquad (9-26)$$

ζ 称为受压区边缘混凝土平均应变综合系数,也可称为截面的弹塑性抵抗矩系数。由式 (9-26)可得

$$\zeta = \frac{M_q}{\varepsilon_{cm} b h_0^2 E_c} \qquad (9-27)$$

上式中,M_q、b、h_0 为已知值,E_c 可以通过试验确定,ε_{cm} 可以量测变形求得。

将式(9-26)和式(9-21)代入式(9-20),可得

$$\frac{1}{B_s} = \psi \frac{1}{\eta h_0^2 A_s E_s} + \frac{1}{\zeta b h_0^3 E_c} \qquad (9-28)$$

令 $\alpha_E = E_s/E_c$,简化后可得

$$B_s = \frac{E_s A_s h_0^2}{\dfrac{\psi}{\eta} + \dfrac{\alpha_E \rho}{\zeta}} \qquad (9-29)$$

试验表明,受压区边缘混凝土平均应变综合系数 ζ 随荷载增大而减小,在裂缝出现后降低很快,而后逐渐减缓,在使用荷载范围内($0.5M_u \sim 0.7M_u$)则基本趋于稳定。因此,对 ζ 的

取值可不考虑荷载的影响。根据试验资料统计分析,可得

$$\frac{\alpha_E \rho}{\zeta} = 0.2 + \frac{6\alpha_E \rho}{1 + 3.5\gamma_f'} \tag{9-30}$$

式中　　ρ——纵向受拉钢筋配筋率,$\rho = A_s / (bh_0)$。

将式(9-30)代入式(9-29),并取 $\eta = 0.87$,得到荷载效应准永久组合作用下的短期刚度

$$B_s = \frac{E_s A_s h_0^2}{1.15\psi + 0.2 + \frac{6\alpha_E \rho}{1 + 3.5\gamma_f'}} \tag{9-31}$$

式中计算 γ_f' 时,当 $h_f' > 0.2h_0$ 时,取 $h_f' = 0.2h_0$。

在荷载效应准永久组合作用下,受压钢筋对截面刚度的影响不大,计算时可以不考虑。如需要考虑其影响,可将式(9-31)中的 γ_f' 按下列公式计算:

$$\gamma_f' = \frac{(b_f' - b)h_f'}{bh_0} + \alpha_E \rho' \tag{9-32}$$

式中　　ρ'——纵向受压钢筋配筋率,即 $\rho' = A_s' / (bh_0)$。

式(9-31)可用于矩形、T 形和工形截面受弯构件。分析表明,根据式(9-31)计算的平均曲率与试验结果符合得较好。

9.2.3　截面弯曲刚度 B(长期刚度)

在荷载长期作用下构件截面的弯曲刚度会降低,导致构件的挠度增大。实际工程中总有部分荷载长期作用在构件上,因此,计算挠度时要采用考虑荷载长期作用影响的刚度 B。长期荷载作用下受弯构件挠度不断增大的原因有如下几方面。

①受压混凝土的徐变,使压应变随时间增长而增大。同时,由于受压混凝土塑性变形的发展,使内力臂减小,引起受拉钢筋应力和应变的增大。

②受拉混凝土和受拉钢筋间徐变滑移,使受拉钢筋平均应变随时间增大。

③混凝土收缩,当受压区混凝土收缩比受拉区大时,将使梁的挠度增大。

上述因素中,受压混凝土的徐变是最主要的因素。影响混凝土徐变的因素,如受压钢筋的配筋率、加荷龄期和使用环境的温湿度等,对长期荷载作用下挠度的增大有影响。

根据长期试验观测结果,长期荷载作用下受弯构件挠度的增大可以用挠度增大系数 θ 来反映。挠度增大系数 θ 可表示为长期荷载作用下的挠度 f_L 与短期荷载作用下的挠度 f_s 的比值,即 $\theta = f_L / f_s$。

东南大学和天津大学长期荷载试验表明,在一般情况下,对单筋矩形、T 形和工形截面梁,可取 $\theta = 2.0$。对于双筋梁,由于受压钢筋对混凝土的徐变起着约束作用,因此,将减少长期荷载作用下挠度的增大,减少的程度与受压钢筋和受拉钢筋的相对数量有关。根据试验结果,《混凝土结构设计标准》给出对混凝土受弯构件,当 $\rho' = 0$ 时,$\theta = 2.0$;$\rho' = \rho$ 时,$\theta = 1.6$;当 ρ' 为中间数值时,θ 可按线性内插法取用。ρ'、ρ 分别为纵向受压钢筋和纵向受拉钢筋配筋率,$\rho' = A_s' / (bh_0)$,$\rho = A_s / (bh_0)$。

截面形式对长期荷载作用下的挠度也有影响。翼缘在受拉区的倒 T 形截面,由于在荷载效应标准组合作用下受拉混凝土参加工作较多,从而使挠度增加较多。《混凝土结构设计标准》规定,对翼缘在受拉区的倒 T 形截面,θ 应增大 20%。必须指出,当按这样计算的长

期挠度大于按相应矩形截面(即不考虑受拉翼缘)计算的长期挠度时,长期挠度值应按后者采用。

当荷载仅部分长期作用时,可近似认为,构件的总挠度 f_l 为荷载效应组合作用下的短期挠度与长期荷载作用下的长期挠度(考虑挠度增大系数 θ)之和。按《混凝土结构设计标准》规定,全部使用荷载应取按荷载效应组合计算的荷载值,长期荷载应取按荷载长期作用计算的荷载值。于是荷载组合即取前者与后者的差值,长期荷载取后者之值。若荷载组合和长期荷载的分布形式相同,则有

$$f_l = \beta_f \frac{(M_k - M_q)l_0^2}{B_s} + \theta\beta_f \frac{M_q l_0^2}{B_s} \tag{9-33}$$

为了简化计算,将式(9-33)用等效长期刚度 B 表示时,则有

$$f_l = \beta_f M_q l_0^2 / B \tag{9-34}$$

由式(9-33)和式(9-34)可得

$$B = \frac{M_k}{M_q(\theta - 1) + M_k} B_s \tag{9-35}$$

式(9-35)用于计算按荷载标准组合的三级裂缝控制的预应力混凝土构件的刚度。

采用荷载准永久组合计算的钢筋混凝土构件的刚度

$$B = \frac{B_s}{\theta} \tag{9-36}$$

式中　M_k ——按荷载效应标准组合计算时的计算区段内最大弯矩值;

M_q ——按荷载效应准永久组合计算时的计算区段内最大弯矩值;

β_f ——挠度系数;

B ——按荷载效应标准组合计算,并考虑荷载效应准永久组合影响的长期刚度;

B_s ——按荷载准永久组合计算的钢筋混凝土受弯构件或按荷载标准组合计算的预应力混凝土受弯构件的短期刚度;

θ ——考虑荷载长期作用对挠度增大的影响系数。

9.2.4　受弯构件挠度变形验算

求得截面刚度后,构件的挠度就可以按结构力学方法进行计算。需要注意的是,即使承受对称集中荷载的简支梁内,除两个集中荷载间的纯弯段外,剪跨内各截面弯矩也是不相等的,越靠近支座弯矩越小,其刚度越大。在支座附近的截面将不出现裂缝,其刚度将较已出现裂缝的区段大很多(图9-9)。由此可见,沿梁长各截面的刚度是变值。为了简化计算,在实用上,同一符号弯矩区段内,各截面的刚度均可按该区段的最小刚度 B_{min} 来计算,亦即按最大弯矩处截面的刚度计算(如图9-9(b)中所示),也就是曲率 ϕ 按 M/B_{min} 计算(如图9-9(c)中所示)。这一计算原则通常称为最小刚度原则。

采用最小刚度原则计算挠度,虽然会产生一些误差,但在一般情况下,其误差不大,且曲率计算值偏大,构件偏于安全。另一方面,按上述方法计算挠度时,只考虑了弯曲变形的影响,没有考虑剪切变形的影响。在匀质材料梁中,剪切变形一般很小,可以忽略。但是在剪跨已出现斜裂缝的钢筋混凝土梁中,剪切变形将较大。同时,沿斜截面受弯也将使剪跨内钢

筋应力较按垂直截面受弯增大。图 9-10 所示为一试验梁实测钢筋应力与计算钢筋应力的比较。也就是说,在计算中未考虑斜裂缝出现的影响,将使挠度计算值减小。一般情况下,使上述计算值偏大和偏小的因素大致相互抵消,因此,在计算中采用最小刚度原则是可行的,计算结果与试验结果符合较好。

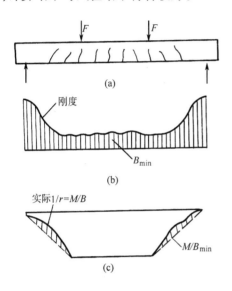

图 9-9　沿梁长的刚度和曲率分布　　　　图 9-10　梁剪跨段内钢筋应力分布

由以上分析可以看出,受弯构件的截面刚度不仅随荷载的增长而变化,而且当各截面作用的弯矩不同时,截面的抗弯刚度沿梁长是变化的。弯矩大的截面刚度小,而弯矩小的截面刚度大。为了简化计算,《混凝土结构设计标准》采用了最小刚度假定,即在构件同号弯矩区段内,取最小的截面刚度作为整个构件刚度来计算其挠度。这样,用 B 代替 EI 后,仍采用材料力学的公式计算受弯构件的挠度。挠度验算时,要求计算的挠度值 f 应满足

$$f \leqslant [f] \tag{9-37}$$

式中　$[f]$——允许挠度值,按附表 17 取用;

　　　f——按最小刚度原则计算的挠度计算值。

当 f 不满足式(9-37)要求时,则说明构件的刚度不足,可采用增加截面高度、选用合理截面形式等方法提高其刚度直到满足要求为止。

【例题 9-4】　简支矩形截面梁的截面尺寸为 $b \times h = 250 \text{ mm} \times 600 \text{ mm}$,混凝土强度等级为 C25,配置 4 根直径 18 mm 的钢筋,环境类别为二 a 类,混凝土保护层厚度取 25 mm,承受均布荷载,按荷载准永久组合计算跨中弯矩 $M_q = 120 \text{ kN} \cdot \text{m}$,梁的计算跨度 $l_0 = 6.5 \text{ m}$,挠度允许值为 $l_0/250$。

试验算挠度是否符合要求。

【解】　$f_{tk} = 1.78 \text{ N/mm}^2, E_s = 200 \times 10^3 \text{ N/mm}^2, E_c = 28.0 \times 10^3 \text{ N/mm}^2$

$$\alpha_E = \frac{E_s}{E_c} = \frac{200 \times 10^3}{28.0 \times 10^3} = 7.14$$

$$h_0 = 600 - (25 + 18/2 + 10) = 556 \text{ mm}, A_s = 1\ 017 \text{ mm}^2$$

$$\rho = \frac{A_s}{bh_0} = \frac{1\,017}{250 \times 556} = 0.00732$$

$$\rho_{te} = \frac{A_s}{0.5bh} = \frac{1\,017}{0.5 \times 250 \times 600} = 0.0136$$

$$\sigma_{sq} = \frac{M_q}{0.87h_0A_s} = \frac{120 \times 10^6}{0.87 \times 556 \times 1\,017} = 244 \text{ N/mm}^2$$

$$\psi = 1.1 - \frac{0.65f_{tk}}{\rho_{te}\sigma_{sq}} = 1.1 - \frac{0.65 \times 1.78}{0.013\,6 \times 244} = 0.751$$

$$B_s = \frac{E_sA_sh_0^2}{1.15\psi + 0.2 + \frac{6\alpha_E\rho}{1+3.5\gamma'_f}} = \frac{200 \times 10^3 \times 1\,017 \times 556^2}{1.15 \times 0.751 + 0.2 + 6 \times 7.14 \times 0.007\,32}$$

$$= 4.566 \times 10^{13} \text{ N} \cdot \text{mm}^2$$

采用荷载准永久组合计算的刚度

$$B = \frac{B_s}{\theta} = \frac{4.566 \times 10^{13}}{2} = 2.283 \times 10^{13} \text{ N} \cdot \text{mm}^2$$

$$f_l = \frac{5}{48}\frac{M_ql_0^2}{B} = \frac{5}{48} \times \frac{120 \times 10^6 \times 6\,500^2}{2.283 \times 10^{13}} = 23.1 \text{ mm} < \frac{l_0}{250} = 26 \text{ mm}(符合要求)$$

9.3 钢筋混凝土构件的延性

9.3.1 延性的概念

所谓延性,是指结构物到达其弹性极限之后仍能在更大的变形下保持其承载力的变形能力。通常采用将结构保有一定承载力的最大变形与其弹性极限变形之比,称为延性系数,对延性进行定量的评价。图9-11是结构物的宏观力—变形曲线,具体力—变形曲线可按研究分析对象的不同,赋予其各自具体的物理概念和相应的曲线形状。试验结果表明力—变形曲线从形状上可分为两种典型的形状,如图9-11所示,第一类有明显的尖峰,到达最大承载力后突然下降;第二类曲线在达到最大承载力的前后有较大平台,表明在保有一定承载力时能够承受很大的变形。一般称第一类为脆性,第二类为延性。

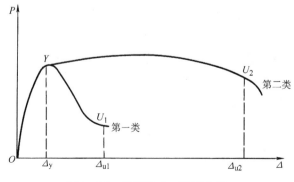

图9-11 典型的力—变形曲线

结构、构件或截面的延性是指它们进入破坏阶段以后,在承载力没有显著下降的情况下承受变形的能力,即结构、构件或截面的延性是反映它们后期变形的能力。"后期"则是指钢筋开始屈服进入破坏阶段直到最大承载力(或下降到最大承载力的85%)时的整个过程。

依据延性系数的定义则有

$$\mu_\Delta = \frac{\Delta_\mathrm{u}}{\Delta_\mathrm{y}} \tag{9-38}$$

当变形 Δ 有具体的物理量时,就有相应的延性系数,如截面曲率延性系数 $\mu_\mathrm{u} = \phi_\mathrm{u}/\phi_\mathrm{y}$,结构或构件的位移(挠度)延性系数 $\mu_w = w_\mathrm{u}/w_\mathrm{y}$,等。

由此可以看出,结构、构件或构件截面的延性是指它们进入破坏阶段以后,在承载力没有显著下降的情况下承受变形的能力,即结构、构件或截面的延性是反映它们后期变形的能力。"后期"是指开始进入破坏阶段直到最大承载力(或下降到最大承载力的85%)时的整个过程。延性差的结构、构件或截面,其后期变形能力小,在到达其最大承载力后会突然脆性破坏,这在实际工程中是要避免的。

要求结构、构件或构件截面具有一定的延性,是因为延性结构具有如下的优点:

(1)破坏过程缓慢,破坏前有较大的变形预兆来保证生命和财产的安全,因而可采用偏小的可靠度指标;

(2)出现地基不均匀沉降、温度变化、偶然荷载等非预计荷载作用时,有较强的适应和承受的能力;

(3)有利于超静定结构实现充分的内力重分配,避免各部位配筋差异过大,为施工提供方便,材料分配得当,使设计的结构与实际受力情况接近;

(4)承受地震、爆炸和振动时,有利于结构吸收和耗散地震能量,减小惯性力,减轻破坏程度,满足抗震方面的要求,提高抗震可靠性,有利于修复。

混凝土结构在满足承载能力极限状态和正常使用极限状态要求的条件下,让结构、构件或截面具有一定的延性,具有非常重要的作用。本节主要讲述混凝土结构构件的延性问题。

9.3.2　受弯构件的延性

1. 受弯构件截面曲率延性系数

表示适筋梁截面受拉钢筋开始屈服后达到截面最大承载力的截面应变及应力图形如图9-12所示。截面曲率延性系数按如下方法确定。

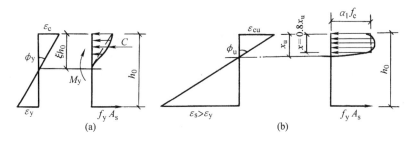

图 9-12　适筋梁截面开始屈服及达到最大承载力时应变、应力
(a)开始屈服时;(b)最大承载力时

由截面应变图知对应的截面曲率

$$\phi_y = \frac{\varepsilon_y}{h_0 - x_y} = \frac{f_y}{(1 - \xi_y)E_s h_0} \quad (9-39)$$

$$\phi_u = \frac{\varepsilon_{cu}}{x_u} = \frac{\varepsilon_{cu}}{\xi_u h_0} \quad (9-40)$$

按式(9-38)则截面的曲率延性系数

$$\mu_u = \frac{\phi_u}{\phi_y} = \frac{\varepsilon_{cu}}{\xi_u h_0} \times \frac{(1 - \xi_y)E_s h_0}{f_y} = \frac{\varepsilon_{cu}E_s}{f_y} \frac{1 - \xi_y}{\xi_u} \quad (9-41)$$

式中　μ_u——截面的曲率延性系数;

　　　ε_{cu}——受压区边缘混凝土极限压应变;

　　　ε_y——钢筋开始屈服时的钢筋应变, $\varepsilon_y = f_y / E_s$;

　　　ξ_y——钢筋开始屈服时的混凝土受压区相对高度;

　　　ξ_u——达到截面最大承载力时混凝土受压区的相对高度。

式(9-39)中,钢筋开始屈服时的混凝土受压区高度系数可以按图9-12(a)虚线所示的混凝土受压区压应力三角形图形,由平衡条件求得。

对单筋截面

$$\xi_y = \sqrt{(\rho\alpha_E)^2 + 2\rho\alpha_E} - \rho\alpha_E \quad (9-42)$$

对双筋截面

$$\xi_y = \sqrt{(\rho + \rho')^2\alpha_E^2 + 2(\rho + \rho'a'/h_0)\alpha_E} - (\rho + \rho')\alpha_E \quad (9-43)$$

式中　$\rho \, \rho'$——受拉和受压钢筋的配筋率, $\rho = A_s / bh_0$, $\rho' = A_s' / bh_0$;

　　　α_E——钢筋与混凝土弹性模量之比。

达到截面最大承载力时混凝土受压区的相对高度,可用承载力计算中采用的混凝土受压区高度 x 来表示:

$$\xi_u = \frac{(\rho - \rho')f_y}{\alpha_1\beta_1 f_c} \quad (9-44)$$

式中　α_1——矩形应力图形中混凝土轴心抗压强度 f_c 的调整系数,混凝土强度等级不超过 C50 时取为1.0,混凝土强度等级为 C80 时取为0.94,中间值按线性插值法计算;

　　　β_1——受压区混凝土的应力图形简化为等效的矩形应力图时,受压区高度按截面应变保持平截面假定所确定的中和轴高度调整系数,混凝土强度等级不超过 C50 时取为0.80,混凝土强度等级为 C80 时取为0.74,中间值按线性插值法计算。

将式(9-43)和式(9-44)代入式(9-41)可得截面曲率延性系数

$$\mu_u = \frac{\alpha_1\beta_1\varepsilon_{cu}E_s f_c(1 - \sqrt{(\rho + \rho')^2\alpha_E^2 + 2(\rho + \rho'a'/h_0)\alpha_E} + (\rho + \rho')\alpha_E)}{(\rho - \rho')f_y^2} \quad (9-45)$$

梁截面曲率延性系数是衡量截面保持一定承载力时截面的转动能力,截面延性的好坏直接影响梁构件及结构整体的延性。衡量梁的延性一般采用梁的位移(挠度)曲率系数,当确定了梁的荷载及内力图,并建立了截面的弯矩—曲率关系后,可利用结构力学中的虚功原理计算梁在钢筋屈服和达到承载力极限时的挠度,就可计算出梁的位移(挠度)曲率系数。截面曲率延性系数与位移(挠度)曲率系数有紧密联系,一般截面曲率延性系数越大,位移(挠度)曲率系数也越大,梁的延性越好。

2. 截面曲率延性系数的影响因素

影响梁的截面曲率延性系数的主要因素有纵向配筋率、混凝土极限压应变、钢筋屈服强度及混凝土强度等。其影响规律如下。

(1)纵向受拉钢筋配筋率 ρ 增大,使 ξ_u 增大,导致 ϕ_y 增大而 ϕ_u 减小,从而延性系数减小,如图 9-13 所示。

(2)受压钢筋配筋率 ρ' 增大,使 ξ_u 减小,导致 ϕ_y 减小而 ϕ_u 增大,因此延性系数增大。

(3)混凝土极限压应变 ε_{cu} 增大,则延性系数提高。大量试验表明,采用密排箍筋能增加对受压混凝土的约束,使极限压应变得到提高从而提高延性系数。

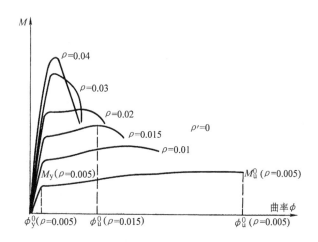

图 9-13　不同配筋率的矩形截面 M—ϕ 关系曲线

(4)混凝土强度等级提高,而钢筋屈服强度适当降低,使 ξ_u 略有减小,$E_s f_c / f_y^2$ 比值略有提高,ϕ_u 增大,ϕ_y 减小,从而使 μ_u 增大,延性系数有所提高。

3. 提高受弯构件延性的措施

(1)控制纵向受拉钢筋配筋率不大于 2.5% 可以保证梁具有足够的延性。

(2)控制梁截面受压区高度小于 0.35,《混凝土结构设计标准》规定框架梁进行抗震设计时,梁端截面受压区高度应符合下列要求:

一级抗震等级的框架梁:$x/h_0 \leq 0.25$;

二、三级抗震等级的框架梁:$x/h_0 \leq 0.35$。

(3)控制截面上部钢筋与下部钢筋的比值。由于受压钢筋会增加梁的延性,受拉钢筋配筋率增大会降低延性,因此,受压钢筋和受拉钢筋的比值对梁的延性有较大的影响。考虑地震的随机性,可能出现偏大的正弯矩和改善梁端塑性铰区在负弯矩作用下的延性,对底部纵向钢筋的最低用量进行控制,《混凝土结构设计标准》规定,抗震设计要求框架梁梁端截

面的底部和顶部纵向受力钢筋截面面积的比值,除按计算确定外,还应符合下列要求:

一级抗震等级的框架梁:$(A_s/A'_s)\geqslant 0.5$;

二、三级抗震等级的框架梁:$(A_s/A'_s)\geqslant 0.3$。

(4)控制箍筋的配箍率。箍筋可以约束框架梁塑性铰区的受压混凝土和纵向受压钢筋,防止保护层混凝土剥落等作用。《混凝土结构设计标准》对框架梁梁端的箍筋加密长度、箍筋最大间距及箍筋最小直径作了相应规定。此外,应控制剪跨比和剪力设计值保证梁在弯曲延性破坏前不发生剪切脆性破坏。

9.3.3　偏心受压构件的延性

1. 延性系数

偏心受压构件截面上除了弯矩外还作用有轴向压力,因此也称为压弯构件。压弯构件受拉钢筋初始屈服和达到截面极限变形(最大承载力)时的应变分布如图9-14所示。众所周知,大偏心受压构件的截面极限状态与受弯构件截面的极限状态相同,因此,对比图9-12和图9-14可以看出,轴力会影响截面曲率延性及构件的位移延性等。

$$\mu_{cu}=\frac{1}{0.04+\xi}\quad(\xi\leqslant 0.8)\tag{9-46}$$

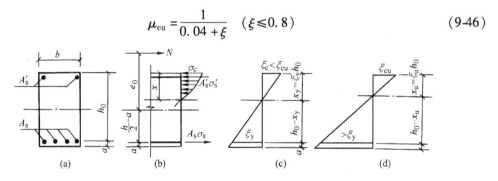

图9-14　偏心受压构件截面曲率延性系数计算简图

(a)截面;(b)荷载和应力;(c)屈服时的应变;(d)极限变形时的应变

根据压弯构件的延性试验结果(见图9-15和图9-16),截面曲率延性系数和构件位移(挠度)、转角延性系数的回归公式如下:

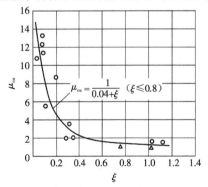

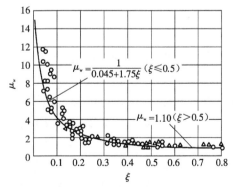

图9-15　偏心受压构件截面曲率
延性系数回归分析

图9-16　偏心受压构件位移延性系数回归分析

$$\left.\begin{array}{ll} \mu_{\mathrm{w}} = \mu_{\theta} = \dfrac{1}{0.045 + 1.75\xi} & (\xi \leqslant 0.5) \\[3mm] \mu_{\mathrm{w}} = \mu_{\theta} = 1.1 & (\xi > 0.5) \end{array}\right\} \qquad (9-47)$$

式中 μ_{cu}——偏心受压构件截面曲率延性系数；

$\quad\quad\mu_{\mathrm{w}}$——偏心受压构件位移(挠度)延性系数；

$\quad\quad\mu_{\theta}$——偏心受压构件转角延性系数；

$\quad\quad\xi$——截面受压区相对高度。

可以看出,构件的位移(挠度)和转角延性系数都小于截面曲率延性系数。

2. 影响偏心受压构件延性的因素

影响偏心受压构件截面曲率延性系数的因素主要是极限压应变 $\varepsilon_{\mathrm{cu}}$ 以及受压区相对高度 ξ,还有构件配箍率和轴向压力。

1)构件配箍率的影响

配箍率对截面的曲率延性系数的影响较大。不同配箍率的应力—应变关系曲线如图9-17所示。配箍率用配箍特征值 $\lambda_{\mathrm{s}} = \rho_{\mathrm{s}} f_{\mathrm{y}} / f_{\mathrm{c}}$ 表示,可见配箍特征值对承载力的提高作用不显著,但对破坏阶段的应变影响较大。当 λ_{s} 较高时,下降段平缓,混凝土极限压应变增大,使截面曲率延性系数提高。研究还表明,采用密排的封闭箍筋或在矩形、方形箍内附加其他形式的箍筋(如螺旋形、井字形等构成复式箍筋)以及采用螺旋箍筋,能有效地提高受压区混凝土的极限压应变值,从而提高截面曲率延性。

2)轴压比的影响

轴向压力使受压区的高度增大,导致截面曲率延性系数降低,且随着偏心距增大偏压构件将会由大偏压的延性破坏转变为小偏压的脆性破坏。研究表明,在相同的混凝土极限压应变的情况下,轴压比越大,截面受压区高度越大,则截面曲率延性系数越小,构件的位移延性系数随轴压比的增大而降低。由图9-18可以看出,在高轴压比下,轴压比对位移延性的影响不明显。

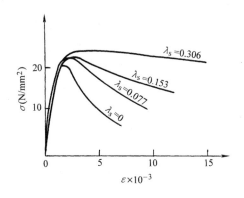

图9-17 配箍率对棱柱体试件 $\sigma - \varepsilon$ 曲线的影响

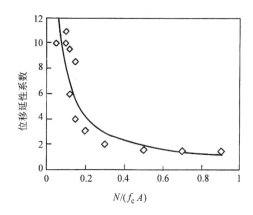

图9-18 柱的位移延性与轴压比的关系

3. 保证偏压构件的延性的措施

1) 控制轴压比

偏心受压构件截面曲率延性系数和受弯构件的差别,主要是偏心受压构件存在轴向压力,致使受压区的高度增大,截面曲率延性系数降低较多。

框架的抗震设计时,为了保证框架柱具有一定的延性,一般限制柱在大偏心受压破坏范围内。

在大小偏心界限状态下,当截面对称配筋时,其轴力 $N \approx 1.2bx_b f_c$,则界限状态时的轴压比

$$\frac{N}{bhf_c} = 1.2\frac{x_b}{h} \approx 1.1\frac{x_b}{h_0} = 1.1\xi_b \tag{9-48}$$

抗震设计时,为了简化,不考虑钢筋种类,《混凝土结构设计标准》规定框架结构柱的轴压比应满足下列要求:

一级抗震等级的框架柱:轴压比 $n = N/(f_c A) \le 0.65$;

二级抗震等级的框架柱:轴压比 $n = N/(f_c A) \le 0.75$;

三级抗震等级的框架柱:轴压比 $n = N/(f_c A) \le 0.85$;

四级抗震等级的框架柱:轴压比 $n = N/(f_c A) \le 0.90$;

2) 控制箍筋的配箍率

偏心受压构件配箍率的大小,对截面的曲率延性系数的影响较大。采用密排的封闭箍筋或在矩形、方形箍内附加其他形式的箍筋(如螺旋形、井字形等构成复式箍筋)以及采用螺旋箍筋,都能有效地提高受压区混凝土的极限压应变值,从而提高截面曲率延性。

此外,应控制剪压比和剪力设计值以保证柱发生弯曲延性破坏前不发生脆性破坏。

9.4　混凝土结构耐久性设计

9.4.1　影响耐久性的主要因素

混凝土结构的耐久性是指结构在设计使用期间,不需维修或只需花费少量资金维修就能够保持满足结构功能要求的能力。影响混凝土结构耐久性的因素要从混凝土结构内部和外部环境两个方面进行分析。混凝土结构的内部因素主要为混凝土结构的强度、保护层厚度、密实度、水泥品种、标号和用量、水灰比、氯离子和碱含量、外加剂用量以及结构和构件的构造等;外部环境因素主要为环境温度、湿度、二氧化碳含量、化学介质侵蚀、冻融及磨损等。混凝土结构在内部因素与外部因素的综合作用下,将会发生耐久性能下降和耐久性能失效问题,主要表现在如下几个方面。

1. 混凝土的碳化

混凝土碳化是指大气中的二氧化碳或其他酸性气体与混凝土中的碱性物质发生反应使混凝土中性化,而使其碱性下降的现象。混凝土碳化对混凝土本身是无害的,但当碳化到钢筋表面时,会使混凝土的钢筋保护膜破坏,造成了钢筋发生锈蚀的必要条件,同时使混凝土的收缩加大,导致混凝土开裂,从而造成了混凝土的耐久性能下降或耐久性能失效。因此,混凝土的碳化是混凝土结构耐久性的重要影响因素之一,也是混凝土耐久性设计的主要内

容之一。延缓和减小混凝土碳化对提高结构的耐久性有重要作用,设计中减小碳化作用的措施主要是提高混凝土的密实性,增强抗渗性;合理设计混凝土的配合比;采用覆盖面层,覆盖面层可以隔离混凝土表面与大气环境的直接接触,这对减小混凝土碳化十分有利;规定钢筋的混凝土保护层厚度,使混凝土碳化达到钢筋表面的时间与建筑的设计使用年限相等,混凝土保护层最小厚度的规定见附表 20。

2. 钢筋锈蚀

钢筋锈蚀是指在水和氧气共同作用的条件下,水、氧气和铁发生电化学反应,在钢筋的表面形成疏松、多孔的锈蚀现象。钢筋锈蚀的必要条件是混凝土碳化使钢筋表面的氧化膜被破坏,钢筋锈蚀的危害是,锈蚀后其体积膨胀数倍,引起混凝土保护层脱落和构件开裂,进一步使空气中的水分和氧气更容易进入,加快锈蚀。钢筋锈蚀将使钢筋有效面积减小,导致结构和构件的承载力下降以及结构破坏。因此,钢筋锈蚀是影响钢筋混凝土结构耐久性的关键因素,也是混凝土耐久性设计的重要内容之一。防止钢筋锈蚀的主要措施是提高混凝土的密实性,增强抗渗性;采用覆盖面层;采用足够的保护层厚度等,以防止水、二氧化碳、氯离子和氧气的侵入,减少钢筋锈蚀。还可采用钢筋阻锈剂以防止氯盐的腐蚀;采用防腐蚀钢筋,如环氧涂层钢筋、镀锌钢筋、不锈钢钢筋等;对于重大工程可对钢筋采用阴极保护法,包括牺牲阳极法和输入电流法。

3. 混凝土冻融破坏

混凝土冻融破坏是指处于饱和水状态的混凝土结构受冻时,其内部毛细孔的水结冰膨胀产生涨力,使混凝土结构内部产生微裂损伤,这种损伤经多次反复冻融循环作用,将逐步积累,最终导致混凝土结构开裂,体积膨胀破坏。混凝土抗冻性指混凝土抵抗冻融的能力,混凝土抗冻性设计是混凝土耐久性设计的重要内容之一。

4. 混凝土的碱集料影响

混凝土的集料中某些活性矿物与混凝土微孔中的碱性溶液发生化学反应称为碱集料反应。碱集料反应的危害是其产生的碱 - 硅酸盐凝胶吸水膨胀使体积增大数倍,导致混凝土剥落、开裂,以至强度降低,造成耐久性破坏。碱集料反应是影响混凝土耐久性的因素之一。

5. 侵蚀性物质的影响

在一些特殊环境条件下,混凝土会受到海水、硫酸盐、酸及盐类结晶型等化学介质的腐蚀作用。其危害表现在化学物质的侵蚀造成混凝土松散破碎,出现裂缝;有些化学物质与混凝土中的一些成分进行化学反应,生成使体积膨胀的物质,引起混凝土结构的开裂和损伤破坏。在设计中考虑侵蚀性物质对耐久性的影响需要进行专门的研究。

可以看出影响结构耐久性的因素较多,而可定量计算的因素少,从而使耐久性设计所涉及的面较广,主要以概念设计进行。《混凝土结构设计标准》以结构的环境类别和设计使用年限作为耐久性设计基础,针对影响耐久性能的主要因素采用相应的措施和构造设计。

9.4.2 《混凝土结构设计标准》对耐久性的设计规定

为了防止发生混凝土结构耐久性失效的破坏,在结构设计中,《混凝土结构设计标准》提出了一系列保证混凝土结构耐久性的措施和相关的规定。

1. 混凝土结构使用环境分类

混凝土结构是在不同环境下工作的,混凝土结构的耐久性与其使用环境密切相关,对混凝土结构使用环境进行分类,就可以针对不同的环境类别进行耐久性设计,采取相应的措施,保证耐久性的要求。混凝土结构的使用环境类别见表9-3。

表9-3 混凝土结构耐久性设计的环境类别

环境类别		条 件
一		室内干燥环境;永久的无侵蚀性静水浸没环境
二	a	室内潮湿环境;非严寒和非寒冷地区的露天环境;非严寒和非寒冷地区与无侵蚀性的水或土直接接触的环境;严寒和寒冷地区的冰冻线以下与无侵蚀性的水或土直接接触的环境
	b	干湿交替环境;水位频繁变动区环境;严寒和寒冷地区的露天环境;严寒和寒冷地区冰冻线以上与无侵蚀性的水或土壤直接接触的环境
三	a	严寒和寒冷地区冬季水位变动区环境;受除冰盐影响环境;海风环境
	b	盐渍土环境;受除冰盐作用环境;海岸环境
四		海水环境
五		受人为或自然的侵蚀性物质影响的环境

注:(1)室内潮湿环境是指构件表面经常处于结露或湿润状态的环境。

(2)严寒和寒冷地区的划分应符合国家现行标准《民用建筑热工设计规范》GB 50176 的有关规定。

(3)海岸环境和海风环境宜根据当地情况,考虑主导风向及结构处迎风、背风部位等因数的影响,由调查研究和工程经验确定。

(4)受除冰盐影响环境为受到除冰盐盐雾影响的环境;受除冰盐作用环境指被除冰盐溶液溅射的环境以及使用除冰盐地区的洗车房、停车楼等建筑。

(5)暴露的环境是指混凝土结构表面所处的环境。

2. 混凝土结构设计使用年限

混凝土结构设计使用年限是指房屋建筑在正常设计、正常施工、正常使用和维护下所应到达的使用年限,它是设计规定的一个时期,在这一规定时期内,结构只需进行正常使用和维护就能达到预期目的,完成预定的功能。《建筑结构可靠性设计统一标准》根据建筑结构的重要程度将混凝土结构的设计使用年限分为四类:

①纪念性建筑和特别重要的建筑结构:设计使用年限为 100 年;

②普通房屋和构筑物:设计使用年限为 50 年;

③易于替换的结构构件:设计使用年限为 25 年;

④临时性结构:设计使用年限为 5 年。

3. 耐久性设计的一般规定

混凝土结构的耐久性设计应根据结构的使用环境和设计使用年限进行。

(1)一类、二类和三类环境中,设计使用年限为 50 年的结构混凝土应符合表9-4 的规定。

表9-4　混凝土结构材料的耐久性基本要求

环境类别	最大水胶比	最低强度等级	水溶性氯离子最大含量(%)	最大碱含量(kg/m³)
一	0.60	C25	0.30	不限制
二a	0.55	C25	0.20	
二b	0.50(0.55)	C30(C25)	0.10	
三a	0.45(0.50)	C35(C30)	0.10	3.0
三b	0.40	C40	0.06	

注:(1)水溶性氯离子含量系指其占凝胶材料用量的质量百分比,计算时辅助凝胶材料的量不应大于硅酸盐水泥的量;

(2)预应力构件混凝土中的氯离子含量不得超过0.06%,最低混凝土强度等级应按表中规定提高两个等级;

(3)素混凝土结构的混凝土最大水胶比及最低强度等级的要求可适当放松;

(4)有可靠的工程经验时,二类环境中的最低混凝土强度等级可降低一个等级;

(5)处于严寒和寒冷地区二b、三a类环境中的混凝土应使用引气剂,并可采用括号中的有关参数;

(6)当使用非碱活性骨料时,对混凝土中的碱含量可不作限制。

(2)对于设计使用年限为100年且处于一类环境中的混凝土结构应符合下列规定:钢筋混凝土结构混凝土强度等级不应低于C30,预应力混凝土结构的混凝土强度等级不应低于C40;混凝土中氯离子含量不应超过水泥质量的0.06%;宜使用非碱活性骨料,当使用碱活性骨料时,混凝土中的碱含量不应超过3.0 kg/m³;混凝土保护层厚度应按附表20规定的增加40%,当采取有效的表面防护措施后,混凝土保护层厚度可适当减少;在使用过程中应有定期维护等有效措施。

(3)对处于二类和三类环境中设计使用年限为100年的混凝土结构应采取专门的有效措施。

(4)严寒及寒冷地区潮湿环境中的结构混凝土应满足抗冻要求,混凝土抗冻等级应符合有关标准的要求。

(5)有抗渗要求的混凝土结构,混凝土的抗渗等级应符合有关标准的要求。

(6)三类环境中的结构构件,其受力钢筋宜采用环氧涂层带肋钢筋;对预应力钢筋锚具连接应采取专门防护措施。

(7)对临时性建筑,可不考虑混凝土的耐久性要求。

思考题

1. 确定混凝土保护层的最小厚度的目的是什么?

2. 设计结构构件时为什么要控制裂缝宽度和变形?

3. 试说明建立受弯构件刚度计算公式的基本思路和方法。

4. 何谓混凝土构件截面的抗弯刚度? 它与材料力学中的刚度相比有何区别和特点?

5. 说明短期刚度计算公式中参数 η、ψ 和 ζ 的物理意义及其影响因素。

6. 荷载长期作用下刚度为什么会降低? 什么是"最小刚度原则"? 采用"最小刚度原则"可否满足工程要求?

7. 试说明最大裂缝宽度计算公式建立的基本思路和方法。

8. 影响构件裂缝宽度的主要因素有哪些?

9. 什么是结构、构件或截面的延性? 为什么要求结构、构件或截面要有一定的延性?

10. 什么是混凝土受弯构件的延性? 混凝土受弯构件截面延性如何度量计算? 为什么要有延性要求?

11. 什么是结构的耐久性? 结构的耐久性包括哪些方面?

12. 影响结构耐久性的主要因素有哪些?

13. 保证结构构件耐久性的措施和方法主要有哪些?

第 10 章 预应力混凝土构件

10.1 概 述

10.1.1 预应力混凝土的基本概念

钢筋混凝土构件中由于混凝土的抗拉强度低,采用配置钢筋来帮助混凝土承受拉力。但是,混凝土的极限拉应变很小,超过极限拉应变值,混凝土就要开裂。如果要求混凝土不开裂,则钢筋中的拉应力只能限制在(20~30)MPa以下,这样钢筋的抗拉强度不能充分发挥。即使允许开裂,为了保证构件的适用性的要求,需将裂缝宽度控制在(0.2~0.3)mm以内,此时钢筋拉应力也只能达到(150~250)MPa,高强钢筋无法在结构中充分发挥其强度。

为避免混凝土结构过早出现开裂,避免混凝土的裂缝过宽,保证结构耐久性,充分发挥材料的强度,可以增大构件的截面尺寸,或者增加钢筋用量来控制构件的裂缝和变形。但是,这样做既不经济,又不适用于大跨结构和高层建筑结构对结构的功能要求。为了解决这一问题,可以采用预应力混凝土结构。

预应力混凝土是在构件承受荷载前,先对受拉区混凝土施加预压力,使构件在无荷载作用下混凝土保持受压。当构件承受荷载产生拉应力时,首先要抵消混凝土中的预压应力,随着荷载的增加,克服了混凝土中的预压应力后,受拉区混凝土才产生拉应力。这样,预应力混凝土采用预先加压的方法间接提高混凝土的抗拉强度,推迟混凝土裂缝的出现和延缓裂缝的开展,提高构件的抗裂度,以满足使用要求。

预应力钢筋对结构所起的作用,可理解为产生与使用荷载应力方向相反的预加应力,也可以视作产生的预加荷载。因此,预应力混凝土可定义为:预应力混凝土是根据需要人为地引入某一大小的反向荷载(反向力),用以部分或全部抵消使用荷载的一种加筋混凝土。

以预应力混凝土简支梁为例,施加预应力的方法通常可用受拉区的钢筋来实现。如图 10-1(a) 所示,构件承受荷载作用前,张拉受拉区钢筋,使钢筋产生预拉应力 σ_p,钢筋的截面面积为 A_p,钢筋受到的总拉力 $N_p = \sigma_p A_p$。钢筋中的拉力反作用于混凝土上,相当于在构件端部施加了偏心压力 N_p,在梁的受拉区产生预压应力。在梁上施加外荷载后,梁受到预

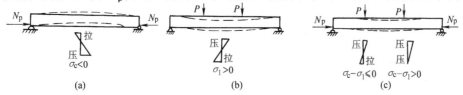

图 10-1 预应力混凝土简支梁

(a)在预应力作用下;(b)在外荷载作用下;(c)在预应力和外荷载共同作用下

压力和外荷载共同作用。预压应力全部或部分抵消了外荷载作用下产生的拉应力,从而使梁不开裂或延迟裂缝的出现并抑制裂缝的开展,提高梁的截面刚度。使用预应力混凝土,克服了普通钢筋混凝土的缺点,可充分发挥高强钢材和高强混凝土的优点,取得节约钢材、减轻自重的效果。

10.1.2　全预应力混凝土和部分预应力混凝土

为了方便设计,可以将预应力混凝土分为全预应力混凝土和部分预应力混凝土。

全预应力混凝土是把全部纵向钢筋均加以张拉的混凝土,预应力混凝土多为全预应力混凝土。张拉时,钢筋的应力较高,混凝土受拉区内产生的预压应力也较高,构件在使用荷载作用下产生的拉应力不足以抵消预压应力,因而构件不会开裂,变形也较小。全预应力混凝土常应用于对抗裂性能或抗腐蚀性能要求较高的结构,如储液罐、储气罐、吊车梁、核电站安全壳或其他处于严重侵蚀性环境中的结构。全预应力混凝土的缺点是:对张拉设备要求较高;锚具所用钢材较多;张拉费高;张拉端的局部承受压力较高,需增加钢筋网片以加强局部承压能力;非张拉侧易产生开裂;构件的徐变和反拱较大,房屋结构易导致楼面粉刷层开裂;构件延性差,对抗震不利等。

部分预应力混凝土的张拉程度比较低,且配有一定数量的中强钢筋作为非预应力筋。普通的混凝土可视作是预应力为零的混凝土,部分预应力混凝土则介于全预应力混凝土和普通混凝土之间。对于抗裂要求不太高的结构可采用部分预应力混凝土,设计时在荷载标准组合下构件不开裂,在荷载准永久组合下允许混凝土产生一定的拉应力,甚至产生不超过规定宽度的裂缝。

需要说明的是,不能认为全预应力混凝土一定优于部分预应力混凝土,二者各有利弊,各有其合理的应用范围。部分预应力混凝土的优点是:可以合理控制裂缝,节约钢材,控制反拱值不过大,延性较好,与全预应力混凝土相比,可简化张拉和锚固工艺。部分预应力混凝土常应用于公路、铁路、市政桥梁与房屋建筑楼面等结构。其缺点是计算较复杂。所以应根据结构使用要求来选择预应力混凝土的类型。

10.2　施加预应力的方法

对混凝土施加预应力,一般是通过张拉预应力钢筋,被张拉的钢筋反向作用,同时挤压混凝土,使混凝土受到压应力。张拉预应力钢筋的方法主要有先张法和后张法两种。

10.2.1　先张法

先张法是指首先在台座上或钢模内张拉钢筋,然后浇筑混凝土的一种方法。其施工工序见图10-2。将预应力钢筋一端用夹具固定在台座的钢梁上,另一端通过张拉夹具、测力器与张拉机械相连,当张拉到规定控制应力后,在张拉端用夹具将预应力钢筋固定,浇筑混凝土,当混凝土达到一定强度后,切断或放松预应力钢筋,由于预应力钢筋与混凝土间的粘结作用,使混凝土受到预压应力。

先张法具有生产工序少、工艺简单、施工质量容易控制的特点。

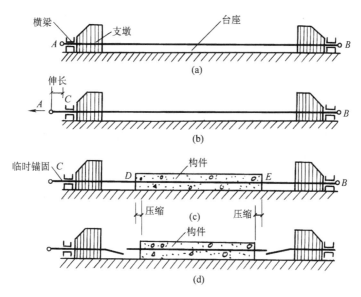

图 10-2 先张法施工工序示意

(a)钢筋就位(b)张拉钢筋(c)浇筑构件(d)切断钢筋,挤压构件

10.2.2 后张法

后张法是指先浇筑混凝土构件,然后直接在构件上张拉预应力钢筋的一种施工方式。主要施工工序见图 10-3。浇筑混凝土构件时,预先在构件中留出孔道,当混凝土达到规定强度后,将预应力钢筋穿入孔道,用锚具将预应力钢筋锚固在构件的端部,在构件另一端用张拉机具张拉预应力钢筋,张拉预应力钢筋的同时,构件受到预压应力。当达到规定的张拉控制应力值时,将张拉端的预应力钢筋锚固。对有粘结预应力混凝土,在构件孔道中压力灌入填充材料(如水泥砂浆),使预应力钢筋与构件形成整体。

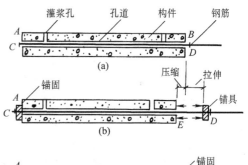

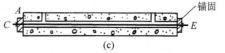

图 10-3 后张法施工工序示意

(a)构件内留孔道,穿入钢筋;(b)拉伸钢筋,
同时挤压混凝土;(c)钢筋锚固

后张法的特点是不需要台座,可预制,也可以现场施工。需要对预应力钢筋逐个进行张拉,锚具用量较多,又不能重复使用,且施工较费工费时,因此成本较高。

10.3 预应力混凝土的材料和锚夹具

10.3.1 混凝土

预应力混凝土是通过张拉预应力钢筋来对混凝土施加预压力,以提高构件的抗裂性能。

因此,采用抗压强度较高的混凝土,才能保证构件获得较高的抗裂性能。同时,宜采用收缩徐变小、快硬早强的混凝土。《混凝土结构通用规范》规定,预应力混凝土楼板结构的混凝土强度等级不应低于 C30,其他预应力混凝土结构构件的混凝土强度等级不应低于 C40。

10.3.2　钢材

为了达到良好的预应力效果,要求预应力钢筋具有很高的强度,以保证在钢筋中能建立较高的张拉应力,提高预应力混凝土构件的抗裂能力。此外,预应力钢筋还应具有一定的塑性,以及良好的可焊性、墩头加工性能等。对先张法构件的预应力钢筋,要求与混凝土之间具有良好的粘结性能。用于预应力混凝土构件中的预应力钢材主要有中强度预应力钢丝、消除应力钢丝、钢绞线、预应力螺纹钢筋。非预应力钢筋宜采用 HRB400 级和 HRB500 级。

10.3.3　孔道灌浆材料

对后张法有粘结预应力混凝土结构,通常采用波纹管预留孔。波纹管的内径多比预应力钢材的外径大(6～15) mm,孔道面积不应小于预应力钢材净面积的 2 倍。

孔道灌浆材料可使用水泥砂浆。水泥可采用普通硅酸盐水泥或矿渣硅酸盐水泥,标号不宜低于 425,在寒冷地区不宜采用矿渣硅酸盐水泥,水灰比为 0.40～0.45,泌水率不大于 2%。

10.3.4　锚夹具

在预应力混凝土中锚具和夹具是产生和保持预应力的重要工具。一般将制成预应力混凝土构件后能够取下重复使用的称夹具,留在构件上不再取下的称锚具。

不同的锚具需配套采用不同形式的张拉千斤顶及液压设备,并有特定的张拉工序和细节要求。建筑工程中常用的锚具有如下几种。

(1)螺丝端杆锚具。螺丝端杆锚具是指在单根预应力钢筋的两端各焊一根短的螺丝端杆,套以一螺帽及垫板形成的锚具,如图 10-4 所示。预应力螺杆通过螺纹斜面上的承压力将力传给螺帽,螺帽再通过垫板将力传给混凝土。该锚具适用于较短的预应力构件及直线布置的预应力束。螺纹端杆锚具的优点是操作简单、受力可靠、滑移量小,按需要便于再次张拉。缺点是对预应力钢筋张拉的精度要求高,且只能锚固单根钢筋。

(2)镦头锚具。镦头锚具是主要用于锚固平行钢丝束,是利用钢丝的粗镦头来锚固预应力钢丝的,如图 10-5 所示。预应力钢筋的预应力依靠镦头的承压力传到锚环,再靠螺纹上的承压力传到螺帽,通过垫板传到混凝土构件上。镦头锚具的特点是加工简单、张拉操作方便、锚固可靠、成本低廉。但张拉端一般要扩孔,施工麻烦且对钢丝束的长度有较高的精度要求。

(3)锥形锚具。锥形锚具是由锚环及锚塞组成的,主要用于锚固平行钢丝束或平行钢绞线束。锥形锚具既可用于张拉端,也可用于固定端。预应力钢筋靠摩擦力将拉力传到锚环,再由锚环通过承压力和粘结力将预应力传到混凝土构件上,如图 10-6 所示。锥形锚具的缺点是滑移量大,各根钢丝的应力不均匀。

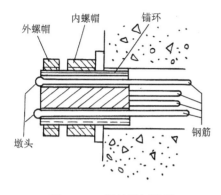

图 10-4　螺丝端杆锚具

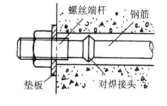

图 10-5　镦头锚具

（4）夹具式锚具。夹具式锚具是由锚环及夹片组成，夹片呈楔形，夹片的数量与预应力钢筋的数量相同，可用于锚固钢绞线或钢丝束。图 10-7 所示为夹具式锚具的一种 JM-12 锚具。夹具式锚具可用于张拉端，也可用于固定端，预应力钢筋依靠摩擦力将预拉力传递给夹片，夹片靠其斜面上的承压力将预拉力传给锚环，再由锚环靠承压力将预拉力传递给混凝土构件。

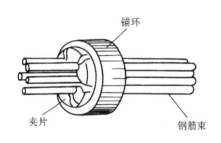

图 10-6　锥形锚具

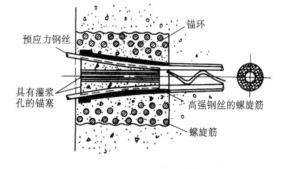

图 10-7　JM-12 锚具

除 JM-12 型外，夹具式锚具有 QM 型、OVM 型和 XM 型等，此类型锚具具有锚固可靠、自锚能力强、互换性好、施工操作较简便等优点，可用于大型预应力混凝土结构。

10.4　张拉控制应力和预应力损失

10.4.1　张拉控制应力及其影响因素

张拉控制应力是指张拉预应力钢筋时，由千斤顶油泵上的压力表所控制的达到的最大应力值（即拉力除以预应力钢筋截面面积），用 σ_{con} 表示。为了充分发挥预应力的优点，张拉控制应力值 σ_{con} 宜定得高些，使构件截面上的混凝土获得较大的预压应力值，以提高构件的抗裂度和减小挠度，而且可以节约钢材。但是张拉控制应力值 σ_{con} 并不是越大越好，《混凝土结构设计标准》考虑以下因素，规定了张拉控制应力的上限值：

（1）不使构件出现开裂时的承载力与破坏时的承载力接近，即不使构件开裂不久就破坏，延性差，无破坏预兆；

（2）不使因构件施工时超张拉而致使个别预应力钢筋达到或超过它的实际屈服强度，

使钢筋产生较大塑性变形,甚至发生拉断事故;

(3)对后张法构件,不使构件张拉时预拉区开裂或端头混凝土局部受压破坏。

根据设计与施工经验,《混凝土结构设计标准》规定张拉控制应力限值如表 10 - 1 所示。

表 10 - 1　张拉控制应力限值

钢筋种类	张拉控制应力
消除应力钢丝、钢绞线	$\sigma_{con} \leqslant 0.75 f_{ptk}$
中强预应力钢丝	$\sigma_{con} \leqslant 0.70 f_{ptk}$
预应力螺纹钢筋	$\sigma_{con} \leqslant 0.85 f_{pyk}$

注:(1)f_{ptk} 为预应力筋极限强度标准值,f_{pyk} 为预应力螺纹钢筋屈服强度标准值,按《混凝土结构设计标准》采用。

(2)消除应力钢丝、钢铰线、中强度预应力钢丝的张拉控制应力值不宜小于 $0.4 f_{ptk}$。

(3)预应力螺纹钢筋的张拉应力控制值不宜小于 $0.5 f_{pyk}$。

当符合下列情况之一时,表 10 - 1 中的张拉控制预应力限(值)可相应提高 $0.05 f_{ptk}$ 或 $0.05 f_{pyk}$:

(1)要求提高构件在施工阶段的抗裂性能,而在使用阶段受压区内设置的预应力筋;

(2)要求部分抵消由于应力松弛、摩擦,钢筋分批张拉以及预应力筋与张拉台座之间的温差等因素产生的预应力损失。

考虑到预应力混凝土构件使用的钢筋强度较高,延性较差,因此张拉控制应力不能取得过高。

10.4.2　预应力损失

1. 预应力损失及其分类

由于张拉工艺和材料特性等原因,预应力混凝土构件在施工和使用过程中,预应力钢筋的预应力将不断降低。与此同时,混凝土中的预压应力也会逐渐下降,即产生预应力损失。

引起预应力损失的因素很多,精确地计算总预应力损失是十分复杂的。为简化,对预应力混凝土构件的总预应力损失采用将各种因素产生的预应力损失相叠加的办法求得。按照产生预应力损失的主要原因,基本预应力损失分为以下六种。

1)锚固损失 σ_{l1}

张拉端锚固时锚具变形和预应力钢筋内缩引起的预应力损失称为锚固损失 σ_{l1}。在张拉预应力钢筋达到控制应力 σ_{con} 后,便把预应力钢筋锚固在台座或构件上。由于锚具、垫板与构件之间的缝隙被压紧,以及预应力钢筋在锚具中的滑动,造成预应力钢筋回缩而产生预应力损失。

(1)直线预应力钢筋由于锚具变形和钢筋内缩引起的锚固损失。该锚固损失 σ_{l1} 可按下式计算:

$$\sigma_{l1} = \frac{a}{l} E_s \tag{10-1}$$

式中　l ——张拉端至锚固端之间的距离 mm;

　　　a ——张拉端锚具变形和钢筋内缩值,按表 10 - 2 取用。

在计算该项预应力损失时,锚具损失只考虑张拉端,因为锚固端的锚具在张拉过程中已被挤紧;σ_{l1}与 l 成反比,同时,可以增加台座长度来减少该项预应力损失。

表 10 - 2　锚具变形和钢筋内缩值 a

锚具类别		a(mm)
支承式锚具(钢丝束墩头锚具等)	螺帽缝隙	1
	每块后加垫块的缝隙	1
夹片式锚具	有顶压时	5
	无顶压时	6~8

注:(1)表中锚具变形和预应力筋内缩值也可以根据实测数据确定。
　　(2)其他类型的锚具变形和预应力筋内缩值应根据实测数据确定。

为减少该项预应力损失值,应尽量少用垫板,因为每增加一块垫板,a 值就将增加 1 mm。块体拼成的结构,其预应力损失尚应考虑块体间填缝的预压变形。当采用混凝土或砂浆为填缝材料时,每条填缝的预压变形值应取 1 mm。

(2)后张法构件曲线预应力钢筋或折线预应力钢筋,由于锚具变形和钢筋内缩引起的锚固损失 σ_{l1},后张法构件当将曲线预应力钢筋张拉到 σ_{con} 并锚固在构件端头时,由于受到钢筋与孔道壁间反向摩擦力的影响,预应力钢筋的回缩只能在一定的影响长度 l_f 内发生,锚固损失在张拉端处最大,沿预应力筋逐步减小,直至为零。这时,可根据变形协调原理,在曲线预应力钢筋或折线预应力钢筋与孔道壁之间反向摩擦影响长度 l_f 范围内,按端头锚具变形和预应力筋回缩值等于反向摩擦力引起的预应力钢筋变形值的条件,确定预应力损失值 σ_{l1}。

对圆弧形预应力钢筋,当其对应的圆心角不大于30°时(图 10 - 8)由于锚具变形和钢筋内缩引起的预应力损失值可按下列公式计算:

$$\sigma_{l1} = 2\sigma_{con} l_f \left(\frac{\mu}{r_c} + \kappa \right) \left(1 - \frac{x}{l_f} \right) \qquad (10-2)$$

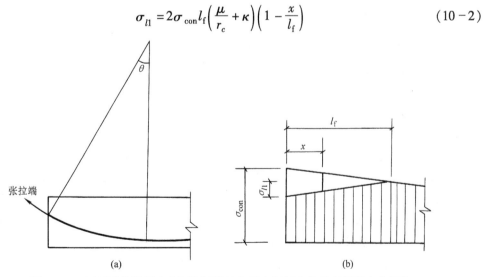

图 10 - 8　圆弧形曲线预应力钢筋因锚具变形和钢筋内缩引起的预应力损失
(a)曲线预应力筋;(b)应力分布图

反向摩擦影响长度按下式计算：

$$l_f = \sqrt{\frac{aE_s}{1\ 000\sigma_{con}(\mu/r_c + \kappa)}} \quad (m) \tag{10-3}$$

式中 r_c——圆弧形曲线预应力钢筋的曲率半径(m)；

     μ——预应力钢筋与孔道壁之间的摩擦系数，按表10-3取用；

     κ——考虑孔道每米长度局部偏差的摩擦系数，按表10-3取用；

     x——张拉端至计算截面的距离(m)，且应符合《混凝土结构设计标准》J.0.3条的规定；

     a——张拉端锚具变形和钢筋内缩值，按表10-2取用；

     E_s——预应力钢筋弹性模量(N/mm^2)。

为减少摩擦，可采用两端张拉，但是锚具损失也相应增加，而且会增加张拉工作量。

反向摩擦系数可按表10-3中的数值采用。

表 10-3   摩擦系数

孔道成型方式	κ	μ	
		钢绞线	预应力螺纹钢筋
预埋金属波纹管	0.001 5	0.25	0.50
预埋塑料波纹管	0.001 5	0.15	——
预埋钢管	0.001 0	0.30	——
抽芯成型	0.001 4	0.55	0.60
无粘结预应力筋	0.004 0	0.09	——

注：表中系数也可根据实测数据确定。

《混凝土结构设计标准》附录J给出了后张法构件考虑曲线孔道上反向摩擦力的阻力影响的锚固损失 σ_{l1} 的计算公式。

   2)摩擦损失 σ_{l2}

预应力钢筋与孔道壁之间的摩擦引起的预应力损失称为摩擦损失 σ_{l2}。后张法张拉预应力钢筋，一般由直线和曲线两部分组成。张拉时，预应力钢筋将沿孔道壁滑移而产生摩擦，使钢筋中的预应力形成在张拉端高，向跨中方向逐渐减小的情况。钢筋在任两截面间的应力差值，就是此两截面间由摩擦所引起的预应力损失值。从张拉端至计算截面的摩擦预应力损失值以 σ_{l2} 表示。

摩擦损失主要由于孔道的弯曲和孔道位置偏差两部分影响所产生。对于直线孔道，由于孔道不直、孔道尺寸偏差、孔壁粗糙、预应力钢筋不直(如对焊接头偏心、弯折等)、预应力钢筋表面粗糙等原因，使预应力钢筋在张拉时与孔壁的某些部位接触，在接触处预应力钢筋与孔壁间必然产生法向力，并在张拉相反的方向产生摩阻力，使远离张拉端预应力钢筋的预拉应力减小，为孔道偏差影响(或长度影响)摩擦损失，其数值较小。对于弯曲部分的孔道，除存在上述孔道偏差影响之外，还存在因孔道弯转、预应力钢筋对弯道内壁的径向压力所引起的摩擦损失，为曲线孔道影响(或曲率影响)摩擦损失，其数值较大，并随钢筋弯曲角度之和的增加而增加。曲线部分的摩擦损失是由以上两部分影响所组成，故要比直线部分摩擦损失大。

预应力筋与孔道壁之间的摩擦引起的预应力损失值 σ_{l2}，宜按下式计算：

$$\sigma_{l2} = \sigma_{con}\left(1 - \frac{1}{e^{(\kappa x + \mu\theta)}}\right) \tag{10-4}$$

当 $\kappa x + \mu\theta \leqslant 0.3$ 时，σ_{l2} 可按下列近似公式计算：

$$\sigma_{l2} = \sigma_{con}(\kappa x + \mu\theta) \tag{10-5}$$

注：对张拉端锚口摩擦引起的 σ_{l2} 按实测值或厂家提供的数据确定，在转向装置处的摩擦引起的 σ_{l2} 按实际情况确定。当采用夹片式群锚体系时，在 σ_{con} 中宜扣除锚口摩擦损失。

式中　x——从张拉端至计算截面的孔道长度（m），亦可近似取该段孔道在纵轴上的投影长度；

　　　θ——从张拉端至计算截面曲线孔道各部分切线的夹角之和（rad）；

　　　κ——考虑孔道每米长度局部偏差的摩擦系数，按表 10-3 取用；

　　　μ——预应力钢筋与孔道壁之间的摩擦系数，按表 10-3 取用。

对多种曲率的曲线孔道或直线段组成的孔道，应分段计算摩擦损失。

为减少摩擦损失，可采用两端张拉。虽采用两端张拉，可以减少摩擦损失，但锚具损失也相应增加，而且增加了张拉工作量。故究竟采用一端，还是两端张拉，还得视构件长度和张拉设备而定。

3）温差损失 σ_{l3}

混凝土加热养护时，受张拉钢筋与承受拉力的设备之间温差引起的预应力损失称为温差损失 σ_{l3}。为了缩短先张法构件的生产周期，浇筑混凝土后常采用蒸汽养护的办法加速混凝土的硬化。升温时，混凝土尚未结硬，钢筋受热自由伸长，产生温度变形。但由于两端的台座固定不动，其间的距离保持不变，引起预应力损失 σ_{l3}。降温时，混凝土已结硬且与钢筋之间产生了粘结作用，又由于二者具有相同的温度膨胀系数，随温度降低而产生相同的收缩，所损失的 σ_{l3} 无法恢复。

设混凝土加热养护时，张拉钢筋与承受拉力的设备之间的温度差为 Δt（℃），钢筋的线膨胀系数 $\alpha = 1 \times 10^{-5}/℃$，则 σ_{l3} 可按下式计算：

$$\sigma_{l3} = 2\Delta t \tag{10-6}$$

可采用以下措施减少温差引起的损失。

（1）采用两次升温养护。先在常温下养护，待混凝土强度达到一定强度等级（如达到 C7.5～C10）时，再逐渐升温至规定的养护温度，此时可认为钢筋与混凝土已粘结成整体，能够一起胀缩而不引起应力损失。

（2）在钢模上张拉预应力钢筋。由于预应力钢筋是固定在钢模上的，升温时两者温度相同，可以不考虑此项损失。

4）预应力筋的松弛损失 σ_{l4}

钢筋或钢筋束在一定拉应力下，长度保持不变，则其应力将随时间的增长而逐渐降低，这种现象称为钢筋的应力松弛。松弛将引起预应力钢筋中的应力损失，这种损失称为预应力筋的应力松弛损失 σ_{l4}。σ_{l4} 的计算方法如下。

（1）对于消除应力钢丝、钢绞线

普通松弛：

$$\sigma_{l4} = 0.4\left(\frac{\sigma_{\text{con}}}{f_{\text{ptk}}} - 0.5\right)\sigma_{\text{con}} \tag{10-7}$$

低松弛:

当 $\sigma_{\text{con}} \le 0.7f_{\text{ptk}}$ 时,

$$\sigma_{l4} = 0.125\left(\frac{\sigma_{\text{con}}}{f_{\text{ptk}}} - 0.5\right)\sigma_{\text{con}} \tag{10-8}$$

当 $0.7f_{\text{ptk}} < \sigma_{\text{con}} \le 0.8f_{\text{ptk}}$ 时,

$$\sigma_{l4} = 0.2\left(\frac{\sigma_{\text{con}}}{f_{\text{ptk}}} - 0.575\right)\sigma_{\text{con}} \tag{10-9}$$

当 $\sigma_{\text{con}} \le 0.5f_{\text{ptk}}$,预应力钢筋的应力松弛损失值应等于零。

(2)对于中强度预应力钢丝

$$\sigma_{l4} = 0.08\sigma_{\text{con}} \tag{10-10}$$

(3)对于预应力螺纹钢筋

$$\sigma_{l4} = 0.03\sigma_{\text{con}} \tag{10-11}$$

可采用超张拉减少该项损失。所谓超张拉即为先张拉钢筋使其应力达到(1.03 或 1.05)σ_{con},荷载保持 2min,然后卸掉荷载,再施加张拉应力至 σ_{con}。因为在高应力短时间所产生的应力松弛可达到在低应力下需要较长时间才能完成的松弛数值,所以,经过超张拉部分松弛业已完成,这样可以减少松弛引起的预应力损失。

5)混凝土收缩、徐变损失 σ_{l5}

混凝土收缩和徐变引起的预应力损失即混凝土收缩、徐变损失 σ_{l5}。混凝土在一般温度条件下结硬时会发生体积收缩,而在预应力作用下,沿压力作用方向会发生徐变。二者均使构件的长度缩短,预应力钢筋也随之内缩,造成预应力损失。《混凝土结构设计标准》规定:混凝土收缩、徐变引起受拉区和受压区预应力钢筋的预应力损失 σ_{l5} 和 σ'_{l5} 可按下列方法计算。

(1)一般情况,先张法、后张法构件的预应力损失 σ_{l5} 和 σ'_{l5} 可按下列公式计算。

先张法构件:

$$\sigma_{l5} = \frac{60 + 340\dfrac{\sigma_{\text{pc}}}{f'_{\text{cu}}}}{1 + 15\rho} \tag{10-12}$$

$$\sigma'_{l5} = \frac{60 + 340\dfrac{\sigma'_{\text{pc}}}{f'_{\text{cu}}}}{1 + 15\rho'} \tag{10-13}$$

后张法构件:

$$\sigma_{l5} = \frac{55 + 300\dfrac{\sigma_{\text{pc}}}{f'_{\text{cu}}}}{1 + 15\rho} \tag{10-14}$$

$$\sigma'_{l5} = \frac{55 + 300\dfrac{\sigma'_{\text{pc}}}{f'_{\text{cu}}}}{1 + 15\rho'} \tag{10-15}$$

式中　σ_{pc}、σ'_{pc}——受拉区、受压区预应力钢筋在各自合力点处混凝土法向压应力,此时,预应力损失值仅考虑混凝土预压前(第一批)的损失,其非预应力钢筋中的应力 σ_{l5} 和 σ'_{l5} 值应取为零,σ_{pc} 和 σ'_{pc} 值不得大于 $0.5f'_{cu}$,当 σ'_{pc} 为拉应力时,则式(10-13)、式(10-15)中的 σ'_{pc} 应取为零。计算混凝土法向应力 σ_{pc} 和 σ'_{pc} 时可根据构件制作情况考虑自重的影响。

f'_{cu}——施加预应力时的混凝土立方体抗压强度。

ρ、ρ'——受拉区、受压区预应力钢筋和非预应力钢筋的配筋率,对先张法构件,$\rho = \dfrac{A_p + A_s}{A_0}$,$\rho' = \dfrac{A'_p + A'_s}{A_0}$;对后张法构件,$\rho = \dfrac{A_p + A_s}{A_n}$,$\rho' = \dfrac{A'_p + A'_s}{A_n}$,其中,$A_0$ 为构件的换算截面面积,A_n 为构件的净截面面积。

对于对称配置预应力钢筋和非预应力钢筋的构件,配筋率 ρ、ρ' 应按钢筋总截面面积的一半计算。

当结构处于年平均相对湿度低于40%的环境下,σ_{l5} 及 σ'_{l5} 值应增加30%。

(2)对重要的结构构件,当需要考虑与时间相关的混凝土收缩徐变及钢筋应力松弛次应力损失值时,可按《混凝土结构设计标准》附录 K 进行计算。

(3)后张法构件的预应力钢筋采用分批张拉时,应考虑后批张拉钢筋所产生的混凝土弹性压缩(或伸长)对先批张拉钢筋的影响,可将先批张拉钢筋的张拉应力值 σ_{con} 增加(或减小)$\alpha_E\sigma_{pci}$(σ_{pci} 为后批张拉钢筋在先批张拉钢筋重心处产生的混凝土法向应力)。

为减少此项损失可采用以下措施:

①采用高标号水泥,减少水泥用量,降低水灰比,采用干硬性混凝土;

②采用级配较好的骨料,加强振捣,提高混凝土的密实性;

③加强养护,以减少混凝土的收缩。

6)混凝土局部挤压引起的损失 σ_{l6}

采用螺旋式预应力钢筋作配筋的环形构件,因混凝土局部挤压会引起预应力损失 σ_{l6}。采用螺旋式预应力钢筋作配筋的环形构件,由于预应力钢筋对混凝土的挤压,使环形构件的直径有所减小,预应力钢筋中的拉应力就会降低,从而引起预应力钢筋的预应力损失 σ_{l6}。

σ_{l6} 的大小与环形构件的直径 d 成反比,直径越小,损失越大,《混凝土结构设计标准》规定:

当 $d \leqslant 3$ m 时,取

$$\sigma_{l6} = 30 \text{ N/mm}^2 \tag{10-16}$$

当 $d > 3$ m 时,取

$$\sigma_{l6} = 0 \tag{10-17}$$

2. 预应力损失值的组合

六种预应力损失不是同时发生的,有的发生在先张法构件中,有的发生在后张法构件中,有的两种构件均有,并且是分批产生的。为了分析和计算方便,《混凝土结构设计标准》规定,预应力混凝土构件在各阶段的预应力损失值直接按表10-4的规定进行组合。

表 10-4　各阶段预应力损失值的组合

预应力损失值的组合	先张法构件	后张法构件
混凝土预压前(第一批)的损失	$\sigma_{l1} + \sigma_{l2} + \sigma_{l3} + \sigma_{l4}$	$\sigma_{l1} + \sigma_{l2}$
混凝土预压后(第二批)的损失	σ_{l5}	$\sigma_{l4} + \sigma_{l5} + \sigma_{l6}$

注:先张法构件由于钢筋应力松弛引起的损失值 σ_{l4} 在第一批和第二批损失中所占的比例如需区分,可根据实际情况确定。

由于各项预应力损失的离散性,实际损失值有可能比按《混凝土结构设计标准》的公式计算值高,所以规定如果求得的预应力总损失值 σ_l 小于下列数值,则按下列数值取用:

先张法构件:100 N/mm² ;

后张法构件:80 N/mm²。

3. 混凝土弹性压缩损失 σ_{le}

对先张法构件,放张时预应力钢筋与混凝土一起受压缩短,根据钢筋与混凝土共同变形的条件,引起预应力钢筋应力降低,混凝土的压应力在弹性范围会引起混凝土的弹性压缩,混凝土弹性压缩引起的损失

$$\sigma_{le} = \frac{E_s}{E_c}\sigma_{pc} = \alpha_E \sigma_{pc} \qquad (10-18)$$

对后张法构件,当一次全部张拉所有预应力钢筋时,无弹性压缩损失,即 $\sigma_{le} = 0$。当采用分批张拉,后张拉的预应力筋产生的压缩变形会使先张拉的预应力筋中的应力减小。因此,第一批张拉预应力筋因弹性压缩引起的预应力损失最大,最后张拉的钢筋则没有弹性压缩损失。逐批计算这些弹性压缩损失十分复杂,为简化计算,可取第一批张拉预应力筋的弹性压缩损失的一半作为全部预应力筋的弹性压缩损失,即可取

$$\sigma_{le} = 0.5 \frac{E_s}{E_c}\sigma_{pc} = 0.5 \alpha_E \sigma_{pc} \qquad (10-19)$$

式中,σ_{pc} 为全部预应力筋在预应力筋面积形心处产生的混凝土预压应力。

对先张拉的钢筋采用超张拉方法,可消除后张法分批张拉引起的弹性压缩损失。

10.5　先张法构件预应力钢筋的传递长度

先张法构件预应力钢筋的两端,一般不设置永久性锚具,而是通过钢筋与混凝土之间的粘结力作用来达到锚固的要求。力的传递不能在构件端部某一点完成,而是要通过一段传递长度。预应力钢筋放张时,构件端部外露的钢筋中的应力变为零,钢筋相应的拉应变也为零,钢筋向构件内部内缩,而钢筋与混凝土之间的粘结力将阻止钢筋内缩。经过自端部起至某一截面的一段长度后,钢筋内缩将被完全阻止。这一段长度范围内的粘结力之和,正好等于钢筋中的有效预拉力 $\sigma_{pe}A_p$,且钢筋在这一段长度以后的各截面将保持有效应力 σ_{pe}。周围混凝土也建立起有效预压应力 σ_{pc}。从钢筋应力为零的端截面到钢筋应力为 σ_{pe} 的截面之间的长度 l_{tr} 如图 10-9 所示,称为先张法构件预应力钢筋的预应力传递长度。

先张法构件预应力钢筋的预应力传递长度 l_{tr} 可按下式计算:

$$l_{tr} = \alpha \frac{\sigma_{pe}}{f'_{tk}}d \qquad (10-20)$$

式中　σ_{pe}——放张时预应力钢筋的有效预应力值;

　　　d——预应力筋的公称直径,按附表22、附表23选用;

　　　α——预应力钢筋外形系数,按表2-1取用;

　　　f'_{tk}——与放张时混凝土立方体抗压强度 f'_{cu} 相应的轴心抗拉强度标准值,按附表2

以线性内插法确定。

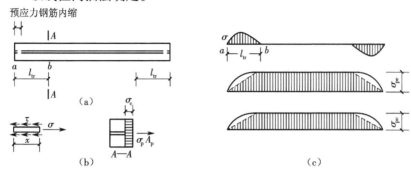

图 10 - 9　预应力的传递

(a)放松钢筋后预应力钢筋回缩;(b)钢筋表面的粘结应力及截面应力分布;
(c)沿构件长度的粘结应力、钢筋拉应力和混凝土预压应力分布

预应力传递长度 l_{tr} 是指从预应力筋应力为零的端部到应力为 σ_{pe} 截面之间的长度,在正常使用阶段,对先张法构件端部进行抗裂验算时,应考虑 l_{trl} 内实际应力值的变化。预应力钢筋的锚固长度 l_a 是指从钢筋应力为零的端截面到钢筋应力为 f_{py} 的截面之间的长度(图 10 - 10)。预应力钢筋的锚固长度 l_a 应较其传递长度 l_{tr} 大。锚固长度是为了保证预应力钢筋在应力达到 f_{py}

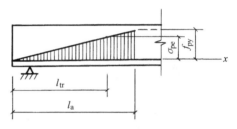

图 10 - 10　预应力钢筋的锚固长度

时不被拔出,预应力钢筋的锚固长度计算见第 2 章中钢筋锚固长度。

10.6　预应力混凝土构件的构造要求

预应力混凝土构件的构造,除应满足钢筋混凝土结构的有关规定外,还应满足对张拉工艺、锚固措施、预应力钢筋种类等方面的构造要求。

并筋(钢筋束)应视为重心与其重合的等效直径钢筋,其保护层厚度、锚固长度、预应力传递长度计算及正常使用极限状态验算均应按照等效直径考虑。当采用预应力钢绞线、预应力螺纹钢筋时,应有可靠的构造措施。

1. 截面形式和尺寸

预应力混凝土轴心受拉构件可采用正方形或矩形截面。预应力混凝土受弯构件可采用 T 形、工形或箱形等截面。

为保证预压区在施工阶段的抗压强度,便于布置预应力钢筋,可采用上、下翼缘不对称的工形截面。截面形式可沿构件纵轴方向变化,如跨中为工形截面,两端为矩形截面。预应力构件的刚度和抗裂度较大,其截面尺寸可比钢筋混凝土构件小些。预应力混凝土受弯构件的截面高度 h 可取跨度 l 的 1/20 ~ 1/14,大致可取钢筋混凝土梁高的 70% 左右;翼缘宽度一般可取截面高度 h 的 1/3 ~ 1/2;翼缘厚度一般可取截面高度 h 的 1/10 ~ 1/6;腹板宽度可取截面高度 h 的 1/15 ~ 1/8。

2. 后张法预应力混凝土构件的端部锚固区钢筋布置

后张法预应力混凝土构件中,常用曲线预应力钢丝束、钢绞线束的曲率半径不宜小于4 m;折线配筋的构件,在预应力筋弯折处的曲率半径可适当减小。曲线预应力钢丝束、钢绞线束的曲率半径也可按下列公式计算确定:

$$r_{p} \geqslant \frac{F_{p}}{0.35 f_{c} d_{p}} \qquad (10-21)$$

式中　F_{p}——预应力钢丝束、钢绞线束的预加力设计值,取张拉控制应力和预应力筋强度设计值中的较大值确定。

　　　r_{p}——预应力筋束的曲率半径(m)。

　　　d_{p}——预应力筋束孔道的外径。

　　　f_{c}——混凝土轴心抗压强度设计值。当验算张拉阶段曲率半径时,可取与施工阶段混凝土立方体抗压强度f'_{cu}对应的抗压强度设计值f'_{c},按附表 3 以线性内插法确定。当曲率半径r_{p}不满足上述要求时,可在曲线预应力筋束弯折处内侧设置钢筋网片或螺旋筋。

在预应力混凝土结构构件中,近凹面的纵向预应力钢丝束、钢绞线束的曲线段,其预加力应按下列公式进行验算:

$$F_{p} \leqslant f_{t}(0.5 d_{p} + c_{p}) r_{p} \qquad (10-22)$$

当预加力满足上式的要求时,可仅配置构造 U 形箍筋;当不满足时,每单肢 U 形箍筋的截面面积可按下列公式确定:

$$A_{sv1} \geqslant \frac{F_{p} s_{v}}{2 r_{p} f_{yv}} \qquad (10-23)$$

式中　F_{p}——预应力钢丝束、钢绞线束的预加力设计值,取张拉控制应力和预应力筋强度设计值中的较大值确定,当有平行的几个孔道,且中心距不大于$2 d_{p}$时,该预加力设计值应按相邻全部孔道内的预应力束合力确定;

　　　f_{t}——混凝土轴心抗拉强度设计值,或与施工张拉阶段混凝土立方体抗压强度f'_{cu}相应的抗拉强度设计值f'_{t},按附表 4 以线性内插法确定;

　　　c_{p}——预应力筋孔道净混凝土保护层厚度;

　　A_{sv1}——每单肢箍筋截面面积;

　　　s_{v}——箍筋间距。

U 形箍筋的锚固长度不应小于l_{a};当该锚固长度小于l_{a}时,每单肢 U 形箍筋的截面面积可按A_{sv1}/k取值。其中,k取$l_{e}/15d$和$l_{e}/200$中的较小值,且k不大于 1.0。

采用普通垫板时,应按规范的规定进行局部受压承载力计算,并配置间接钢筋,其体积配筋率不应小于 0.5%,垫板的刚性扩散角应取 45°。

当采用整体铸造垫板时,其局部受压区的设计应符合相关标准的规定。

在局部受压间接钢筋配置区以外,在构件端部长度 l 不小于截面重心线上部或下部预应力筋的合力点至邻近边缘的距离 e 的 3 倍,但不大于构件端部截面高度 h 的 1.2 倍,高度为 $2e$ 的附加配筋区范围内,应均匀配置附加防劈裂箍筋或网片,配筋面积可按下列公式计算:

$$A_{sb} = 0.18(1 - \frac{l_l}{l_b})\frac{N_p}{f_{yv}} \qquad (10-24)$$

且体积配筋率不应小于 0.5%。

式中　N_p——作用在构件端部截面重心线上部或下部预应力筋的合力,可按规范有关规定进行计算,但应乘以预应力分项系数 1.2,此时,仅考虑混凝土预压前的预应力损失值;

　　l_l、l_b——沿构件高度方向 A_l、A_b 的边长或直径。(A_l、A_b 按规范确定)

3. 预应力钢筋的净间距

根据浇筑混凝土、施加预应力及钢筋锚固等要求,先张法预应力钢筋之间的净距不宜小于其公称直径和粗骨料最大粒径的 1.25 倍,且应符合:预应力钢丝不应小于 15 mm,三股预应力钢绞线不应小于 20 mm,七股预应力钢绞线不应小于 25 mm。

4. 先张法预应力混凝土构件端部宜采取的构造措施

构件端部尺寸应考虑锚具布置、张拉设备尺寸和局部承压的要求,必要时应适当加大。

(1)单根预应力钢筋,其端部宜设置螺旋筋。

(2)分散布置的多根预应力钢筋,在构件端部 $10d$(d 为预应力筋的公称直径),且不小于 100 mm 范围内宜设置 3~5 片与预应力筋垂直的钢筋网片。

(3)采用预应力钢丝配筋的薄板,在板端 100 mm 范围内应适当加密横向钢筋。

(4)槽形板类构件,为防止板面端部产生纵向裂缝,应在构件端部 100 mm 范围内,沿构件板面设置附加的横向钢筋,其数量不少于 2 根。

(5)在预应力混凝土屋面梁、吊车梁等构件靠近支座的斜向主拉应力较大部位,宜将一部分预应力筋弯起配置。

(6)对预应力筋在构件端部全部弯起的受弯构件或直线配筋的先张法构件,当构件端部与下部支撑结构焊接时,应考虑混凝土收缩、徐变和温度变化所产生的不利影响,宜在构件端部可能产生裂缝的部位设置足够的非预应力纵向构造钢筋。

5. 后张法预应力筋的预留孔道应符合下列规定

(1)对预制构件孔道之间的水平净距不宜小于 50 mm,且不宜小于粗骨料直径的 1.25 倍;孔道至构件边缘的净距不宜小于 30 mm,且不宜小于孔道直径的一半。

(2)在现浇混凝土梁中,预留孔道在竖直方向的净间距不应小于孔道外径,水平方向的净间距不宜小于 1.5 倍孔道外径,且不应小于粗骨料直径的 1.25 倍;从孔道外壁至构件边缘的净间距,梁底不宜小于 50 mm,梁侧不宜小于 40 mm;裂缝控制等级为三级的梁,上述净间距分别不宜小于 60 mm 和 50 mm。

(3)预留孔道的内径宜比预应力束外径及需穿过孔道的连接器外径大 6 mm~15 mm,且孔道的截面积宜为穿入预应力筋截面积的 3.0~4.0 倍。

(4)当有可靠经验并能保证混凝土浇筑质量时,预应力筋孔道可水平并列贴紧布置,但并排的数量不应超过 2 束。

(5)在现浇楼板中采用扁形锚固体系时,穿过每个预留孔道的预应力筋数量宜为 3~5 根;在常用荷载情况下,孔道在水平方向的净间距不宜超过 8 倍板厚及 1.5 m 中的较大值。

6. 锚具的防腐和防火

后张法预应力混凝土外露金属锚具,应采取可靠的防腐及防火措施,并应符合下列规定:

（1）无粘结预应力筋外露锚具应采用注有足量防腐油脂的塑料帽封闭锚具端头，并采用无收缩砂浆或细石混凝土封闭；

（2）对处于二b、三a、三b类环境条件下的无粘结预应力锚固系统，应采用全封闭的防腐蚀体系，其封锚端及各连接部位应能承受10 kPa的静水压力而不得透水。

（3）采用混凝土封闭时混凝土强度等级宜与构件混凝土强度等级一致，封锚混凝土与构件混凝土应可靠粘结，如锚具在封闭前应将周围混凝土界面凿毛并冲洗干净，且宜配置1~2片钢筋网，钢筋网应与构件混凝土拉结；

（4）采用无收缩砂浆或混凝土封闭保护时，其锚具及预应力筋的最小保护层厚度应为：一类环境类别时20 mm，二a、二b类环境类别时50 mm，三a、三b类环境类别时80 mm；

当构件端部预应力筋需集中布置在截面下部或集中布置在上部和下部时，应在构件0.2h范围内设置附加竖向防剥裂构造钢筋（图10-11），其截面面积应符合下列公式要求：

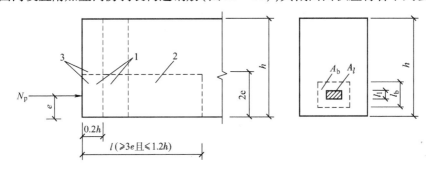

图10-11　防止端部裂缝的配筋范围
1—局部受压间接钢筋配置区；2—附加防劈裂配筋区；3—附加防剥裂配筋区

$$A_{sv} \geqslant \frac{T_s}{f_y} \tag{10-25}$$

$$T_s = \left(0.25 - \frac{e}{h}\right)N_p \tag{10-26}$$

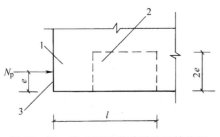

图10-12　防止沿孔道劈裂的配筋范围
1—局部受压间接钢筋配置区；2—附加钢筋区；3—构件端面

式中　T_s——锚固端剥裂拉力；

f_y——附加竖向钢筋的抗拉强度设计值，按附表10采用；

N_p——作用在构件端部截面重心线上部或下部预应力筋的合力，可按《混凝土结构设计标准》第10.3.8节第2款的有关规定进行计算；

e——截面重心线上部或下部预应力筋的合力点至截面近边缘的距离；

h——构件端部截面高度。

当$e > 0.2h$时，可根据实际情况适当配置构造钢筋。竖向防剥裂钢筋可采用焊接钢筋网、封闭式箍筋或其他形式，且宜采用带肋钢筋。

当端部截面上部和下部均有预应力筋时，附加竖向钢筋的总截面面积应按上部和下部的预加力合力分别计算的较大值采用。

在构件横向也应按上述方法计算抗剥裂钢筋,并与上述竖向钢筋形成网片筋配置。

当构件在端部有局部凹进时,应增设折线构造钢筋或其他有效的附加构造钢筋措施,可参考《混凝土结构设计标准》10.3.9 条~10.3.11 条。

在后张法预应力混凝土构件的预拉区和预压区中,应设置纵向非预应力构造钢筋;在预应力钢筋弯折处,应加密箍筋或沿弯折处内侧设置钢筋网片。

在预应力钢筋锚具下及张拉设备的支撑处,应设置预埋钢垫板并按规定设置间接钢筋和附加钢筋。

10.7　预应力混凝土轴心受拉构件的计算

10.7.1　轴心受拉构件各阶段的应力分析

预应力混凝土轴心受拉构件中,从张拉、放张、发生预应力损失、构件运输安装、承受荷载,到破坏的各阶段的钢筋和混凝土的应力是不同的。从张拉钢筋开始到构件破坏,截面中混凝土和钢筋应力的变化可以分为施工和使用两个阶段,每个阶段又包括若干个特征受力过程。因此,与钢筋混凝土构件有所不同,预应力混凝土构件计算时,除应进行荷载作用下的承载力、抗裂度或裂缝宽度计算外,还要对其在施工阶段的承载力和抗裂度进行验算。表 10-6 和表 10-7 分别为先张法和后张法预应力混凝土轴心受拉构件各阶段的截面应力。

1. 先张法构件钢筋和混凝土的内力分析

1)施工阶段

(1)张拉预应力钢筋,这时预应力钢筋(截面面积为 A_p)的拉应力等于控制应力 σ_{con},张拉力为 $\sigma_{con}A_p$。如果构件中布置有非预应力钢筋 A_s,则在此阶段它不受力。

(2)张拉完毕,完成第一批损失(在混凝土受到预压应力之前),将预应力钢筋锚固在台座上,浇灌混凝土,蒸养构件,到放张预应力钢筋挤压混凝土之前,会产生锚具变形损失 σ_{l1}、温差损失 σ_{l3} 和部分钢筋松弛损失 $0.5\sigma_{l4}$。这些损失总和即为第一批预应力损失 $\sigma_{lI} = \sigma_{l1} + \sigma_{l3} + 0.5\sigma_{l4}$。此时预应力钢筋的拉应力由张拉后的 σ_{con} 降低到 $\sigma_{pe} = \sigma_{con} - \sigma_{lI}$;这时由于尚未放松预应力钢筋,混凝土未受力,混凝土中的应力 $\sigma_{pc} = 0$,非预应力钢筋的应力 $\sigma_s = 0$。

(3)放松预应力钢筋(一般混凝土的强度达到设计强度的 75%),预应力钢筋回缩,由于钢筋与混凝土之间的粘结力,使混凝土受压而缩短,与此同时,钢筋亦会随之而缩短,预应力钢筋中的预拉应力也会随之减小。设放松时混凝土受到的预压应力为 σ_{pcI}。由于预应力钢筋和混凝土必须保持变形协调,预应力钢筋中的预拉应力要相应减少 $\alpha_E\sigma_{pcI}$,此时预应力钢筋中的预拉应力

$$\sigma_{peI} = \sigma_{con} - \sigma_{lI} - \alpha_E\sigma_{pcI} \tag{10-27}$$

表 10 - 6　先张法预应力混凝土轴心受拉构件各阶段的应力分析

受力阶段	简图	预应力筋应力	非预应力筋应力	混凝土应力	说　明
施工阶段　1. 张拉预应力钢筋	$\sigma_p=\sigma_{con}$	σ_{con}	—	—	预应力筋拉应力等于张拉控制应力
2. 完成第一批损失	$\sigma_p=\sigma_{con}-\sigma_l$　$\sigma_{pc}=0$	$\sigma_{peI}=\sigma_{con}-\sigma_{lI}$	—	0	预应力筋拉应力降低，减小 σ_{lI}，非预应力钢筋和混凝土尚未受力
3. 放松预应力筋	σ_{pcI}　$\sigma_{peI}=\sigma_{con}-\sigma_{lI}-\alpha_E\sigma_{pcI}$	$\sigma_{peI}=\sigma_{con}-\sigma_{lI}$ $-\alpha_E\sigma_{pcI}$	$\sigma_{sI}=\alpha_E\sigma_{pcI}$ （压应力）	$\sigma_{sI}=\dfrac{(\sigma_{con}-\sigma_{lI})A_p}{A_0}$ （压应力）	混凝土受到压应力 σ_{pcI}，预应力筋应力 拉应力减小 $\alpha_E\sigma_{pcI}$；非预应力筋压应 力为 $\alpha_E\sigma_{pcI}$
4. 完成第二批损失	σ_{pcII}　$\sigma_{peII}=\sigma_{con}-\sigma_{lI}-\alpha_E\sigma_{pcII}$	$\sigma_{peII}=\sigma_{con}-\sigma_l$ $-\alpha_E\sigma_{pcII}$	$\sigma_{sII}=\alpha_E\sigma_{pcII}+$ σ_{l5} （压应力）	$\sigma_{pcII}=$ $\dfrac{(\sigma_{con}-\sigma_l)A_p-\sigma_{l5}A_s}{A_0}$ （压应力）	非预应力筋压应力降为 $\alpha_E\sigma_{pcII}+$ σ_{l5}，预应力筋拉应力减小 $\sigma_{con}-\sigma_l-$ $\alpha_E\sigma_{pcII}$，混凝土压应力减小到 σ_{pcII}
使用阶段　5. 加荷至 $\sigma_{pc}=0$	N_{p0}　$\sigma_{pe0}=\sigma_{con}-\sigma_l$　N_{p0}	$\sigma_{pe0}=\sigma_{con}-\sigma_l$	σ_{l5} （压应力）	0	混凝土压应力减小为零，减小了 $\alpha_E\sigma_{pcII}$ σ_{pcII}；预应力筋拉应力增加了 $\alpha_E\sigma_{pcII}$； 非预应力筋应力降为 σ_{l5}
6. 加荷至裂缝即将出现	f_t　N_{cr}　$\sigma_{pcr}=\sigma_{con}-\sigma_l+\alpha_Ef_{tk}$　N_{cr}	$\sigma_{pcr}=\sigma_{con}-\sigma_l+\alpha_Ef_{tk}$	$\sigma_{scr}=\alpha_Ef_{tk}-\sigma_{l5}$ （拉应力）	f_{tk} （拉应力）	混凝土受拉，拉应力为 f_{tk}；预应力筋 拉应力增加 α_Ef_{tk}；非预应力筋应力增为 $\alpha_Ef_{tk}-\sigma_{l5}$
7. 加荷至破坏	N_u　$\sigma_{pc}=0$　$\sigma_p=f_{py}$　N_u	f_{py}	f_y （拉应力）	0	混凝土拉裂，预应力筋应力增加到 f_{py}；非预应力筋应力增加到 f_y： $N_u=f_{py}A_p+f_yA_s$

表10－7　后张法预应力混凝土轴心受拉构件各阶段的应力分析

受力阶段	简图	预应力筋应力	非预应力筋应力	混凝土应力	说　明
1. 张拉预应力钢筋	σ_{pc}；$\sigma_p = \sigma_{con} - \sigma_{l2}$；$\sigma_{con}$；$l$	$\sigma_{con} - \sigma_{l2}$	$\sigma_s = \alpha_E \sigma_{pc}$ （压应力）	$\sigma_{pc} = \dfrac{(\sigma_{con} - \sigma_{l2})A_p}{A_n}$ （压应力）	预应力钢筋被拉长，同时混凝土、非预应力钢筋受压缩短，并产生摩擦损失 σ_{l2}
施工阶段　2. 完成第一批损失	σ_{pc}；$\sigma_{peI} = \sigma_{con} - \sigma_{lI}$	$\sigma_{peI} = \sigma_{con} - \sigma_{lI}$	$\sigma_s = \alpha_E \sigma_{pcI}$ （压应力）	$\sigma_{pcI} = \dfrac{(\sigma_{con} - \sigma_{lI})A_p}{A_n}$ （压应力）	产生锚固损失 σ_{lI}，预应力钢筋应力减小了 σ_{lI}，非预应力钢筋压应力为 $\alpha_E \sigma_{pcI}$
3. 完成第二批损失	σ_{pc}；$\sigma_{peII} = \sigma_{con} - \sigma_l$	$\sigma_{peII} = \sigma_{con} - \sigma_l$	$\sigma_{sII} = \alpha_E \sigma_{pcII} + \sigma_{l5}$ （压应力）	$\sigma_{pcII} = \dfrac{(\sigma_{con} - \sigma_l)A_p - \sigma_{l5}A_s}{A_n}$ （压应力）	产生松弛及徐变损失，完成第二批损失 σ_{lII}
使用阶段　4. 加荷至 $\sigma_{pc} = 0$	$\sigma_c = 0$；$\sigma_{pe0} = \sigma_{con} - \sigma_l + \alpha_E \sigma_{pcII}$；$N_{p0}$	$\sigma_{pe0} = \sigma_{con} - \sigma_l + \alpha_E \sigma_{pcII}$	$\sigma_{s0} = \sigma_{l5}$ （压应力）	0	混凝土压应力减小到零，预应力筋拉应力增加 $\alpha_E \sigma_{pcII}$，非预应力压应力减小 $\alpha_E \sigma_{pcII}$
5. 加荷至裂缝即将出现	f_t；$\sigma_{pcr} = \sigma_{con} - \sigma_l + \alpha_E \sigma_{pcII} + \alpha_E f_{tk}$；$N_{cr}$	$\sigma_{pcr} = \sigma_{con} - \sigma_l + \alpha_E \sigma_{pcII} + \alpha_E f_{tk}$	$\sigma_{scr} = \alpha_E f_{tk} - \sigma_{l5}$ （压应力）	f_{tk} （拉应力）	混凝土受拉，拉应力达 f_{tk}，预应力筋拉应力减小 $\alpha_E f_{tk}$，非预应力筋压应力增加 $\alpha_E f_{tk}$
6. 加荷至破坏	$\sigma = 0$；$\sigma_p = f_{py}$；N	f_{py}	f_y （压应力）	0	预应力钢筋应力增加到 f_{py}，非预应力钢筋增加到 f_y，$N_u = f_{py}A_p + f_y A_s$

这时,非预应力钢筋开始受压得到预压应力 σ_{sI},其大小为 $\sigma_{sI} = \alpha_E \sigma_{pcI}$。从内力平衡条件求得

$$\sigma_{peI} A_p = \sigma_{pcI} A_c + \sigma_{sI} A_s$$

整理可得混凝土受到的预压应力

$$\sigma_{pcI} = \frac{(\sigma_{con} - \sigma_{lI})A_p}{A_c + \alpha_E A_s + \alpha_E A_p} = \frac{N_{pI}}{A_n + \alpha_E A_p} = \frac{N_{pI}}{A_0} \qquad (10-28)$$

式中 α_E——预应力钢筋或非预应力钢筋的弹性模量与混凝土弹性模量之比,即 $\alpha_E = E_s/E_c$;

A_c——扣除预应力钢筋和非预应力钢筋截面面积的混凝土截面面积;

A_0——换算截面面积(混凝土截面面积以及全部纵向预应力钢筋和非预应力钢筋截面面积换算成混凝土的截面面积),即 $A_0 = A_c + \alpha_E A_s + \alpha_E A_p$,对由不同混凝土强度等级组成的截面,应根据混凝土弹性模量比值换算成同一混凝土强度等级的截面面积;

A_n——净截面面积(换算截面面积减去全部纵向预应力钢筋截面面积换算成混凝土的截面面积),即 $A_n = A_0 - \alpha_E A_p$;

N_{pI}——完成第一批损失后,预应力钢筋的总预拉力,$N_{pI} = (\sigma_{con} - \sigma_{lI})A_P$。

(4)完成第二批损失(在混凝土受到预压应力之后)。随着时间的增长,预应力钢筋还会进一步松弛,混凝土发生收缩徐变,产生预应力损失 σ_{l5},总的第二批损失 $\sigma_{lII} = 0.5\sigma_{l4} + \sigma_{l5}$。在这个阶段,混凝土的预压应力 σ_{pcI} 降为 σ_{pcII},预应力钢筋的预应力由 σ_{peI} 降为 σ_{peII},而非预应力钢筋中的压应力降低到 $\sigma_{sII} = \alpha_E \sigma_{pcII} + \sigma_{l5}$。完成第二批损失后,预应力钢筋中的预拉力

$$\begin{aligned}\sigma_{peII} &= (\sigma_{con} - \sigma_{lI} - \alpha_E \sigma_{pcI}) - \sigma_{lII} + \alpha_E(\sigma_{pcI} - \sigma_{pcII}) \\ &= \sigma_{con} - \sigma_l - \alpha_E \sigma_{pcII}\end{aligned} \qquad (10-29)$$

式中 $\alpha_E(\sigma_{pcI} - \sigma_{pII})$——由于混凝土收缩和徐变引起混凝土的压应力减小,构件的弹性压缩有所恢复,其差值所引起的预应力钢筋中拉应力的相应增加值。

由内力平衡条件,完成第二批预应力损失后混凝土中的压应力

$$\sigma_{pcII} = \frac{(\sigma_{con} - \sigma_l)A_p - \sigma_{l5}A_s}{A_0} = \frac{N_{pII} - \sigma_{l5}A_s}{A_0} \qquad (10-30)$$

式中 N_{pII}——完成全部预应力损失后,预应力钢筋中的总预拉力,$N_{pII} = (\sigma_{con} - \sigma_l)A_p$;

σ_{pcII}——预应力混凝土中的"有效预压应力"。

上述计算公式中 $\sigma_{l5}A_s$,是考虑了由于非预应力钢筋对混凝土收缩徐变的障碍作用,使混凝土的预压应力减小。通常,当非预应力钢筋的截面面积 A_s 与预应力钢筋截面面积 A_p 之比,即 $\frac{A_s}{A_p} > 0.4$ 时,应考虑 $\sigma_{l5}A_s$。

2)使用阶段

(1)加荷载至混凝土中预应力为零(即截面处于消压状态)。在轴心拉力 N_0 作用下,由其引起的截面拉应力恰好与混凝土中的有效预压应力 σ_{pcII} 全部抵消,即 $\sigma_{pc} = 0$。这一过程

中,预应力钢筋中的拉应力由 $\sigma_{\mathrm{pc\,II}}$ 增加到 $\sigma_{\mathrm{pe0}} = \sigma_{\mathrm{pe\,II}} + \alpha_E \sigma_{\mathrm{pc\,II}} = \sigma_{\mathrm{con}} - \sigma_l$,非预应力钢筋的压应力 $\sigma_{\mathrm{s\,II}} = \alpha_E \sigma_{\mathrm{pc\,II}} + \sigma_{l5}$ 减少到 $\sigma_{\mathrm{s}} = \sigma_{l5}$。

由截面上内外力平衡可得轴向拉力

$$N_0 = \sigma_{\mathrm{pe0}} A_{\mathrm{p}} - \sigma_{l5} A_{\mathrm{s}} = (\sigma_{\mathrm{con}} - \sigma_l) A_{\mathrm{p}} - \sigma_{l5} A_{\mathrm{s}} = \sigma_{\mathrm{pc\,II}} A_0 \tag{10-31}$$

(2)加载至混凝土即将开裂(即混凝土拉应力达到混凝土抗拉强度标准值 f_{tk}),在开裂轴心拉力 N_{cr} 作用下,这一阶段预应力钢筋中的拉应力增加了 $\alpha_E f_{\mathrm{tk}}$(若考虑混凝土的塑性,此值应为 $2\alpha_E f_{\mathrm{tk}}$,由于其在 σ_{p} 中占的比重较小,为简化起见,采用 $\alpha_E f_{\mathrm{tk}}$),预应力钢筋的预拉应力由 σ_{pe0} 增至 σ_{pcr},$\sigma_{\mathrm{pcr}} + \alpha_E f_{\mathrm{tk}} = \sigma_{\mathrm{con}} - \sigma_l + \alpha_E f_{\mathrm{tk}}$;非预应力钢筋中的压应力 σ_{s} 由压应力 σ_{l5} 转为拉应力,其值 $\sigma_{\mathrm{s}} = \alpha_E f_{\mathrm{tk}} - \sigma_{l5}$;此时,外荷载由 N_{p0} 增加到 N_{cr},整个换算截面 A_0 的应力增加了 f_{tk},混凝土开裂时的轴心拉力

$$N_{\mathrm{cr}} = \sigma_{\mathrm{cr}} A_{\mathrm{p}} + \sigma_{\mathrm{s}} A_{\mathrm{s}} + f_{\mathrm{tk}} A_0 \tag{10-32}$$

将 σ_{cr}、σ_{s} 的表达式代入式(10-32),可得

$$N_{\mathrm{cr}} = (\sigma_{\mathrm{pc\,II}} + f_{\mathrm{tk}}) A \tag{10-33}$$

由上式可以看出,由于混凝土中预压应力 $\sigma_{\mathrm{pc\,II}}$($\sigma_{\mathrm{pc\,II}}$ 比 f_{tk} 大得多)的作用,使预应力混凝土轴心受拉构件的抗裂承载能力大大提高。

(3)破坏阶段。如果继续增加外荷载,轴心拉力超过 N_{cr} 后,混凝土开裂不能再承受拉力,拉力将全部由钢筋承担。随着荷载增加,预应力和非预应力钢筋中的应力达到抗拉强度设计值时,构件破坏。此时的轴向拉力由平衡条件可得

$$N_{\mathrm{u}} = f_{\mathrm{py}} A_{\mathrm{p}} + f_{\mathrm{y}} A_{\mathrm{s}} \tag{10-34}$$

需要注意的是,以上分析考虑了非预应力钢筋。由于非预应力钢筋的存在,阻碍了混凝土的收缩徐变变形,这个作用在混凝土中产生拉应力,从而减小了混凝土受到的预压应力,设计计算时,当受拉区非预应力钢筋 $A_{\mathrm{s}} > 0.4 A_{\mathrm{p}}$ 时,应考虑非预应力钢筋由于混凝土的收缩和徐变引起的内力的影响。

2. 后张法构件钢筋和混凝土的内力分析

1)施工阶段

(1)与先张法不同,后张法中张拉预应力钢筋的同时,由于反作用于混凝土,非预应力钢筋受压缩短,并在张拉过程中产生孔道摩擦损失 σ_{l2},此时预应力钢筋中的拉应力 $\sigma_{\mathrm{pe}} = \sigma_{\mathrm{con}} - \sigma_{l2}$,相应的混凝土中的压应力 $\sigma_{\mathrm{pc}} = (\sigma_{\mathrm{con}} - \sigma_{l2}) A_{\mathrm{p}} / A_{\mathrm{n}}$,此时非预应力钢筋的压应力 $\sigma_{\mathrm{s}} = \alpha_E \sigma_{\mathrm{pc}}$。

(2)张拉终止,将预应力钢筋锚固在构件上,会产生锚具变形和钢筋回缩引起的预应力损失 σ_{l1}。此时预应力钢筋中的拉应力

$$\sigma_{\mathrm{pe\,I}} = \sigma_{\mathrm{con}} - \sigma_{l2} - \sigma_{l1} = \sigma_{\mathrm{con}} - \sigma_{l\,I} \tag{10-35}$$

相应的非预应力钢筋中的压应力 $\sigma_{\mathrm{s\,I}} = \alpha_E \sigma_{\mathrm{pc\,I}}$,混凝土中的预压应力

$$\sigma_{\mathrm{pc\,I}} = (\sigma_{\mathrm{con}} - \sigma_{l\,I}) A_{\mathrm{p}} / A_{\mathrm{n}} \tag{10-36}$$

(3)混凝土受压后,随着时间增长,由于钢筋松弛及混凝土收缩徐变,产生损失 σ_{l4}、σ_{l5},完成第二批损失 $\sigma_{l\,II}$。这时,预应力钢筋中的拉应力

$$\sigma_{\mathrm{pe\,II}} = (\sigma_{\mathrm{con}} - \sigma_{l\,I}) - (\sigma_{l4} + \sigma_{l5}) = \sigma_{\mathrm{con}} - \sigma_{l\,I} - \sigma_{l\,II} = \sigma_{\mathrm{con}} - \sigma_l \tag{10-37}$$

相应的非预应力钢筋中的压应力 $\sigma_{sⅡ}=\alpha_E\sigma_{pcⅡ}+\sigma_{l5}$，混凝土的预压应力

$$\sigma_{pcⅡ}=((\sigma_{con}-\sigma_l)A_p-\sigma_{l5}A_s)/A_n \qquad (10-38)$$

$\sigma_{pcⅡ}$ 为扣除各种预应力损失后，后张法构件混凝土中的有效预压应力值。这里，考虑了非预应力钢筋对混凝土收缩、徐变的影响，即 σ_{l5}。

2）使用阶段

（1）加荷载至混凝土预压应力为零。在这一过程中，随着轴拉荷载增大，混凝土中预压应力逐渐减小，当荷载产生的拉应力与混凝土预压应力 $\sigma_{pcⅡ}$ 互相抵消，截面处于消压状态，$\sigma_{pc}=0$。此时，轴力为 N_0；在荷载作用下，混凝土、预应力钢筋和非预应力钢筋产生相同的拉伸变形，预应力钢筋中的拉应力增加了 $\alpha_E\sigma_{pcⅡ}$，故 $\sigma_{pe0}=\sigma_{peⅡ}+\alpha_E\sigma_{pcⅡ}=\sigma_{con}-\sigma_l+\alpha_E\sigma_{pcⅡ}$；非预应力钢筋在原来的压应力 $\alpha_E\sigma_{pcⅡ}+\sigma_{l5}$ 的基础上增加了拉应力 $\alpha_E\sigma_{pcⅡ}$，所以 $\sigma_{s0}=\sigma_{l5}$，根据内力平衡，轴力

$$N_0=\sigma_{pe0}A_p-\sigma_{s0}A_s=(\sigma_{con}-\sigma_l+\alpha_E\sigma_{pcⅡ})A_p-\sigma_{l5}A_s=\sigma_{pcⅡ}A_0 \qquad (10-39)$$

（2）加荷载至混凝土裂缝即将出现，在开裂轴拉 N_{cr} 作用下，混凝土的拉应力达到其抗拉强度标准值 f_{tk}。这时，预应力钢筋的拉应力在 σ_{pe0} 的基础上增加 $\alpha_E f_{tk}$，预应力钢筋的拉应力 $\sigma_{pcr}=(\sigma_{con}-\sigma_l+\alpha_E\sigma_{pcⅡ})+\alpha_E f_{tk}$。这时非预应力钢筋的应力由 σ_{l5} 转为拉应力，其值为 $\sigma_s=\alpha_E f_{tk}-\sigma_{l5}$；外荷载由 N_{p0} 增至 N_{cr}，轴向拉力

$$N_{cr}=\sigma_{pcⅡ}A_0+f_{tk}A_0 \qquad (10-40)$$

（3）加荷载至破坏，裂缝截面混凝土已退出工作，与先张法相同，全部钢筋应力达到屈服，构件的轴心抗拉承载力

$$N_u=f_{py}A_p+f_yA_s \qquad (10-41)$$

从轴心受拉过程的受力分析，可以看出预应力混凝土构件有如下特点：

（1）预应力钢筋始终处于拉应力状态，σ_{con} 为预应力钢筋在构件受到荷载作用前承受的最大应力；

（2）混凝土在荷载达到 N_{p0} 前一直承受压应力，发挥了其受压特长；

（3）由于混凝土受到预压力，预应力混凝土构件的开裂荷载比普通混凝土构件的开裂荷载大得多，且与破坏荷载比较接近；

（4）预应力混凝土轴拉构件和钢筋混凝土轴拉构件具有相同的承载能力。

10.7.2 轴心受拉构件使用阶段的计算

1. 使用阶段承载力计算

与普通混凝土构件相同，预应力混凝土轴心受拉构件在承载力极限状态下，全部荷载由预应力钢筋和非预应力钢筋承担。其正截面受拉承载力按下式计算：

$$N\leqslant N_u=f_yA_s+f_{py}A_p \qquad (10-42)$$

式中 N——轴向拉力设计值；

N_u——极限轴向拉力设计值；

f_y、f_{py}——非预应力钢筋和预应力钢筋抗拉强度设计值；

A_s、A_p——非预应力钢筋和预应力钢筋截面面积。

2. 使用阶段抗裂度验算

预应力轴心受拉构件的抗裂度验算,根据所处环境类别和结构构件类别,可分为三个裂缝控制等级进行验算。

1)裂缝控制等级一级,严格要求不出现裂缝的构件

在荷载效应的标准组合下应符合下列要求:

$$\sigma_{ck} - \sigma_{pc} \leq 0 \qquad (10-43)$$

2)裂缝控制等级二级,即一般要求不出现裂缝的构件

在荷载效应的标准组合下应符合下列规定:

$$\sigma_{ck} - \sigma_{pc} \leq f_{tk} \qquad (10-44)$$

3)裂缝控制等级三级,即允许出现裂缝的构件

在荷载效应标准组合,并考虑长期作用影响计算的最大裂缝宽度应符合下列规定:

$$w_{max} = \alpha_{cr}\psi\frac{\sigma_s}{E_s}(1.9c_s + 0.08\frac{d_{eq}}{\rho_{te}}) \leq w_{lim} \qquad (10-45)$$

此外,对环境类别为二 a 类的预应力混凝土构件在荷载准永久组合下受拉边缘应力应满足

$$\sigma_{cq} - \sigma_{pc} \leq f_{tk} \qquad (10-46)$$

式中　f_{tk}——混凝土的抗拉强度标准值;

σ_{ck}、σ_{cq}——荷载效应的标准组合、准永久组合下抗裂验算边缘的混凝土法向应力;

σ_{pc}——扣除全部预应力损失后,在抗裂验算边缘混凝土的预压应力;

ρ_{te}——按有效混凝土受拉截面面积计算的纵向受拉钢筋配筋率,对无粘结后张法构件,仅取纵向受拉钢筋计算配筋率,在最大裂缝宽度计算中当 $\rho_{te} \leq 0.01$ 时取 $\rho_{te} = 0.01$;

c_s——最外层纵向受拉钢筋外边缘至受拉区底边的距离(mm)(当 $c_s < 20$ mm 时取 $c_s = 20$ mm,当 $c_s > 65$ mm 时取 $c_s = 65$ mm);

α_{cr}——构件受力特征系数,见表 10-8;

ψ——裂缝间纵向受拉钢筋应变的不均匀系数,$\psi = 1.1 - \dfrac{0.65f_{tk}}{\rho_{te}\sigma_s}$,当 $\psi < 0.2$ 时取 $\psi = 0.2$,当 $\psi > 1.0$ 时取 $\psi = 1.0$,对直接承受重复荷载的构件取 $\psi = 1.0$;

A_{te}——有效受拉混凝土截面面积,对轴心受拉构件取构件截面面积,对受弯、偏心受压和偏心受拉构件取 $A_{te} = 0.5bh + (b_f - b)h_f$,此处,$b_f$、$h_f$ 为受拉翼缘的宽度和高度;

σ_s——按荷载效应标准组合计算的预应力混凝土构件纵向受拉钢筋等效应力,可按《混凝土结构设计标准》7.1.4 条的公式计算;

A_p、A_s——受拉区预应力、非预应力纵向受拉钢筋的截面面积;

d_{eq}——纵向受拉钢筋的等效直径(mm),$d_{eq} = \dfrac{\sum n_i d_i^2}{n_i v_i d_i}$;

d_i——受拉区第 i 种纵向钢筋的公称直径(对有粘结预应力钢绞线束的直径为 $\sqrt{n_1 d_{p1}}$,其中 d_{p1} 为单根钢绞线的公称直径,n_1 为单束钢绞线根数;七股钢绞线,$d_i = 1.75d_w$;对单根的三股钢绞线,$d_i = 1.2d_w$,d_w 为单根钢丝的直径);

n_i——受拉区第 i 种纵向钢筋的根数,对于有粘结预应力钢绞线取为钢绞线束数;

v_i——受拉区第 i 种纵向钢筋的相对粘结特性系数,按表 10-9 取用;

$w_{\lim}$——裂缝宽度限值,根据环境类别按附表 19 取用。

表 10-8　构件受力特征系数 α_{cr}

类　型	α_{cr}	
	钢筋混凝土构件	预应力混凝土构件
受弯、偏心受压	1.9	1.5
偏心受拉	2.4	—
轴心受拉	2.7	2.2

表 10-9　钢筋的相对粘结特性系数 v_i

钢筋类别	钢筋		先张法预应力筋			后张法预应力钢筋		
	光面钢筋	带肋钢筋	带肋钢筋	螺旋肋钢丝	钢铰线	带肋钢筋	钢绞线	光面钢丝
v_i	0.7	1.0	1.0	0.8	0.6	0.8	0.5	0.4

10.7.3　轴心受拉构件施工阶段的验算

1. 张拉或放张预应力筋时构件截面应力验算

后张法张拉预应力钢筋和先张法放张预应力钢筋时,混凝土的预压力最大,此时混凝土强度仅达到设计值的 75%,为保证混凝土不被压碎,需要验算构件强度是否足够,验算包括构件承载力和局部受压承载力两个方面。

预应力混凝土轴心受拉构件,在施工阶段,混凝土的预压应力应符合下列条件:

$$\sigma_{cc} \leqslant 0.8 f'_{ck} \tag{10-47}$$

式中　σ_{cc}——预应力筋张拉完毕或放张时混凝土承受的预压应力;

f'_{ck}——预应力筋张拉完毕或放张时混凝土的轴心抗压强度标准值。

先张法构件按第一批损失出现后计算 σ_{cc},即 $\sigma_{cc} = (\sigma_{con} - \sigma_{l\,I}) A_p / A_0$;后张法构件按不考虑预应力损失计算 σ_{cc},即 $\sigma_{cc} = \sigma_{con} A_p / A_n$。

2. 构件张拉端锚固区局部受压承载力验算

对后张法构件张拉端局部受压区,在张拉钢筋锚固区需要满足抗裂度和承载力要求。

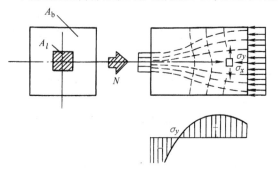

图 10-13　锚具下局部压应力及其扩散

由于后张法构件锚具下垫板的面积很小,所以锚具下会出现很大的局部压应力,这种压应力要经过一段距离才能扩散到整个截面(图 10-13)。从端部局部受压过渡到全截面均匀受压的这个区域称预应力混凝土构件的锚固区。在局部受压区,混凝土实际处于复杂的三向应力状态,即纵向压应力 σ_x 和与其相垂直的横向应力 σ_y, σ_z。近垫板处 σ_y 为压应力,距端部较远处为拉应力。在局部压力作用下,混凝土强度或变形能力不足时,构件端部将出现纵向裂缝,导致局部受压破坏。

为解决局部受压承载力不足问题,可在局部受压区内配置间接钢筋(横向钢筋),以有效提高锚固区的局部抗压强度,防止局部受压破坏。横向钢筋可做成几片方格形钢筋网或螺旋式钢筋,如图 10-14 所示。

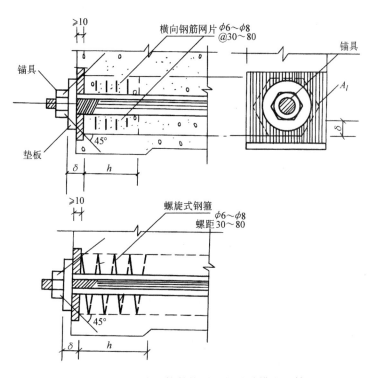

图 10-14　后张法构件锚具垫板处的横向配筋

配置间接钢筋的混凝土结构构件,其局部受压区的截面尺寸应符合下列要求:

$$F_l \leqslant 1.35\beta_c\beta_l f_c A_{ln} \tag{10-48}$$

$$\beta_l = \sqrt{\frac{A_b}{A_l}} \tag{10-49}$$

式中　F_l——局部受压面上作用的局部荷载或局部压力设计值,对有粘结预应力钢筋混凝土构件取 1.2 倍张拉控制力;对无粘结预应力混凝土构件取 1.2 倍张拉控制应力和 f_{ptk} 中的较大值, f_{ptk} 为无粘结预应力钢筋的抗拉强度标准值。

f_c——混凝土轴心抗压强度设计值,在后张法预应力混凝土构件的张拉阶段验算中,可根据相应阶段的混凝土立方体抗压强度 f'_{cu} 值按附表 3 中的规定以线性内插法确定。

β_c——混凝土强度影响系数。

β_l——混凝土局部受压时的强度提高系数。

A_l——混凝土局部受压面积。

A_{ln}——混凝土局部受压净面积,对后张法构件,应在混凝土局部受压面积中扣除孔道、凹槽部分的面积。

A_b——局部受压的计算面积,可由局部受压面积与计算底面积按同心、对称的原则确定;常用情况,可按图 10 - 15 取用。

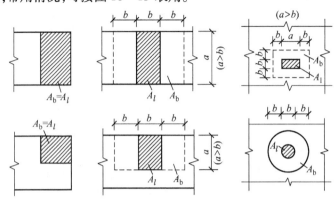

图 10 - 15　局部受压的计算面积

A_l—混凝土局部受压面积;A_b—局部受压的计算面积

配置方格网式或螺旋式间接钢筋时(图 10 - 16),局部受压承载力应符合下列规定:

$$F_l \leqslant 0.9(\beta_c\beta_l f_c + 2\alpha\rho_v\beta_{cor}f_y)A_{ln} \tag{10-50}$$

上述公式中,当为方格网式配筋时(图 10 - 16(a)),钢筋网两个方向上单位长度内钢筋截面面积的比值不宜大于 1.5,其体积配筋率 ρ_V 应按下列公式计算:

$$\rho_v = \frac{n_1 A_{s1} l_1 + n_2 A_{s2} l_2}{A_{cor}s} \tag{10-51}$$

当为螺旋式配筋时(图 10 - 16(b)),其体积配筋率 ρ_V 应按下列公式计算:

$$\rho_v = \frac{4A_{ss1}}{d_{cor}s} \tag{10-52}$$

式中　β_{cor}——配置间接钢筋的局部受压承载力提高系数,可按式(10 - 49)计算,但式中 A_b 应代之以 A_{cor},且当 A_{cor} 大于 A_b 时,取 A_b,当 A_{cor} 不大于 1.25A_c 时,β_{cor} 取 1.0;

　　　　α——间接钢筋对混凝土约束的折减系数,按式(6 - 9)的规定取用;

　　　　A_{cor}——方格网或螺旋式间接钢筋内表面范围内的混凝土核心面积,其重心应与 A_l 的重心相重合,计算仍按同心、对称的原则取值;

　　　　ρ_v——间接钢筋的体积配筋率;

　　　　n_1、A_{s1}——方格网沿 l_1 方向的钢筋根数、单根钢筋的截面面积;

　　　　n_2、A_{s2}——方格网 l_2 方向的钢筋根数、单根钢筋的截面面积;

　　　　A_{ss1}——单根螺旋式间接钢筋的截面面积;

　　　　d_{cor}——螺旋式间接钢筋内表面范围内的混凝土截面直径;

　　　　s——方格网或螺旋式间接钢筋的间距,宜取 30 ~ 80 mm。

间接钢筋应配置在图 10 - 16 所规定的高度 h 范围内,方格网式钢筋不应少于 4 片,螺旋式钢筋不应少于 4 圈。柱接头 h 尚不应小于 15d,d 为柱的纵向钢筋直径。

预应力混凝土轴心受拉构件的设计步骤如图 10 - 17 所示。

【例题 10 - 1】　已知:一预应力混凝土轴心受拉构件长度为 24 m,截面尺寸 $b \times h =$ 200 mm ×250 mm,预应力钢筋采用 11ϕ^{HT}10 热处理钢筋,非预应力钢筋采用 4 Φ 12 的 HRB400 级钢筋,对称布置,采用先张法在 100 m 台座上张拉,张拉控制应力 $\sigma_{con} = 0.7f_{ptk}$,

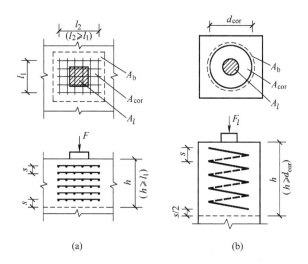

图 10 − 16　局部受压区的间接钢筋

（a）方格网式配筋；（b）螺旋式配筋

A_l—混凝土局部受压面积；A_b—局部受压的计算底面积；A_{cor}—方格网式

或螺旋式间接配筋内表面范围内的混凝土核心面积

蒸汽养护温差 $\Delta t = 20℃$，混凝土强度等级为 C40，张拉时 $f_{cu}' = 30\ N/mm^2$。

计算：

（1）忽略 σ_{l1} 计算 σ_{l5} 及全部预应力损失 σ_l；

（2）消压轴向力 N_{p0}；

（3）裂缝出现轴向力 N_{cr}；

（4）当轴向力 $N = 800\ kN$ 时的最大裂缝宽度；

（5）极限轴力 N_u。

【解】

（1）

$$A_0 = 200 \times 250 - 11 \times 78.5 - 4 \times 113.1 + \frac{2 \times 10^5}{3.25 \times 10^4}(11 \times 78.5 + 4 \times 113.1)$$

$$= 56\ 782\ mm^2$$

$$\rho = \frac{A_p + A_s}{2A_0} = \frac{11 \times 78.5 + 4 \times 113.1}{2 \times 56\ 781.946\ 15} = 0.023\ 17/2 = 0.011\ 59$$

$$\sigma_{pc} = \sigma_{con} = 0.7f_{ptk} = 0.7 \times 1\ 470 = 1\ 029\ N/mm^2$$

$$\sigma_{l3} = \alpha E_s \Delta t = 0.000\ 01 \times 2.0 \times 10^5 \times 20 = 40\ N/mm^2$$

$$\sigma_{l4} = 0.05\sigma_{con} = 0.05 \times 0.7 \times 1\ 470 = 51.45\ N/mm^2$$

$$\sigma_{l\,I} = \sigma_{l3} + \sigma_{l4} = 40 + 51.45 = 91.45\ N/mm^2$$

$$\sigma_{pc\,I} = \frac{(\sigma_{con} - \sigma_{l\,I})A_p}{A_0} = \frac{(0.7 \times 1\ 470 - 91.45) \times 11 \times 78.5}{56\ 781.946\ 15}$$

$$= 14.26\ N/mm^2$$

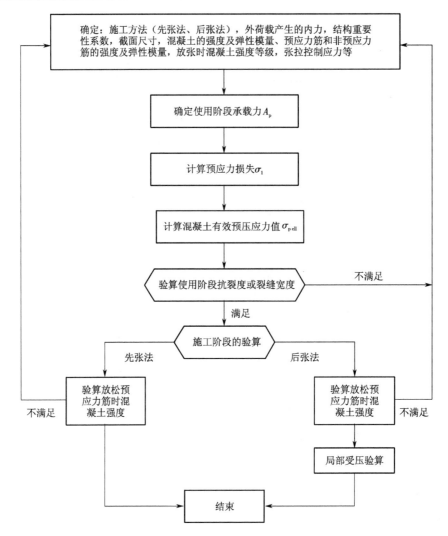

图 10-17 预应力混凝土轴心受拉构件设计步骤框图

$$\sigma_{l5} = \frac{60 + 340 \dfrac{\sigma_{pc}}{f'_{cu}}}{1 + 15\rho} = \frac{60 + 340 \dfrac{14.257\ 6}{40}}{1 + 15 \times 0.011\ 59} = 154.36 \ \text{N/mm}^2$$

$$\sigma_l = \sigma_{l\,\mathrm{I}} + \sigma_{l5} = 91.45 + 154.36 = 245.81 \ \text{N/mm}^2$$

$(2)\ N_{\mathrm{P\,II}} = (\sigma_{con} - \sigma_l)A_p = (0.7 \times 1\ 470 - 154.36 - 91.45) \times 11 \times 78.5$

$\qquad = 676.28 \ \text{kN}$

$N_{p0} = N_{\mathrm{P\,II}} - \sigma_{l5}A_s$

$\qquad = 676.28 \times 10^3 - 154.36 \times 4 \times 113.1 = 606.45 \ \text{kN}$

$(3)\ N_{cr} = (\sigma_{\mathrm{P\,II}} + f_{tk})A_0$

$$\sigma_{pc\,\mathrm{II}} = \frac{N_{p0}}{A_0} = \frac{606.45 \times 10^3}{56\ 782} = 10.68 \ \text{N/mm}^2$$

$f_{tk} = 2.40 \ \text{N/mm}^2$

$$N_{cr} = (10.68 + 2.40) \times 56\,781.946\,15 = 742.73 \text{ kN}$$

(4) $\rho_{te} = \dfrac{A_s + A_p}{A_{te}} = 0.263 > 0.01$

$$\sigma_s = \frac{N - N_{p0}}{A_p + A_s} = \frac{800 - 606.45}{11 \times 78.5 + 4 \times 113.1} \times 10^3 = 147.08 \text{ N/mm}^2$$

$$\psi = 1.1 - \frac{0.65 f_{tk}}{\rho_{te} \sigma_s} = 1.1 - \frac{0.65 \times 2.4}{0.263 \times 147.08} = 1.06$$

取 $c_s = 30$ mm

$$d_{eq} = \frac{11 \times 10^2 + 4 \times 12^2}{11 \times 10 + 4 \times 12} = 10.61 \text{ mm}$$

$$w_{max} = \alpha_{cr} \psi \frac{\sigma_s}{E_s} (1.9 \quad c_s + 0.08 \frac{d_{eq}}{\rho_{te}})$$

$$= 2.2 \times 1.06 \times \frac{147.08}{2 \times 10^5} (1.9 \times 30 + 0.08 \frac{10.61}{0.263})$$

$$= 0.103 \text{ mm}$$

(5) $N_u = f_{py} A_p + f_y A_s = 1\,040 \times 11 \times 78.5 + 360 \times 4 \times 113.1$
$$= 1\,060.9 \text{ kN}$$

10.8　预应力混凝土受弯构件

10.8.1　受弯构件使用阶段的计算

1. 正截面受弯承载力计算

预应力混凝土受弯构件正截面破坏时的受力状态与普通钢筋混凝土受弯构件基本相同,当预应力钢筋的配筋适当,且 $\xi \leqslant \xi_b$,破坏时截面受拉区预应力钢筋和非预应力钢筋分别先达到屈服点,然后受压区边缘混凝土达到极限压应变而被压坏,受压区的非预应力钢筋也达到屈服。但是,受压区的预应力钢筋 A_p' 的应力可能是拉应力,也可能是压应力,因此将其应力称为计算应力。当受压区预应力钢筋为压应力时,达不到钢筋的抗压强度设计值。

1) 界限破坏时截面相对受压区高度 ξ_b 的计算

受拉区预应力钢筋合力点处混凝土预压应力为零时,预应力钢筋应力为 σ_{p0},界限破坏时,预应力钢筋应力达到其抗拉强度设计值 f_{py},截面上受拉区预应力钢筋的应力增量为 $f_{py} - \sigma_{p0}$,相应的应变增量为 $(f_{py} - \sigma_{p0})/E_s$,取混凝土极限压应变 ε_{cu},等效矩形应力图形相对受压区高度与中和轴高度的比值 β_1 同钢筋混凝土受弯构件,根据平截面假定,界限破坏相对受压区高度 ξ_b 可按图 10 - 18 所示的关系确定:

$$\frac{x_c}{h_0} = \frac{\varepsilon_{cu}}{\varepsilon_{cu} + \dfrac{f_{py} - \sigma_{p0}}{E_s}} \tag{10 - 53}$$

(1) 对有屈服点钢筋,界限受压高度为 x_b,则 $x = x_b = \beta_1 x_c$,代入式(10 - 53)得

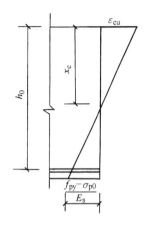

图 10-18　相对受压区高度

$$\xi_b = \frac{\beta_1}{1 + \dfrac{f_{py} - \sigma_{p0}}{E_s \varepsilon_{cu}}} \qquad (10-54)$$

（2）对无屈服点的预应力钢筋，取钢筋达到条件屈服点的拉

应变 $\varepsilon_{cu} = 0.002 + \dfrac{f_{py} - \sigma_{p0}}{E_s}$，则

$$\xi_b = \frac{\beta_1}{1 + \dfrac{0.002}{\varepsilon_{cu}} + \dfrac{f_{py} - \sigma_{p0}}{E_s \varepsilon_{cu}}} \qquad (10-55)$$

式中　　σ_{p0}——受拉区纵向预应力筋合力点处混凝土法向应力为
零时的预应力筋的应力。

当截面受拉区配置不同种类预应力钢筋或预应力值不同时，
ξ_b 应分别计算，并取其中较小值。对先张法构件 $\sigma_{p0} = \sigma_{con} - \sigma_l$，对后张法构件 $\sigma_{p0} = \sigma_{con} - \sigma_l + \alpha_E \sigma_{pc}$。

当矩形截面预应力受弯构件在截面受拉区和受压区配有预应力钢筋 A_p、A_p' 和非预应力
钢筋 A_s、A_s' 时，在达到受弯极限状态，构件破坏时，受拉区的预应力钢筋 A_p、非预应力钢筋
A_s 和受压区的预应力钢筋 A_p' 和非预应力钢筋 A_s' 分别达到强度设计值 f_{py}，f_y 和 f_y'。此时，
受压区的预应力钢筋 A_p' 中的应力可以这样分析：如果 $A_p' = 0$，则其作用如同非预应力钢筋，构
件达到破坏极限状态时，A_p' 达到受压强度设计值 f_{py}'。实际上，A_p' 中已有预拉应力 σ_{p0}'，同时，
A_p' 在破坏极限状态时，其应力为二者之和，即：$\sigma_{p0}' - f_{py}'$。若 $\sigma_{p0}' - f_{py}' > 0$ 则表明受压区预应力
钢筋中的应力为拉应力；若 $\sigma_{p0}' - f_{py}' < 0$ 则表明预拉应力已抵消完，预应力钢筋中应力为压应
力。因此，A_p' 中的应力 σ_p' 应当在如下的范围内：

$$\sigma_{p0}' - f_{py}' \leqslant \sigma_p' \leqslant f_{py} \qquad (10-56)$$

2）正截面受弯承载力计算公式

矩形截面受弯构件正截面承载力基本计算简图，如图 10-19 所示。计算公式为

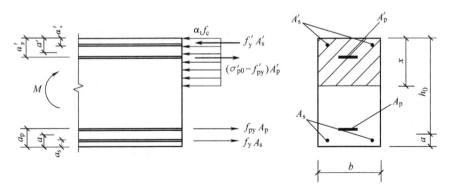

图 10-19　矩形截面受弯构件正截面承载力计算简图

$$\alpha_1 f_c bx = f_y A_s - f_y' A_s' + f_{py} A_p + (\sigma_{p0}' - f_{py}') A_p' \qquad (10-57)$$

正截面受弯承载力应符合下式：

$$M \leqslant M_{\mathrm{u}} = \alpha_1 f_{\mathrm{c}} bx(h_0 - 0.5x) + f_{\mathrm{y}}' A_{\mathrm{s}}' (h_0 - a_{\mathrm{s}}') - (\sigma_{\mathrm{p0}}' - f_{\mathrm{py}}') A_{\mathrm{p}}' (h_0 - a_{\mathrm{p}}')$$

$$(10-58)$$

混凝土受压区高度应符合下列适用条件：

$$x \leqslant \xi_{\mathrm{b}} h_0, \quad x \geqslant 2a' \qquad (10-59)$$

式中　M——弯矩设计值；

　　　α_1——系数，按表 4－3 取用；

A_{s}、A_{s}'——受拉区、受压区纵向普通钢筋的截面面积；

A_{p}、A_{p}'——受拉区、受压区纵向预应力钢筋的截面面积；

　　　σ_{p0}'——受压区预应力钢筋合力点处混凝土法向应力等于零时的预应力筋应力；

　　　b——矩形截面的宽度或倒 T 形截面的腹板宽度；

　　　h_0——截面有效高度；

a_{s}', a_{p}'——受压区纵向普通钢筋合力点、预应力钢筋合力点至受压区边缘的距离；

　　　a'——受压区全部纵向钢筋合力点至截面受压边缘的距离，当受压区未配置纵向预应力筋或受压区纵向预应力筋的应力 $(\sigma_{\mathrm{p0}}' - f_{\mathrm{py}}')$ 为拉应力时，式 $(10-59)$ 中的 a' 用 a_{s}' 代替。

图 10－19 中 a_{s}、a_{p} 分别为受拉区纵向非预应力钢筋合力点、纵向预应力钢筋合力点至受拉区边缘的距离。

其他截面形式（如 T 形和工字形截面）的受弯构件，正截面承载力计算可参见第 4 章中的有关公式进行。

2. 使用阶段正截面抗裂度验算

正截面抗裂度验算可参照预应力轴心受拉构件的抗裂验算方法进行。

3. 使用阶段正截面裂缝宽度验算

对于使用阶段要求不出现裂缝的受弯构件，其正截面抗裂度按下列规定验算受拉边缘的应力。

（1）一级裂缝控制等级构件，在荷载效应的标准组合下，受拉边缘应力应符合下列规定：

$$\sigma_{\mathrm{ck}} - \sigma_{\mathrm{pc}} \leqslant 0 \qquad (10-60)$$

（2）二级裂缝控制等级构件，在荷载效应的标准组合下，受拉边缘应力应符合下列规定：

$$\sigma_{\mathrm{ck}} - \sigma_{\mathrm{pc}} \leqslant f_{\mathrm{tk}} \qquad (10-61)$$

（3）三级裂缝控制等级时，预应力混凝土构件的最大裂缝宽度可按荷载标准组合并考虑长期作用影响的效应计算。最大裂缝宽度应符合下列规定：

$$w_{\max} \leqslant w_{\lim} \qquad (10-62)$$

对环境类别分别为二 a 类的三级预应力混凝土构件，在荷载效应的准永久组合下尚应符合下列规定：

$$\sigma_{\mathrm{cq}} - \sigma_{\mathrm{pc}} \leqslant f_{\mathrm{tk}} \qquad (10-63)$$

式中　σ_{pc}——扣除全部预应力损失后在抗裂验算边缘混凝土的预应力；

　　　$w_{\max}$——按荷载效应的标准组合或准永久组合并考虑长期作用影响计算的最大裂缝

宽度;

$w_{\lim}$——最大裂缝宽度限值;

σ_{ck}、σ_{cq}——荷载的标准组合、准永久组合下抗裂验算边缘混凝土的法向应力,$\sigma_{ck} = \dfrac{M_k}{W_0}$,

$\sigma_{cq} = \dfrac{M_q}{W_0}$($M_k$ 为按荷载的标准组合计算的弯矩值,M_q 为按荷载的准永久值组合计算的弯矩值,W_0 为构件换算截面受拉边缘的弹性抵抗矩);

f_{tk}——混凝土轴心抗拉强度标准值。

对使用阶段允许出现裂缝的预应力混凝土构件,应验算裂缝宽度。纵向受拉钢筋截面重心水平处的最大裂缝宽度 $w_{\max}$ 仍按式(10-45)计算,但这时取 $\alpha_{cr} = 1.5$;$A_{te} = 0.5bh + (b_f - b)h_f$;按荷载效应准永久组合或标准组合计算的预应力混凝土构件受拉区纵向钢筋的等效应力

$$\sigma_{sk} = \frac{M_k - N_{p0}(z - e_p)}{(\alpha_1 A_p + A_s)z} \tag{10-64}$$

$$e = e_p + \frac{M_k}{N_{p0}} \tag{10-65}$$

$$e = y_{ps} - e_{p0} \tag{10-66}$$

式中　A_p——受拉区纵向预应力筋截面面积(对轴心受拉构件,取全部纵向预应力筋截面面积;对受弯构件,取受拉区纵向预应力筋截面面积);

N_{p0}——计算截面上混凝土法向预应力等于零时的纵向预应力筋及钢筋的合力;

M_k——按荷载效应标准组合计算的弯矩值;

z——受拉区纵向钢筋和预应力钢筋合力点至截面受压区合力点的距离;

α_1——无粘结预应力筋的等效折减系数,取 $\alpha_1 = 0.3$(对灌浆的后张预应力筋,取 $\alpha_1 = 1.0$);

e_p——N_{p0} 的作用点至受拉区纵向预应力和非预应力钢筋合力点的距离;

y_{ps}——受拉区纵向预应力和非预应力钢筋合力点的偏心距;

e_{p0}——计算截面上混凝土法向预应力等于零时的纵向预应力筋及钢筋相应合力点的偏心距。

4. 受弯构件斜截面受剪承载力计算

与钢筋混凝土梁相比,预应力混凝土梁的抗剪能力较大,由于预应力钢筋产生的预压应力作用抑制了斜裂缝的出现和发展,增加了混凝土剪压区高度,从而提高了混凝土剪压区的受剪承载力。

考虑预压应力的作用,仅配置箍筋时,预应力混凝土梁斜截面受剪承载力应按下列公式计算:

$$V \leqslant V_{cs} + V_p \tag{10-67}$$

$$V_{cs} = \alpha_{cv} f_t b h_0 + f_{yv} \frac{A_{sv}}{s} h_0 \tag{10-68}$$

$$V_p = 0.05 N_{p0} \tag{10-69}$$

式中　α_{cv}——按式(5-6)取用；

　　　V_p——由预加力所提高的构件受剪承载力设计值；

　　　N_{p0}——计算截面上混凝土法向预应力等于零时的纵向预应力钢筋及钢筋的合力，当 N_{p0} 大于 $0.3f_cA_0$ 时，取 $0.3f_cA_0$（A_0 为构件的换算截面面积）。

注：①对合力 N_{p0} 引起的截面外弯矩与外弯矩方向相同的情况，以及预应力混凝土连续梁和允许出现裂缝的预应力混凝土简支梁，均应取 $V_p=0$；

②先张法预应力混凝土构件，在计算合力 N_{p0} 时，应按式(10-20)和《混凝土结构设计标准》10.1.9 条的规定考虑预应力钢筋传递长度的影响。

5. 受弯构件斜截面抗裂度验算

预应力混凝土受弯构件斜截面的抗裂度验算，主要是验算混凝土截面上主拉应力 σ_{tp} 和主压应力 σ_{cp} 不超过一定的限值。σ_{tp} 和 σ_{cp} 应选择跨度内不利位置的截面，对该截面的换算截面重心处和截面宽度突变处进行验算。

①混凝土主拉应力

一级裂缝控制等级构件，应符合下列规定：

$$\sigma_{tp} \le 0.85f_{tk} \tag{10-70}$$

二级裂缝控制等级构件，应符合下列规定：

$$\sigma_{tp} \le 0.95f_{tk} \tag{10-71}$$

②混凝土主压应力验算

一、二级裂缝控制等级构件，均应符合下列规定：

$$\sigma_{cp} \le 0.60f_{ck} \tag{10-72}$$

式中　f_{tk}、f_{ck}——混凝土的抗拉强度标准值、轴心抗压强度标准值；

0.85、0.95——考虑张拉力的不准确性和构件质量变异影响的经验系数；

0.60——考虑防止梁截面在预应力和外荷载作用下压坏的经验系数。

预应力混凝土构件在斜截面开裂前，基本处于弹性工作阶段，主应力可以按照材料力学的方法进行计算。混凝土的主拉应力 σ_{tp} 和主压应力 σ_{cp} 可按下列公式计算：

$$\left.\begin{array}{c}\sigma_{tp}\\\sigma_{cp}\end{array}\right\} = \frac{\sigma_x+\sigma_y}{2} \pm \sqrt{\left(\frac{\sigma_x-\sigma_y}{2}\right)^2+\tau^2} \tag{10-73}$$

$$\sigma_x = \sigma_{pc} + \frac{M_ky_0}{I_0} \tag{10-74}$$

$$\tau = \frac{(V_k - \sum \sigma_{pe}A_{pb}\sin\alpha_p)S_0}{I_0b} \tag{10-75}$$

式中　σ_x——由预加力和弯矩值 M_k 在计算纤维处产生的混凝土法向应力；

　　　σ_y——由集中荷载标准值 F_k 产生的混凝土竖向压应力；

　　　τ——由剪力值 V_k 和预应力弯起钢筋的预加力在计算纤维处产生的混凝土剪应力；

　　　　　（当计算截面上有扭矩作用时，尚应计入扭矩引起的剪应力；对超静定后张法预应力混凝土结构构件，在计算剪应力时，尚应计入预加力引起的次剪力）

　　　σ_{pc}——扣除全部预应力损失后，在计算纤维处由预加力产生的混凝土法向应力，按

《混凝土结构设计标准》中式(10.1.6-1)或式(10.1.6-4)计算;

y_0——换算截面重心至计算纤维处的距离;

I_0——换算截面惯性矩;

V_k——按荷载效应的标准组合计算的剪力值;

S_0——计算纤维以上部分的换算截面面积对构件换算截面重心的面积;

σ_{pe}——预应力弯起钢筋的有效预应力;

A_{pb}——计算截面上同一弯曲平面内的预应力弯起钢筋的截面面积;

α_p——计算截面上预应力弯起钢筋的切线与构件纵向轴线的夹角。

注:公式中的 σ_x、σ_y、σ_{pc} 和 $M_k y_0/I_0$,当为拉应力时,以正值代入;当为压应力时,以负值代入。

6. 受弯构件的挠度验算

预应力受弯构件的挠度由两部分叠加而得:一部分是由外荷载产生的挠度,另一部分是预应力产生的反拱。外荷载产生的挠度的计算可按一般材料力学的方法进行,但截面刚度需要按开裂截面和未开裂截面分别计算。预应力产生的反拱的计算则按弹性未开裂截面计算。荷载长期效应组合下的变形计算需考虑预压区混凝土徐变变形的影响。

外荷载作用下产生的挠度:

$$f_{1l} = S \frac{M l^2}{B} \tag{10-76}$$

①采用荷载效应标准组合时

$$B = \frac{M_k}{M_q(\theta - 1) + M_k} B_s \tag{10-77}$$

②采用荷载准永久组合时

$$B = \frac{B_s}{\theta} \tag{10-78}$$

式中　M_k——按荷载效应的标准组合计算的弯矩,取计算区段内的最大弯矩值;

M_q——按荷载效应的准永久组合计算的弯矩,取计算区段内的最大弯矩值;

B_s——荷载作用的相应的组合作用下受弯构件的短期刚度;

θ——考虑荷载长期作用对挠度增大的影响系数,对于预应力混凝土受弯构件,取 $\theta = 2.0$。

按裂缝控制等级要求的荷载组合作用下的短期刚度 B_s,对于预应力混凝土受弯构件:

当要求不出现裂缝的构件时

$$B_s = 0.85 E_c I_0 \tag{10-79}$$

当为允许出现裂缝的构件时

$$B_s = \frac{0.85 E_c I_0}{\kappa_{cr} + (1 - \kappa_{cr})\omega} \tag{10-80}$$

$$\kappa_{cr} = \frac{M_{cr}}{M_k} \tag{10-81}$$

$$\omega = \left(1.0 + \frac{0.21}{\alpha_E \rho}\right)(1 + 0.45\gamma_f) - 0.7 \tag{10-82}$$

$$M_{cr} = (\sigma_{pc} + \gamma f_{tk}) \tag{10-83}$$

式中　α_E——钢筋弹性模量与混凝土弹性模量的比值,即 E_s/E_c;

ρ——纵向受拉钢筋配筋率(对钢筋混凝土受弯构件,取为 $A_s/(bh_0)$;对预应力钢筋混凝土受弯构件,取 $\rho=(\alpha_1 A_p+A_s)/(bh_0)$;对灌浆的后张预应力筋,取 $\alpha_1=0.30$);

I_0——换算截面惯性矩;

γ_f——受拉翼缘截面面积与腹板有效截面面积的比值,$\gamma_f=\dfrac{(b_f-b)h_f}{bh_0}$($b_f$、$h_f$ 分别为受拉区翼缘的宽度和高度);

κ_{cr}——预应力混凝土受弯构件正截面的开裂弯矩 M_{cr} 与弯矩 M_k 的比值,当 $\kappa_{cr}>1.0$ 时,取 $\kappa_{cr}=1.0$;

σ_{pc}——扣除全部预应力损失后,由预加力在抗裂验算边缘产生的混凝土预压应力;

γ——混凝土构件的截面抵抗弯矩塑性影响系数,按《混凝土结构设计标准》第 7.2.4 条确定。

注:对预压时预拉区出现裂缝的构件,B_s 应降低 10%。

预应力混凝土受弯构件的设计步骤如图 10-20 所示。

【例题 10-2】 已知:如图 10-21 所示预应力混凝土简支梁,跨度 16 m,截面尺寸 $b\times h=400\text{ mm}\times1\,200\text{ mm}$;简支梁上作用有恒载标准值 $g_k=30\text{ kN/m}$,设计值 $g=36\text{ kN/m}$,活载标准值 $q_k=20\text{ kN/m}$,设计值 $q=28\text{ kN/m}$;梁上配置有粘结低松弛高强钢丝束 90-$\Phi5$,墩头锚具,两端张拉,孔道采用预埋波纹管成型,预应力钢筋曲线布置;梁的混凝土强度等级为 C40,钢绞线 $f_{ptk}=1\,860\text{ N/mm}^2$,$E_p=195\,000\text{ N/mm}^2$,普通钢筋采用 HPB300 级钢筋,构件要求为一般不出现裂缝。

试按单筋截面进行该简支梁跨中截面的预应力损失计算、荷载标准组合下抗裂验算以及正截面设计。

【解】

(1)材料特性计算。

混凝土 C40,$f_c=19.1\text{ N/mm}^2$,$f_{tk}=2.4\text{ N/mm}^2$,$\alpha_1=1.0$。

钢绞线 1 860 级,$f_{ptk}=1\,860\text{ N/mm}^2$,$f_{py}=1\,320\text{ N/mm}^2$,$\sigma_{con}=0.75\times f_{ptk}=1\,395\text{ N/mm}^2$。

普通钢筋,$f_y=270\text{ N/mm}^2$。

(2)截面几何特性计算。

梁截面,$A=400\times1\,200=4.8\times10^5\text{ mm}^2$

$I=400\times1\,200^3/12=5.76\times10^{10}\text{ mm}^4$

$W=400\times1\,200^2/6=9.6\times10^7\text{ mm}^3$

预应力钢筋,$A_p=1\,764\text{ mm}^2$,预应力钢筋曲线端点处的切线斜角 $\theta=0.11\,\text{rad}(6.3°)$,$r_c=81\text{ m}$

(3)跨中截面弯矩计算。

恒载产生的弯矩标准值,$M_{gk}=30\times16^2/8=960\text{ kN·m}$

活载产生的弯矩标准值,$M_{qk}=20\times16^2/8=640\text{ kN·m}$

恒载产生的弯矩设计值,$M_g=36\times16^2/8=1\,152\text{ kN·m}$

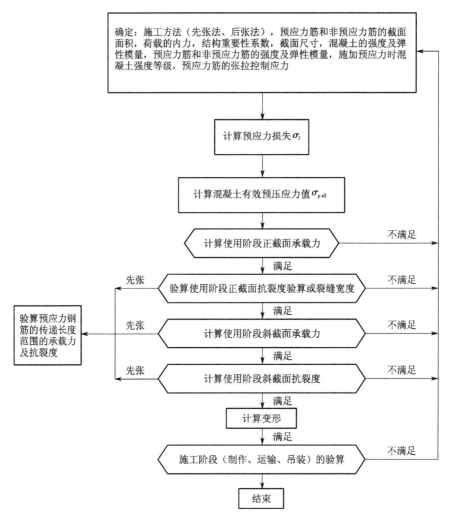

图 10-20　预应力混凝土受弯构件设计步骤框图

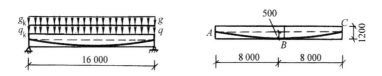

图 10-21　例题 10-2

(a)简支梁上的荷载;(b)简支梁的预应力筋曲线

活载产生的弯矩设计值,$M_q = 28 \times 16^2/8 = 896$ kN·m

荷载标准组合下的弯矩标准值,$M_{sk} = 1\,600$ kN·m

弯矩设计值,$M = 2\,048$ kN·m

(4)预应力损失计算。

($\kappa = 0.001\,5, \mu = 0.25, a = 1$ mm)

①锚固损失 σ_{l1}。

$$l_{\mathrm{f}} = \sqrt{\frac{aE_{\mathrm{s}}}{1\,000\sigma_{\mathrm{con}}(\mu/r_c + \kappa)}} = \sqrt{\frac{1 \times 1.95 \times 10^5}{1\,000 \times 1\,395(0.25/81 + 0.001\,5)}} = 5.52\ \mathrm{m}$$

A 点和 C 点：$\sigma_{l1} = 2\sigma_{\mathrm{con}} l_{\mathrm{f}}\left(\dfrac{\mu}{r_c} + \kappa\right)\left(1 - \dfrac{x}{l_{\mathrm{f}}}\right)$

$$= 2 \times 1\,395 \times 5.52 \times \left(\frac{0.25}{81} + 0.001\,5\right) \approx 71\ \mathrm{N/mm^2}$$

B 点：$\sigma_{l1} = 0$

②摩擦损失 σ_{l2}。

B 点：$\sigma_{l2} = \sigma_{\mathrm{con}}(\kappa\chi + \mu\theta) = 1\,395(0.001\,5 \times 9.0 + 0.25 \times 0.11) = 57\ \mathrm{N/mm^2}$

③松弛损失 σ_{l4}（Ⅱ级松弛）。

$$\sigma_{l4} = 0.2 \times 1\,395(0.75 - 0.575) = 49\ \mathrm{N/mm^2}$$

④徐变损失 σ_{l5}（这里取 $f'_{\mathrm{cu}} = f_{\mathrm{cu}}$，$\rho = 0.004$）

B 点：预应力钢筋有效预应力 $N_{\mathrm{p}} = 1\,764(1\,395 - 57) = 2\,360\,232(\mathrm{N}) \approx 2\,360\ \mathrm{kN}$

$\sigma_{\mathrm{pc}} = 2\,360 \times 10^3/(4.8 \times 10^5) + (2\,360 \times 10^3 \times 500 - 960 \times 10^6)/(9.6 \times 10^7)$

$$= 4.92 + 2.29 = 7.21\ \mathrm{N/mm^2}$$

$\sigma_{l5} = (35 + 280 \times 7.21/40)/(1 \times 15 \times 0.004) = 81\ \mathrm{N/mm^2}$

（5）B 点的总预应力损失 σ_l 和有效预应力 N_{pe}。

$$\sigma_l = 57 + 49 + 81 = 187\ \mathrm{N/mm^2}$$

$$N_{\mathrm{pe}} = 1\,764 \times (1\,395 - 187) = 2\,130\,912\ \mathrm{N} \approx 2\,131\ \mathrm{kN}$$

（6）荷载标准组合下抗裂验算。

验算公式为：$\sigma_{\mathrm{ck}} - \sigma_{\mathrm{pc}} \leqslant f_{\mathrm{tk}}$

$\sigma_{\mathrm{ck}} = M_{\mathrm{sk}}/W = 1\,600 \times 10^6/(9.6 \times 10^7) = 16.7\ \mathrm{N/mm^2}$

$\sigma_{\mathrm{pc}} = N_{\mathrm{pe}}/(1/A + 500/W) = 2\,131 \times 10^3/(1/480\,000 + 500)/96\,000\,000$

$$= 15.5\ \mathrm{N/mm^2}$$

$\sigma_{\mathrm{ck}} - \sigma_{\mathrm{pc}} = 16.7 - 15.5 = 1.2\ \mathrm{N/mm^2} < f_{\mathrm{tk}} = 2.4\ \mathrm{N/mm^2}$，满足要求。

（7）正截面设计。

取 $h_0 = h - 110 = 1\,090\ \mathrm{mm}$

设计公式为　　　　　　　　　　$M = \alpha_1 f_c bx(h_0 - 0.5x)$

$$\alpha_1 f_c bx = f_y A_s + f_{\mathrm{py}} A_{\mathrm{p}}$$

计算可得：$x = 282.55\ \mathrm{mm}$，$\xi = 0.259 < \xi_{\mathrm{b}}$

$$A_s = (19.1 \times 400 \times 282.55 - 1\,764 \times 1\,320)/270 < 0$$

按构造配筋，因为 $0.45f_{\mathrm{t}}/f_y = 0.45 \times 2.4/270 = 0.41\% > 0.2\%$

所以　　　　　　　　$A_s = 0.003\,6bh = 0.003\,6 \times 400 \times 1\,200 = 1\,728\ \mathrm{mm^2}$

实配 $6\phi20$，$A_s = 1\,882\ \mathrm{mm^2}$

思考题

1. 什么是预应力混凝土结构？预应力混凝土有哪些优点？哪些结构宜采用预应力混凝土结构？

2. 试说明预应力混凝土构件计算的基本概念和方法？

3. 什么是全预应力混凝土和部分预应力混凝土？各有什么优缺点？

4. 先张法和后张法有什么异同点？

5. 什么是钢筋的张拉控制应力？张拉控制应力大小的确定与哪些因素有关？

6. 预应力混凝土结构中的预应力损失有哪些类型？引起这些预应力损失的原因是什么？

7. 说明先张法构件预应力筋的传递长度的概念。影响传递长度的因素有哪些？

8. 试说明预应力混凝土轴心受拉构件各阶段的应力分析方法。

9. 预应力混凝土受弯构件在受压区配置预应力钢筋的目的是什么？它对结构正截面受弯承载力有什么影响？

10. 比较预应力混凝土和钢筋混凝土受弯构件正截面承载力计算的不同。

11. 为什么要对预应力混凝土构件进行施工阶段的抗裂性和强度验算？

12. 预应力混凝土构件的主要构造要求包括哪些方面？

附　　录

附表 1　混凝土轴心抗压强度标准值　　　　　　　　　　　N/mm²

混凝土强度等级	C20	C25	C30	C35	C40	C45	C50	C55	C60	C65	C70	C75	C80
f_{ck}	13.4	16.7	20.1	23.4	26.8	29.6	32.4	35.5	38.5	41.5	44.5	47.4	50.2

附表 2　混凝土轴心抗拉强度标准值　　　　　　　　　　　N/mm²

混凝土强度等级	C20	C25	C30	C35	C40	C45	C50	C55	C60	C65	C70	C75	C80
f_{tk}	1.54	1.78	2.01	2.20	2.39	2.51	2.64	2.74	2.85	2.93	2.99	3.05	3.11

注:(1)计算现浇钢筋混凝土轴心受压及偏心受压构件时,如截面的长边或直径小于 300 mm,则表中的混凝土的强度设计值应乘以系数 0.8;当构件质量(如混凝土成型、截面和轴线尺寸等)确有保证时,可不受此限制。

(2)离心混凝土的强度设计值应按有关专门标准取用。

附表 3　混凝土轴心抗压强度设计值　　　　　　　　　　　N/mm²

混凝土强度等级	C20	C25	C30	C35	C40	C45	C50	C55	C60	C65	C70	C75	C80
f_c	9.6	11.9	14.3	16.7	19.1	21.1	23.1	25.3	27.5	29.7	31.8	33.8	35.9

附表 4　混凝土轴心抗拉强度设计值　　　　　　　　　　　N/mm²

混凝土强度等级	C20	C25	C30	C35	C40	C45	C50	C55	C60	C65	C70	C75	C80
f_t	1.10	1.27	1.43	1.57	1.71	1.80	1.89	1.96	2.04	2.09	2.14	2.18	2.22

附表 5　混凝土弹性模量　　　　　　　　　　　×10⁴ N/mm²

混凝土强度等级	C20	C25	C30	C35	C40	C45	C50	C55	C60	C65	C70	C75	C80
E_c	2.55	2.80	3.00	3.15	3.25	3.35	3.45	3.55	3.60	3.65	3.70	3.75	3.80

注:(1)当有可靠试验依据时,弹性模量值也可根据实测数据确定。

(2)当混凝土中掺有大量矿物掺合料时,弹性模量可按规定龄期根据实测确定。

附表 6　混凝土受压疲劳强度修正系数 γ_ρ

ρ_c^f	$0 \leqslant \rho_c^f < 0.1$	$0.1 \leqslant \rho_c^f < 0.2$	$0.2 \leqslant \rho_c^f < 0.3$	$0.3 \leqslant \rho_c^f < 0.4$	$0.4 \leqslant \rho_c^f < 0.5$	$\rho_c^f \geqslant 0.5$
γ_ρ	0.68	0.74	0.80	0.86	0.93	1.00

附表 7　混凝土受拉疲劳强度修正系数 γ_ρ

ρ_c^f	$0 < \rho_c^f < 0.1$	$0.1 \leqslant \rho_c^f < 0.2$	$0.2 \leqslant \rho_c^f < 0.3$	$0.3 \leqslant \rho_c^f < 0.4$	$0.4 \leqslant \rho_c^f < 0.5$
γ_ρ	0.63	0.66	0.69	0.72	0.74
ρ_c^f	$0.5 \leqslant \rho_c^f < 0.6$	$0.6 \leqslant \rho_c^f < 0.7$	$0.7 \leqslant \rho_c^f < 0.8$	$\rho_c^f \geqslant 0.8$	—
γ_ρ	0.76	0.80	0.90	1.00	—

注:直接承受疲劳荷载的混凝土构件,当采用蒸汽养护时,养护温度不宜高于 60℃。

附表 8 混凝土疲劳弹性模量 ×10⁴ N/mm²

强度等级	C30	C35	C40	C45	C50	C55	C60	C65	C70	C75	C80
E_c^f	1.30	1.40	1.50	1.55	1.60	1.65	1.70	1.75	1.80	1.85	1.90

附表 9 普通钢筋强度标准值及最大拉力下的总伸长率限值

牌号	符号	公称直径 d(mm)	屈服强度 f_{yk}(N/mm²)	极限强度 f_{syk}(N/mm²)	最大力下总伸长率 δ_{gt}(%)
HPB300	φ	6～14	300	420	不小于10.0
HRB400 HRBF400	Φ Φ^F	6～50	400	540	不小于7.5
RRB400	Φ^R	6～50	400	540	不小于5.0
HRB500 HRBF500	Φ Φ^F	6～50	500	630	不小于7.5

注:当采用直径大于40mm的钢筋时,应有可靠的工程经验。

预应力钢绞线、钢丝和螺纹钢筋的抗拉强度标准值及最大力下总伸长率应按附表11采用。

附表 10 普通钢筋强度设计值 N/mm²

牌号	f_y	f_y'
HPB300	270	270
HRB400、HRBF400、RRB400	360	360
HRB500、HRBF500	435	435

注:对轴心受压构件,当采用HRB500、HRBF500钢筋时,钢筋的抗压强度设计值应取400 N/mm²。横向钢筋的抗拉强度设计值f_{yv}应按表中f_y的数值取用,但作受剪、受扭、受冲切承载力计算时,其数值大于360 N/mm²时应取360 N/mm²。

附表 11 预应力钢筋强度标准值及最大力下总伸长率限值

种类		符号	直径(mm)	抗拉强度f_{ptk}(N/mm²)	最大力下总伸长率δ_{gt}(%)
中强度预应力钢丝	光面螺旋肋	ϕ^{PM} ϕ^{HM}	5、7、9	800	
				970	
				1 270	
消除预应力钢丝	光面螺旋肋	ϕ^P ϕ^H	5	1 570	不小于3.5
				1 860	
			7	1 570	
			9	1 470	
				1 570	
钢绞线	1×3(三股)	Φ^S	8、10.8、12.9	1 570	
				1 860	
				1 960	

种类	符号		直径(mm)	抗拉强度 f_{ptk} (N/mm^2)	最大力下总伸长率 δ_{gt} (%)
钢绞线	1×7 （七股）	Φ^S	9.5、12.7 15.2、17.8	1 720	不小于3.5
				1 860	
				1 960	
			21.6	1 770	
				1 860	
预应力 螺纹钢筋	螺纹	Φ^T	18、25、32 40、50	980	
				1 080	
				1 230	

附表12　预应力钢筋强度设计值　　　　　　　　N/mm^2

种类	f_{ptk}	f_{py}	f'_{py}
中强度预应力钢丝	800	560	410
	970	680	
	1270	900	
消除应力钢丝	1470	1040	410
	1570	1110	
	1860	1320	
钢绞线	1570	1110	390
	1720	1220	
	1860	1320	
	1960	1390	
预应力 螺纹钢筋	980	650	400
	1080	770	
	1230	900	

注:当预应力筋的强度标准值不符合本表的规定时,其强度设计值应进行相应的比例换算。

附表13　钢筋的弹性模量 E_s　　　　　　　　×10^5 N/mm^2

牌号或种类	弹性模量 E_s
HPB300 级钢筋	2.1
HRB400、HRB500、HRBF400、HRBF500、RRB400、 预应力螺纹钢筋	2.0
消除应力钢丝、中强度预应力钢丝	2.05
钢绞线	1.95

注:必要时可通过试验采用实测的弹性模量。

附表14　HRB400 级普通钢筋疲劳应力幅限值 Δf_y^f　N/mm²

疲劳应力比值 ρ_s^f	Δf_y^f
0	175
0.1	162
0.2	156
0.3	149
0.4	137
0.5	123
0.6	106
0.7	85
0.8	60
0.9	31

注:当纵向受拉钢筋采用闪光接触对焊连接时,其接头处的钢筋疲劳应力幅值应按表中数值乘以0.8取用。

附表15　预应力筋疲劳应力幅限值 Δf_{py}^f　N/mm²

疲劳应力比值 ρ_s^f	钢绞线 $f_{ptk}=1\,570$	消除应力钢丝 $f_{ptk}=1\,570$
0.7	144	240
0.8	118	168
0.9	70	88

注:(1)当 ρ_{sv}^f 不小于0.9时,可不做预应力筋疲劳验算。

(2)当有充分依据时,可对表中规定的疲劳应力幅值作适当调整。

附表16　矩形截面受弯构件正截面受弯承载力计算系数表

ξ	β	γ_s	α_s	ξ	β	γ_s	α_s
0.01	10.00	0.995	0.010	0.23	2.22	0.885	0.203
0.02	7.12	0.990	0.020	0.24	2.17	0.880	0.211
0.03	5.82	0.985	0.030	0.25	2.14	0.875	0.219
0.04	5.05	0.980	0.039	0.26	2.10	0.870	0.226
0.05	4.53	0.975	0.048	0.27	2.07	0.865	0.234
0.06	4.15	0.970	0.058	0.28	2.04	0.860	0.241
0.07	3.85	0.965	0.067	0.29	2.01	0.855	0.248
0.08	3.61	0.960	0.077	0.30	1.98	0.850	0.255
0.09	3.41	0.955	0.085	0.31	1.95	0.845	0.262
0.10	3.24	0.950	0.095	0.32	1.93	0.840	0.269
0.11	3.11	0.945	0.104	0.33	1.90	0.835	0.275
0.12	2.98	0.940	0.113	0.34	1.88	0.830	0.282
0.13	2.88	0.935	0.121	0.35	1.86	0.825	0.289
0.14	2.77	0.930	0.130	0.36	1.84	0.820	0.295
0.15	2.68	0.925	0.139	0.37	1.82	0.815	0.301
0.16	2.61	0.920	0.147	0.38	1.80	0.810	0.309
0.17	2.53	0.915	0.155	0.39	1.78	0.805	0.314
0.18	2.47	0.910	0.164	0.40	1.77	0.800	0.320
0.19	2.41	0.905	0.172	0.41	1.75	0.795	0.326
0.20	2.36	0.900	0.180	0.42	1.74	0.790	0.332
0.21	2.31	0.895	0.188	0.43	1.72	0.785	0.337
0.22	2.36	0.890	0.196	0.44	1.71	0.780	0.343

续表

ξ	β	γ_s	α_s	ξ	β	γ_s	α_s
0.45	1.69	0.775	0.349	0.54	1.59	0.730	0.394
0.46	1.68	0.770	0.354	0.55	1.58	0.725	0.400
0.47	1.67	0.765	0.359	0.56	1.58	0.720	0.403
0.48	1.66	0.760	0.365	0.57	1.57	0.715	0.408
0.49	1.64	0.755	0.370	0.58	1.56	0.710	0.412
0.50	1.63	0.750	0.375	0.59	1.55	0.705	0.416
0.51	1.62	0.745	0.380	0.60	1.54	0.700	0.420
0.52	1.61	0.740	0.385	0.61	1.54	0.695	0.424
0.53	1.60	0.735	0.390	0.62	1.53	0.690	0.428

注：表中各系数的关系为 $M = \alpha_s \alpha_1 f_c b h_0^2$，$\xi = \dfrac{x}{h_0} = \dfrac{f_y A_s}{\alpha_1 f_c b h_0}$，$h_0 = \beta_s \sqrt{\dfrac{M}{\alpha_1 f_c b}}$，$A_s = \dfrac{M}{\gamma_s f_y h_0}$ 或 $A_s = \xi \dfrac{\alpha_1 f_c}{f_y} b h_0$。

附表 17　受弯构件的挠度限值

构件类型		挠度限值
吊车梁	手动吊车	$l_0/500$
	电动吊车	$l_0/600$
屋盖、楼盖及楼梯构件	当 $l_0 < 7$ m 时	$l_0/200(l_0/250)$
	当 7 m $\leq l_0 \leq 9$ m 时	$l_0/250(l_0/300)$
	当 $l_0 > 9$ m 时	$l_0/300(l_0/400)$

注：（1）表中 l_0 为构件计算跨度，计算悬臂构件的挠度限值时，其计算跨度 l_0 按实际悬臂长度的 2 倍取用。

（2）表中括号内的数值适用于使用上对挠度有较高要求的构件。

（3）如果构件制作时预先起拱，且使用上也允许，则在验算挠度时，可将计算所得的挠度值减去起拱值；预应力混凝土构件，尚可减去预加应力所产生的反拱值。

（4）构件制作时的起拱值和预加力所产生的反拱值，不宜超过构件在相应荷载组合作用下的计算挠度值。

附表 18　截面抵抗矩塑性影响系数基本值 γ_m

项次	1	2	3		4		5
截面形状	矩形截面	翼缘位于受压区的 T 形截面	对称工形截面或箱形截面		翼缘位于受拉区的 T 形截面		圆形和环形截面
			$b_f/b \leq 2$ h_f/h 为任意值	$b_f/b > 2$ $h_f/h < 0.2$	$b_f/b \leq 2$ h_f/h 为任意值	$b_f/b > 2$ $h_f/h < 0.2$	
γ_m	1.55	1.50	1.45	1.35	1.50	1.40	$1.6 - 0.24 r_1/r$

注：（1）对 $b_f' > b_f$ 的工形截面，可按项次 2 与项次 3 之间的数值采用；对 $b_f' < b_f$ 的工形截面，可按项次 3 与项次 4 之间的数值采用。

（2）对于箱形截面，b 系指各肋宽度的总和。

（3）r_1 为环形截面的内环半径，对圆形截面取 r_1 为零。

附表 19 结构构件的受力裂缝宽度及混凝土拉应力限值

耐久性环境类别	钢筋混凝土结构			预应力混凝土结构		
	裂缝控制等级	w_{lim}(mm)	荷载组合	裂缝控制等级	w_{lim}(mm)或拉应力限值	荷载组合
一	三级	0.30(0.40)	准永久	三级	0.2	标准
二 a		0.20			0.10 拉应力不大于f_{tk}	标准 准永久
二 b				二级	拉应力不大于f_{tk}	标准
三 a、三 b				一级	无拉应力	标准

注:(1)对处于年平均相对湿度小于60%地区一级环境下的钢筋混凝土受弯构件,其最大裂缝宽度限值可采用括号内的数值。

(2)在一类环境下,对钢筋混凝土屋架、托架及需作疲劳验算的吊车梁,其最大裂缝宽度限值应取为0.20 mm;对钢筋混凝土屋面梁和托架,其最大裂缝宽度限值应取为0.30 mm。

(3)在一类环境下,对预应力混凝土屋架、托架及双向板体系,应按二级裂缝控制等级进行验算;对一类环境下的预应力混凝土屋面梁、托架、单向板,按表中二 a 级环境的要求进行验算;在一类和二 a 类环境下需作疲劳验算的预应力混凝土吊车梁,应按裂缝控制等级不低于二级的构件进行验算。

(4)表中规定的预应力混凝土构件的裂缝控制等级和最大裂缝宽度限值仅适用于正截面验算;预应力混凝土构件的斜截面裂缝控制验算应符合《混凝土结构设计标准》第7章的有关规定。

(5)对烟囱、筒仓和处于液体压力下的结构,其裂缝控制要求应符合专门标准的有关规定。

(6)对于处于四、五类环境下的结构构件,其裂缝控制要求应符合专门标准的有关规定。

(7)表中的最大裂缝宽度限值为用于验算荷载引起的最大裂缝宽度。

(8)混凝土保护层厚度较大的构件,可根据实践经验对表中最大裂缝限值适当放宽。

附表 20 混凝土保护层的最小厚度 c mm

环境等级	板墙壳	梁柱
一	15	20
二 a	20	25
二 b	25	35
三 a	30	40
三 b	40	50

注:(1)混凝土强度等级不大于 C25 时,表中保护层厚度数值应增加5 mm。

(2)钢筋混凝土基础应设置混凝土垫层,其纵向受力钢筋的混凝土保护层厚度应从垫层顶面算起,且不应小于40mm。

附表21　钢筋的计算截面面积及理论重量表

公称直径(mm)	不同根数钢筋的计算截面面积(mm²)									单根钢筋理论质量(kg/m)
	1	2	3	4	5	6	7	8	9	
6	28.3	57	85	113	142	170	198	226	255	0.22
6.5	33.2	66	100	133	166	199	232	265	299	0.260
8	50.3	101	151	201	252	302	352	402	453	0.395
8.2	52.8	106	158	211	264	317	370	423	475	0.432
10	78.5	157	236	314	393	471	550	628	707	0.617
12	113.1	226	339	452	565	678	791	904	1017	0.888
14	153.9	308	461	615	769	923	1077	1232	1385	1.21
16	201.1	402	603	804	1005	1206	1407	1608	1809	1.58
18	254.5	509	763	1017	1272	1526	1780	2036	2290	2.00(2.11)
20	314.2	628	941	1256	1570	1884	2200	2513	2827	2.47
22	380.1	760	1140	1520	1900	2281	2661	3041	3421	2.98
25	490.9	982	1473	1964	2454	2945	3436	3927	4418	3.85(4.10)
28	615.8	1232	1847	2463	3079	3695	4310	4926	5542	4.83
32	804.3	1609	2413	3217	4021	4826	5630	6434	7238	6.31(6.65)
36	1017.9	2036	3054	4072	5089	6107	7125	8143	9161	7.99
40	1256.6	2513	3770	5207	6283	7540	8796	10053	11310	9.87(10.34)
50	1963.5	3928	5892	7856	9820	11784	13748	15712	17676	15.42(16.28)

注:(1)表中直径 $d=8.2$ mm 的计算截面面积及理论质量仅适用于有纵肋的热处理钢筋。

　　(2)括号内为预应力螺纹钢筋的数值。

附表22　钢绞线公称直径截面面积及理论质量

种　类	公称直径(mm)	公称截面面积(mm²)	理论质量(kg/m)
1×3	8.6	37.7	0.296
	10.8	58.9	0.462
	12.9	84.8	0.666
1×7 标准型	9.5	54.8	0.430
	11.1	74.2	0.580
	12.7	98.7	0.775
	15.2	140	1.101
	17.8	191	1.500
	21.6	285	2.237

附表23 钢丝公称直径截面面积及理论质量

公称直径(mm)	公称截面面积(mm²)	理论质量(kg/m)
4.0	12.57	0.099
5.0	19.63	0.154
6.0	28.27	0.222
7.0	38.48	0.302
8.0	50.26	0.394
9.0	63.62	0.499

附表24 每米板宽各种钢筋间距的钢筋截面面积 mm²

钢筋间距 (mm)	钢 筋 直 径(mm)													
	3	4	5	6	6/8	8	8/10	10	10/12	12	12/14	14	14/16	16
70	101	180	280	404	561	719	920	1 121	1 369	1 616	1 907	2 199	2 536	2 872
75	94.2	168	262	377	524	671	859	1 047	1 277	1 508	1 780	2 052	2 367	2 681

附表25 刚性屋盖单层房屋排架柱、露天吊车柱和栈桥的计算长度

柱的类别		l_0		
		排架方向	垂直排架方向	
			有柱间支撑	无柱间支撑
无吊车房屋柱	单跨	$1.5H$	$1.0H$	$1.2H$
	两跨及多跨	$1.25H$	$1.0H$	$1.2H$
有吊车房屋柱	上 柱	$2.0H_u$	$1.25H_u$	$1.5H_u$
	下 柱	$1.0H_1$	$0.8H_1$	$1.0H_1$
露天吊车柱和栈桥柱		$2.0H_1$	$1.0H_1$	—

注:(1)表中 H 为从基础顶面算起的柱子全高,H_1 为从基础顶面至装配式吊车梁底面或现浇式吊车梁顶面的柱子下部高度,H_u 为从装配式吊车梁底面或从现浇式吊车梁顶面算起的柱子上部高度。

(2)表中有吊车房屋排架柱的计算长度,当计算中不考虑吊车荷载时,可按无吊车房屋柱的计算长度采用,但上柱的计算长度仍可按有吊车房屋采用。

(3)表中有吊车房屋排架的上柱在排架方向的计算长度,仅适用于 H_u/H_1 不小于 0.3 的情况;当 H_u/H_1 小于 0.3 时,计算长度采用 $2.5H_u$。

附表26 框架结构各层柱的计算长度

楼盖类型	柱的类别	l_0
现浇楼盖	底层柱	$1.0H$
	其余各层柱	$1.25H$
装配式楼盖	底层柱	$1.25H$
	其余各层柱	$1.5H$

注:表中 H 为底层柱从基础顶面到一层楼盖顶面的高度;对其余各层柱为上下两层楼盖顶面之间的高度。

附表 27　纵向受力筋的最小配筋率　　　　　　　%

受力类型		最小配筋百分率
受压构件	全部纵向钢筋	0.50
		0.55
		0.60
	一侧纵向钢筋	0.20
受弯构件、偏心受拉、轴心受拉构件一侧的受拉钢筋		0.20 和 $45f_t/f_y$ 中的较大值

注:(1)受压构件全部纵向钢筋最小配筋百分率,当采用 C60 及以上强度等级的混凝土时应按表中规定增加 0.10。

(2)除悬臂板、柱支承板之外的板类受弯构件,当纵向受拉钢筋采用强度等级 500 N/mm² 的钢筋时,其最小配筋率应允许采用 0.15 和 $45f_t/f_y$ 中的较大值。

(3)对于卧置于地基上的钢筋混凝土板,板中受拉普通钢筋的最小配筋率不应小于 0.15%。

(4)偏心受拉构件中的受压钢筋,应按受压构件一侧纵向钢筋考虑。

(5)受压构件的全部纵向钢筋和一侧纵向钢筋的配筋率以及轴心受拉构件和小偏心受拉构件一侧受拉钢筋的配筋率均应按构件的全截面面积计算。

(6)受弯构件、大偏心受拉构件一侧受拉钢筋的配筋率应按全截面面积扣除受压翼缘面积$(b_f' - b)h_f'$后的截面面积计算。

(7)当钢筋沿构件截面周边布置时,"一侧纵向钢筋"系指沿受力方向两个对边中的一边布置的纵向钢筋。

参 考 文 献

［1］ 东南大学,天津大学,同济大学.混凝土结构设计原理[M].7 版.北京:中国建筑工业出版社,2020.

［2］ 滕智明.钢筋混凝土基本构件[M].2 版.北京:清华大学出版社,1987.

［3］ 叶列平.混凝土结构上册[M].2 版.北京:清华大学出版社,2005.

［4］ H NILSON. Design of Concrete Structures. 12 th ed. New York;McGraw – Hill, Inc. 1997.

［5］ 中华人民共和国住房和城乡建设部,中华人民共和国国家质量监督检验检疫总局.GB55008 – 2021
     混凝土结构通用规范[S].北京:中国建筑工业出版社,2022.

［6］ 中华人民共和国住房和城乡建设部,中华人民共和国国家质量监督检验检疫总局.GB/T50010 –
     2010 混凝土结构设计标准[S].北京:中国建筑工业出版社,2024.

［7］ 中华人民共和国住房和城乡建设部,中华人民共和国国家质量监督检验检疫总局.GB50068 – 2001
     建筑结构可靠性设计统一标准[S].北京:中国建筑工业出版社,2018.

［8］ 中华人民共和国住房和城乡建设部,中华人民共和国国家质量监督检验检疫总局.GB50009 – 2012
     建筑结构荷载规范[S].北京:中国建筑工业出版社,2012.